信息技术人才培养系列规划教材

慕课版

Hadoop 大数据处理与分析教程

王秀友 丁小娜 刘运 ◎ 主编　刘世罗 范建中 ◎ 副主编

明日科技 ◎ 策划

人民邮电出版社

北京

图书在版编目（CIP）数据

Hadoop大数据处理与分析教程 ：慕课版 / 王秀友，丁小娜，刘运主编. -- 北京 ：人民邮电出版社，2021.2（2021.12重印）
信息技术人才培养系列规划教材
ISBN 978-7-115-53008-0

Ⅰ. ①H… Ⅱ. ①王… ②丁… ③刘… Ⅲ. ①数据处理软件－教材 Ⅳ. ①TP274

中国版本图书馆CIP数据核字(2019)第281721号

内 容 提 要

本书系统全面地介绍了有关 Hadoop 的各类知识。全书共分 11 章，内容包括绪论、Linux 操作系统的安装、Hadoop 的伪分布式安装、Hadoop 集群的搭建及配置、Hadoop HDFS 命令、MapReduce 编程入门、Hive、Sqoop、HBase、Spark 的介绍与安装、综合案例——网络爬虫大数据分析。全书每章内容都与实例紧密结合，有助于学生理解知识、应用知识，达到学以致用的目的。

本书各章都配备了视频课程，并且在人邮学院（www.rymooc.com）平台上提供了相应的慕课课程。此外，本书还提供了所有实例的源代码、制作精良的电子课件、重点及难点教学视频、在线测试题（包括选择题、填空题题库及自测试卷等内容）。其中，源代码全部经过精心测试，能够在 Ubuntu 系统上编译和运行。

本书可作为应用型本科院校计算机专业和软件工程专业、高职院校软件专业及相关专业的教材，同时也适合 Hadoop 爱好者、初级的大数据开发人员参考使用。

◆ 主　　编　王秀友　丁小娜　刘　运
　副 主 编　刘世罗　范建中
　责任编辑　李　召
　责任印制　马振武

◆ 人民邮电出版社出版发行　　北京市丰台区成寿寺路 11 号
　邮编　100164　　电子邮件　315@ptpress.com.cn
　网址　https://www.ptpress.com.cn
　固安县铭成印刷有限公司印刷

◆ 开本：787×1092　1/16
　印张：17　　　　　2021 年 2 月第 1 版
　字数：469 千字　　2021 年 12 月河北第 2 次印刷

定价：59.80 元

读者服务热线：(010)81055256　印装质量热线：(010)81055316
反盗版热线：(010)81055315
广告经营许可证：京东市监广登字 20170147 号

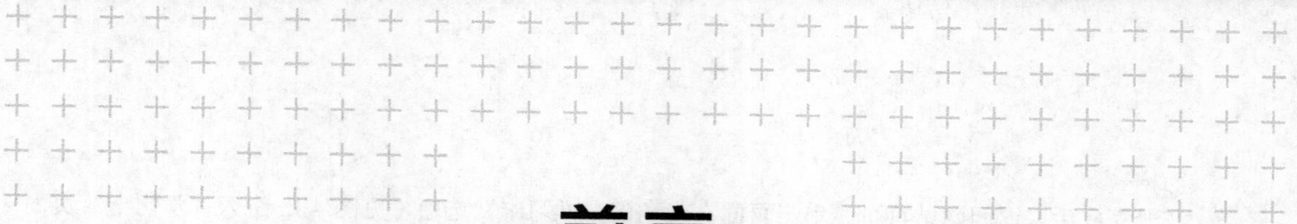

前言
Foreword

为了让读者能够快速且牢固地掌握 Hadoop 大数据处理与分析技术，人民邮电出版社充分发挥在线教育方面的技术优势、内容优势、人才优势，潜心研究，为读者提供一种“纸质图书+在线课程”相配套、全方位学习 Hadoop 大数据处理与分析的解决方案。读者可根据个人需求，利用图书和“人邮学院”平台上的在线课程进行系统化、移动化的学习，以便快速全面地掌握 Hadoop 大数据处理与分析技术。

一、如何学习慕课版课程

本课程依托人民邮电出版社自主开发的在线教育慕课平台——人邮学院（www.rymooc.com），该平台为学习者提供优质、海量的课程，课程结构严谨，用户可以根据自身情况，自主安排学习进度，并且平台具有完备的在线“学习、笔记、讨论、测验”功能。人邮学院为每一位学习者提供完善的一站式学习服务（见图 1）。

图 1　人邮学院首页

为了使读者更好地完成慕课的学习，现将本课程的使用方法介绍如下。

1. 读者购买本书后，找到粘贴在书封底上的刮刮卡，刮开，获得激活码（见图 2）。

2. 登录人邮学院网站（www.rymooc.com），或扫描封面上的二维码，使用手机号码完成网站注册（见图 3）。

图 2　激活码

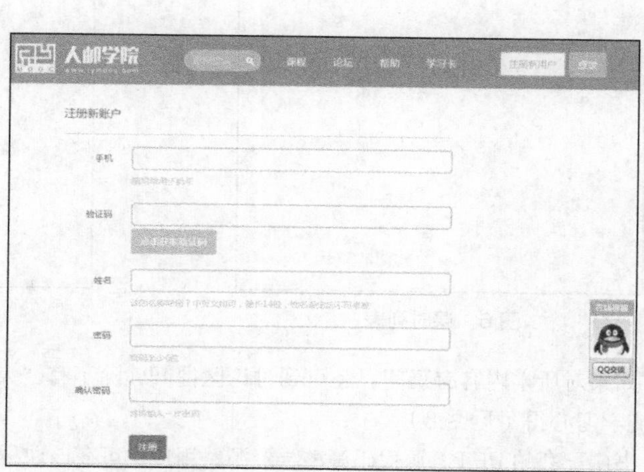

图 3　注册人邮学院网站

3. 注册完成后，返回网站首页，单击页面右上角的“学习卡”选项（见图 4），进入“学习卡”页面（见图 5），输入激活码，即可获得该慕课课程的学习权限。

图 4　单击“学习卡”选项

图 5　在“学习卡”页面输入激活码

4. 获得该课程的学习权限后，读者可随时随地使用计算机、平板电脑、手机等学习本课程的任意章节，根据自身情况自主安排学习进度（见图 6）。

5. 在学习慕课课程的同时，阅读本书中相关章节的内容，巩固所学知识。本书既可与慕课课程配合使用，也可单独使用。书中主要章节均配备了二维码，读者扫描二维码即可在手机上观看相应章节的视频讲解。

6. 学完一章内容后，可通过精心设计的在线测试题，查看知识掌握程度（见图 7）。

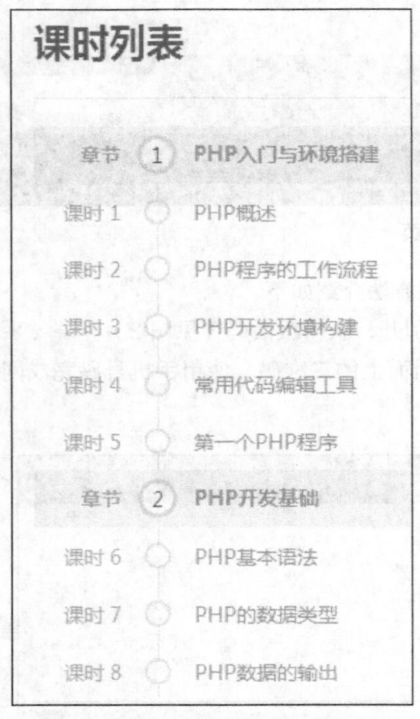

图 6　课时列表

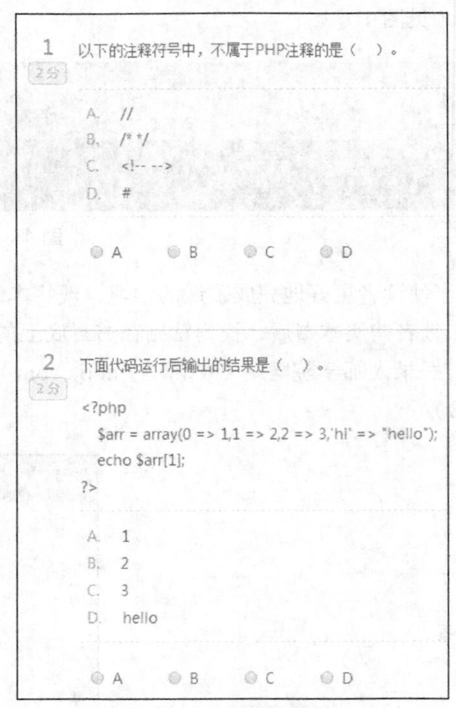

图 7　在线测试题

7. 如果对所学内容有疑问，还可到讨论区提问，除了有“大牛”导师答疑解惑以外，同学之间也可互相交流学习心得（见图 8）。

8. 书中配套的 PPT、源代码等教学资源，用户也可在该课程的首页找到相应的下载链接（见图 9）。

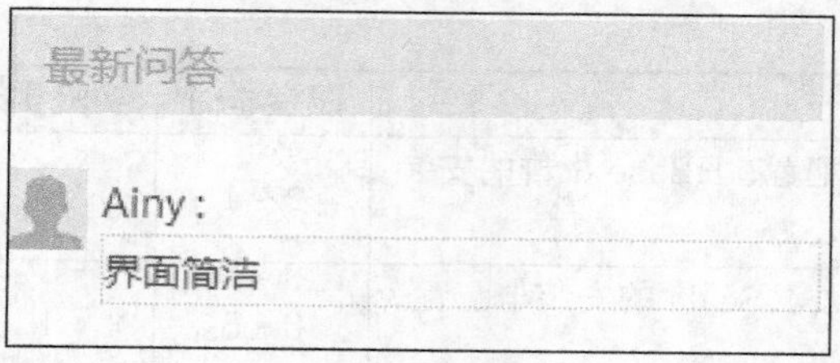

图 8　讨论区

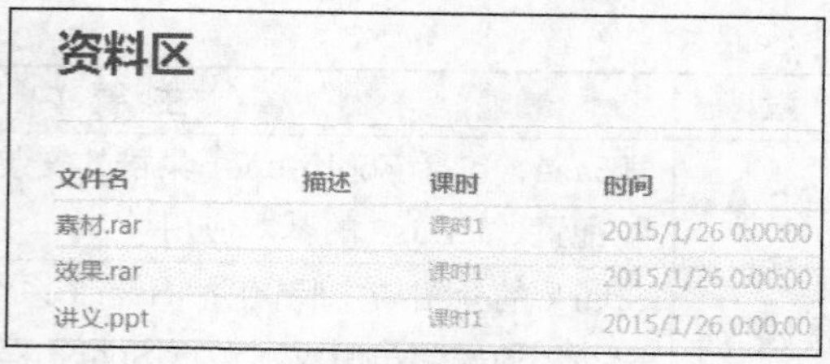

图 9　配套资源

关于人邮学院平台使用的任何疑问，可登录人邮学院咨询在线客服。

二、本书特点

在大数据时代，数据的存储和挖掘至关重要。开发人员在追求高性能的大数据平台的同时，也希望能够降低学习或使用成本，而 Hadoop 能够完美地满足这两点要求。目前，大多数高校的计算机专业和 IT 培训学校，都将 Hadoop 作为教学内容之一，这对于培养学生的计算机应用能力具有非常重要的意义。

在当前的教育体系下，实例教学是计算机语言教学的有效方法之一。本书将 Hadoop 知识和实例有机结合起来：一方面，紧随 Hadoop 的发展，适应市场需求，精心选择内容，突出重点，强调实用，使知识讲解全面、系统；另一方面，本书在每一章末尾提供了习题，方便读者及时验证自己的学习效果（包括动手实践能力和理论知识掌握程度）。

本书作为教材使用时，课堂教学建议 35～40 学时，上机指导教学建议 10～11 学时。各章主要内容和学时分配建议如下，教师可以根据实际教学情况进行调整。

章	主 要 内 容	课堂学时	实验学时
第 1 章	绪论，包括大数据的相关知识、Hadoop 发展历史和特点、Hadoop 的核心组件	1	0
第 2 章	Linux 操作系统的安装，包括 VirtualBox 虚拟机的安装、Linux 操作系统（Ubuntu）的安装	4	1
第 3 章	Hadoop 的伪分布式安装，包括 JDK 的安装与环境配置、配置 SSH 无密码登录、Hadoop 的下载和安装、Hadoop 的环境配置与启动	3	1
第 4 章	Hadoop 集群的搭建及配置，包括 Hadoop 集群中节点角色、设置集群前的准备工作、设置服务器、启动和关闭 Hadoop 集群、查看 Hadoop 集群的基本信息、在 Hadoop 集群中运行程序	5	1
第 5 章	Hadoop HDFS 命令，包括 HDFS 常用命令总览、创建与查看 HDFS 目录、本地计算机和 HDFS 之间的文件复制、复制与删除 HDFS 文件、查看 HDFS 文件内容	5	1
第 6 章	MapReduce 编程入门，包括认识 MapReduce、使用 Eclipse 创建 MapReduce 工程、第一个 MapReduce 程序	4	1
第 7 章	Hive，包括 Hive 简介、安装元数据库、安装与配置 Hive、数据类型和存储格式、Hive 中的数据定义、Hive 中的数据操作	3	1
第 8 章	Sqoop，包括安装并配置 Sqoop、使用 Sqoop 把 MySQL 数据导入 HDFS、使用 Sqoop 把 MySQL 数据导入 Hive、使用 Sqoop 将 Hadoop 数据导出到 MySQL、使用 Sqoop 将 Hive 数据导出到 MySQL	4	1

续表

章	主 要 内 容	课堂学时	实验学时
第 9 章	HBase，包括 ZooKeeper 集群的安装与配置、HBase 集群的安装与配置、HBase 的基本应用	2～4	1
第 10 章	Spark 的介绍与安装，包括 Spark 系统架构、Scala 的安装与配置、Spark 的安装与配置、运行 Spark 程序	3～5	1
第 11 章	综合案例——网络爬虫大数据分析，包括网络爬虫的概念、搭建 Python 开发环境、安装并配置 PyCharm 开发工具、设计并实现快手爬票项目	1～2	1～2

由于编者水平有限，书中难免存在疏漏和不足之处，敬请广大读者批评指正，使本书得以改进和完善。

编者

2020 年 9 月

目录
Contents

第11章　综合案例——网络爬虫大数据分析　229

PART 01

第1章 绪论

随着时代的发展，“大数据”已经不再是一个陌生的词汇。同时，针对大数据处理的新技术也在不断地开发和运用。本书要介绍的就是一款非常有代表性的大数据处理框架——Hadoop。

本章要点

- 了解大数据的相关知识
- 了解 Hadoop 发展历史和特点
- 掌握 Hadoop 的核心组件
- 了解 Hadoop 的常用组件用途

1.1 认识大数据

认识大数据

近年来，随着计算机技术和互联网的发展，“大数据”这个名词越来越多地进入我们的视野，大数据的快速发展也无时无刻不在影响着我们的生活。

1.1.1 大数据的定义

大数据从字面来理解就是“大量的数据”。

日常生活离不开数据，可以说每时每刻都在产生着数据。例如，一分钟可以做些什么事呢？在日常生活中，一分钟可能连一页书都看不完。但是一分钟内产生的数据量却是庞大的。在一分钟内，YouTube 用户上传 300 小时的新视频，电子邮件用户发送 2.4 亿条信息，Google 收到超过 278 万个搜索查询，Facebook 用户点赞 416 万次，消费者在网购上花费 27 万美元，Twitter 用户发布 34 万条推文，Instagram 用户发布 12 万张照片，Netflix 用户观看 7 万小时的视频，微信红包收发 152 万个。

这些数据还在不停地增长。那么大数据究竟是什么？咨询机构麦肯锡说：“大数据指的是所涉及的数据集规模已经超过了传统数据库软件获取、存储、管理和分析的能力。这是一个被故意设计成主观性的定义，并且是一个关于多大的数据集才能被认为是大数据的可变定义，即并不定义大于多少 TB 才叫大数据。因为随着技术的不断发展，符合大数据标准的数据集容量也会增长；并且定义随行业的不同也有变化，这依赖于在一个特定行业通常使用何种软件和数据集有多大。因此，大数据在今天不同行业中的范围可以从几十 TB 到几 PB。”

从上面的定义中可以得出以下几点。

（1）多大的数据量才算大数据，这并没有一个明确的界定，且不同行业有不同的标准。

（2）大数据不仅仅是大，它还包含了数据集规模已经超过了传统数据库软件的获取、存储、管理和分析能力这一层意思。

（3）大数据不一定永远是大数据，大数据的标准是可变的。在 20 年前，1GB 的数据也可以叫大数据。可见，随着计算机硬件技术的发展，符合大数据标准的数据集容量也会增长。

现在所说的大数据实际上更多是从应用的层面体现，比如某公司搜集、整理了大量的用户行为信息，然后通过数据分析手段对这些信息进行分析从而得出对公司有利用价值的结果。

比如，新闻头条、热搜的产生，就建立在对海量用户的阅读信息的搜集、分析之上。这就是大数据在现实中的具体体现。

1.1.2 大数据的特点

IBM 提出大数据具有 5V 特点，分别为：Volume（大量）、Velocity（高速）、Variety（多样）、Value（低价值密度）、Veracity（真实性）。下面具体说明此 5V 特点。

（1）Volume：巨大的数据量，采集、存储和计算的量都非常大。大数据的起始计量单位通常是 PB（1000TB）、EB（100 万 TB）或 ZB（10 亿 TB）。

（2）Velocity：因为要保证数据的时效性，数据增长和处理必须要迅速。比如搜索引擎要求几分钟前的新闻能够被用户查询到，个性化推荐算法要求尽可能实时完成推荐。这是大数据区别于传统数据挖掘的显著特征。

（3）Variety：种类和来源多样化，包括结构化、半结构化和非结构化数据，具体表现为网络日志、音频、视频、图片、地理位置信息等。多类型的数据对数据的处理能力提出了更高的要求。

（4）Value：数据价值密度相对较低，或者说是浪里淘沙却又弥足珍贵。随着互联网以及物联网的广泛应用，信息感知无处不在，信息海量，但价值密度较低，如何结合业务逻辑并通过强大的机器算法来挖掘数据价值，是大数据时代需要解决的问题。

（5）Veracity：数据的准确性和可信赖度高，即数据的质量高。

1.1.3 大数据行业应用

通过上面的介绍，读者或许并不能直观地理解何为大数据，下面列举一些大数据的应用案例，帮助读者更形象地了解大数据。

在日常生活中，最常见的大数据应用的例子就是手机中各种社交、娱乐、购物类的 App。例如，听歌类 App 有"每日推荐"版块，此版块中的歌曲就是根据用户平时听歌类型筛选出来的；使用淘宝 App 浏览商品后，主页显示或者推送的都是类似商品，如图 1.1 所示。类似的 App 有很多，可见大数据已经融入了我们的日常生活。

图 1.1 日常生活中接触到的大数据

除了手机 App，大数据的应用已经渗透到各行各业中。

1. 医疗大数据

除了较早前就开始利用大数据的互联网公司，医疗行业是让大数据分析发扬光大的传统行业之一。

西顿健康医疗机构是采用 IBM 最新沃森技术医疗保健内容分析预测的首个客户。该技术允许企业找到大量与病人相关的临床医疗信息，通过大数据处理，更好地分析病人的信息。

在加拿大多伦多的一家医院，针对早产婴儿，每秒钟有超过 3000 次的数据读取。通过对这些数据进行分析，医院能够提前知道哪些早产婴儿会出现问题并且有针对性地采取措施，避免早产婴儿夭折。

同时大数据让更多的创业者更方便地开发产品，比如通过社交网络来收集数据的健康类 App。也许数年后，它们搜集的数据能让医生给你的诊疗变得更为精确，例如，服药频率不是通用的成人每日三次、一次一片，而是在检测到你的血液中药剂已经代谢完成时自动提醒你再次服药。

2．金融大数据

大数据在金融行业应用范围较广，典型的案例有花旗银行利用 IBM 沃森计算机为财富管理客户推荐产品；美国银行利用客户点击数据集为客户提供特色服务，如有竞争力的信用额度；招商银行利用客户刷卡、存取款、电子银行转账、微信评论等行为数据进行分析，每周给客户发送针对性广告，里面有客户可能感兴趣的产品和优惠信息。

大数据在金融行业的应用可以总结为以下 5 个方面。

（1）精准营销：依据客户消费习惯、地理位置、消费时间等进行推荐。

（2）风险管控：依据客户消费和现金流提供信用评级或融资支持，利用客户社交行为记录实施信用卡反欺诈。

（3）决策支持：利用决策树技术进行抵押贷款管理，利用数据分析报告实施产业信贷风险控制。

（4）效率提升：利用金融行业全局数据了解业务运营薄弱点，利用大数据技术加快内部数据处理速度。

（5）产品设计：利用大数据计算技术为客户推荐产品，利用客户行为数据设计满足客户需求的金融产品。

3．交通大数据

目前，交通的大数据应用主要体现在两个方面：一方面可以利用大数据传感器数据来了解车辆通行密度，合理进行道路规划，包括单行线路规划；另一方面可以利用大数据来实现即时信号灯调度，提高已有线路运行能力。科学地安排信号灯是一个复杂的系统工程，必须利用大数据计算平台才能计算出一个较为合理的方案。科学的信号灯安排将会使已有道路的通行能力提高 30%左右。

在美国，政府依据某一路段的交通事故信息来增设信号灯，交通事故率降低了 50%以上。航空公司利用大数据可以提高航班管理的效率和上座率，降低运行成本。铁路交通部门利用大数据可以有效安排客运和货运列车，提高效率、降低成本。

4．教育大数据

在课堂上，大数据可以帮助改善教育教学，在重大教育决策制定和教育改革方面，大数据更有用武之地。美国利用大数据来分析处在辍学危险期的学生、探索教育开支与学生学习成绩提升的关系、探索学生缺课与成绩的关系。

比如美国某州公立中小学的大数据分析显示，在语文成绩上，教师高考分数和学生成绩呈现显著的正相关关系。也就是说，教师的高考成绩与他们现在所教语文课上的学生学习成绩有很明显的关系，教师的高考成绩越好，学生的语文成绩也越好。这个关系让我们进一步探讨其背后真正的原因。其实，教师高考成绩好某种程度上可以归因于教师的某个特点，而正是这个特点对其教好学生起着至关重要的作用，由此教师的高考分数可以作为挑选教师的一个指标。如果有了充分的数据，便可以发掘更多的教师特征和学生成绩之间的关系，从而为挑选教师提供更好的参考。

大数据还可以帮助家长和教师了解孩子的学习差距和有效的学习方法。比如，美国的麦格劳-希尔教育出版集团就开发出了一种预测评估工具，帮助学生评估他们已有的知识和测验达标所需程度的差距，进而指出学生有待提高的地方。评估工具可以让教师跟踪学生学习情况，从而找到学生的学习特点和适合的方法。有些学生适合按部就班，有些则更适合图式信息和整合信息的非线性学习。这些都可以通过大数据搜集和分析很快识别出来，从而为教育教学提供坚实的依据。

5．商业大数据

全球零售业的巨头沃尔玛也通过大数据获益。公司在对消费者购物行为进行分析时发现，男性顾客在购买婴儿纸尿裤时，常常会顺便搭配几瓶啤酒来犒劳自己，于是推出了将啤酒和纸尿裤捆绑销售的促销手段。如今，这一“啤酒+纸尿裤”的数据分析成果成了大数据技术应用的经典案例。

基于大数据应用的行业实例数不胜数，并且都为各个行业带来了可观的效益，甚至提高了人们的生活水平。随着大数据的应用越来越广泛，应用的行业也越来越多，我们每日都可以看到大数据的一些新颖的应用，人们可以从中获取真正有用的价值。

1.1.4 Hadoop 与大数据

大数据目前分为四大块：大数据技术、大数据工程、大数据科学和大数据应用。云计算属于大数据技术的范畴，它是指利用由大量计算节点构成的可动态调整的虚拟化计算资源，通过并行化和分布式计算技术，实现业务质量可控的大数据处理的计算技术，是一种通过 Internet 以服务的方式提供动态可伸缩的虚拟化的资源的计算模式。

那么这种计算模式如何实现呢？Hadoop 的到来解决了这个问题。作为云计算技术中的佼佼者，Hadoop 以其低成本和高效率的特性赢得了市场的认可，图 1.2 显示了云计算、大数据和 Hadoop 的关系。

图 1.2 云计算、大数据和 Hadoop 的关系

Hadoop 可以以一种可靠、高效、可扩展的方式存储、管理大数据。Hadoop 及其生态圈为管理、挖掘大数据提供了一套成熟可靠的解决方案。从功能上说，Hadoop 可以称作一个“大数据管理和分析平台”。

Hadoop 是一个开源的大数据分析软件，或者说编程模式，它是通过分布式的方式处理大数据的。因为开源的原因，现在很多企业都在运用 Hadoop 的技术来解决一些大数据的问题，在数据仓库方面 Hadoop 是非常强大的，但在数据集市以及实时的分析展现层面，Hadoop 也有着明显的不足。

1.1.5 其他大数据处理平台

大数据技术正渗透到各行各业。作为数据分布式处理系统的典型代表，Hadoop 已成为该领域的核心。但 Hadoop 并不等于大数据，它只是一个成功的分布式系统，用于处理离线数据。大数据领域中还有许多其他类型的处理系统。

除了 Hadoop 之外，Storm 和 Apache Spark 也是优秀的大数据处理平台，下面分别介绍。

1. Storm

在介绍 Storm 之前，首先介绍一下什么是流式数据。在现实生活中，很多数据都属于流式数据，即计算的输入并不是一个文件，而是源源不断的数据流，如网上实时交易所产生的数据。用户需要对这些数据进行分析，否则数据的价值会随着时间的流逝而消失。

Storm 是一个成熟的分布式流计算平台，擅长流处理或者复杂事件处理。Storm 有以下几个关键特性：

（1）使用场景广泛；

（2）具备良好的可伸缩性；

（3）可保证数据无丢失；

（4）异常健壮；

（5）具备良好的容错性；

（6）支持多语言编程。

需要注意的是，Storm 采用的计算模型不是 MapReduce，同时 MapReduce 也已经被证明不适合做流处理。另外，Storm 运行在 YARN 上，从这个角度来说，它属于 Hadoop 组件。

2. Apache Spark

Apache Spark 是一个基于内存计算的开源的集群计算系统，目的是让数据分析更加快速。Spark 小巧玲珑，由加州大学伯克利分校 AMP 实验室的小团队所开发。使用的语言是 Scala，项目的核心部分的代码只有 63 个 Scala 文件，非常短小精悍。

Spark 是一种与 Hadoop 相似的开源集群计算环境，但是两者之间还存在一些不同之处，这些不同之处使 Spark 在负载方面表现得更加优越。换句话说，Spark 启用了内存分布数据集，除了能够提供交互式查询外，它还可以优化迭代工作负载。

Spark 还引进了弹性分布式数据集（Resilient Distributed Dataset，RDD）的抽象。RDD 是分布在一组节点中的只读对象集合。这些集合是弹性的，如果数据集的一部分丢失，则可以对它们进行重建。RDD 的计算速度在特定场景下大幅度领先 MapReduce。Spark 的主要优势包括以下几个方面。

（1）提供了一套支持数据库可用性组（Database Availability Group，DAG）的分布式并行计算的编程框架，减少了多次计算的中间结果写到 Hadoop 分布式文件系统（Hadoop Distributed File System，HDFS）的开销。

（2）提供 Cache 机制来支持反复迭代计算或者多次数据共享，减少了数据读取的 I/O 开销。

（3）使用多线程池模型来减少任务启动开销，减少了 Shuffle 过程中不必要的 Sort 操作和磁盘 I/O 操作。

（4）拥有广泛的数据集操作类型。

目前 Spark 的发展势头十分迅猛，围绕 Spark 的生态圈已初具规模，如图 1.3 所示。

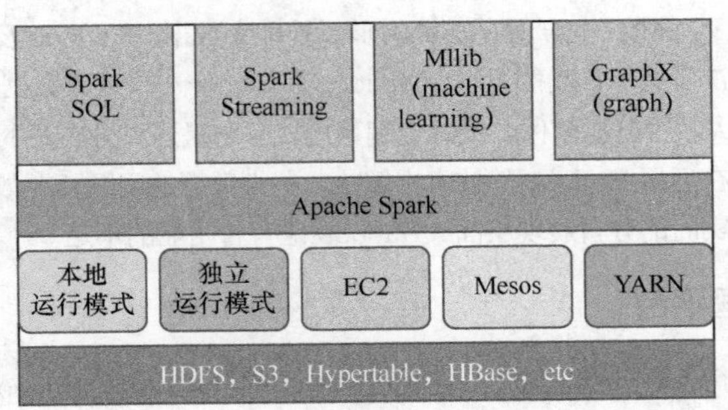

图 1.3 Spark 生态圈

其中 Spark SQL 为支持 SQL 的结构化查询工具，Spark Streaming 为 Spark 的流计算框架，MLlib 集成了主流机器学习算法，GraphX 则是 Spark 的图计算框架。

Spark 具有很强的适应性，能够读取 HDFS、S3、HBase 等为持久层读写原生数据，能够以 Mesos、YARN 和自身携带的 Standalone 作为资源管理器调度 Job，来完成 Spark 应用程序的计算。

与 Hadoop 类似，Spark 支持单节点集群或多节点集群。对于多节点操作，Spark 依赖于 Mesos 集群管理器。Mesos 为分布式应用程序的资源共享和隔离提供了一个有效平台。该设置允许 Spark 与 Hadoop 共存于节点的一个共享池中。

官方资料介绍 Spark 可以将 Hadoop 集群中的应用在内存中的运行速度提升 100 倍，甚至能够将应用在磁盘上的运行速度提升 10 倍。

更多关于 Spark 的内容详见本书第 10 章。

1.1.6 大数据人才

大数据行业越来越受欢迎，同时对大数据人才的要求也日益增加，大数据行业都有哪些岗位？学习大数据需要具备哪些能力？下面一一介绍。

大数据从业者的岗位如下。

1. 首席数据官

首席数据官（Chief Data Officer，CDO）和数据科学家（或称数据分析师）是企业所需的大数据人才的典型代表。

CDO 主要负责根据企业的业务需求，选择数据库以及数据抽取、转换和分析工具，进行相关的数据挖掘、数据处理和分析，并且根据数据分析的结果战略性地对企业未来的业务发展和运营提供相应的建议和意见。通过 CDO 的工作加强数据管控，可提高对业务风险的控制水平，是企业应对经济、金融危机的重要措施。

一位合格的 CDO 须具备五种能力：统计学、数学的能力；洞悉网络产业和发展趋势的能力；IT 设备和技术选型的能力；商业运营的能力；管理和沟通的能力。他们不仅要关注系统架构所承载的内容，更要担任企业决策和数据分析整合的枢纽；要熟悉面向服务的架构（Service-Oriented Architecture，SOA）、商业智能（Business Intelligence，BI）、大规模数据集成系统、数据存储交换机制，以及数据库、可扩展标记语言（Extensible Markup Language，XML）、电子数据交换（Electrohic Data Interchange，EDI）等系统架构；要深入了解企业的业务状况和所处的产业背景，清楚地了解组织的数据源、大小和结构等，才可将数据资料与业务状态联合起来分析，并提出相对应的市场和产品策略。

2. 数据科学家（数据分析师）

数据科学家是指能采用科学方法、运用数据挖掘工具，对复杂多量的数字、符号、文字、网址、音频或视频等信息进行数字化重现与认识，并具有数据洞察力的工程师或专家。一个优秀的数据科学家需要具备的能力有数据采集、运用数学算法、运用数学软件、数据分析、预测分析、市场应用、决策分析等。

为了提高工作效率，数据科学家应能熟练使用一种或多种统计、分析工具。Excel 是当前最为流行的小规模数据处理工具，SAS 工具也被广泛应用。而以 Hadoop 为代表的数据管理工具，也越来越广泛地应用于数据业务中。

3. 大数据开发工程师

大数据开发工程师应具备良好的数学背景、很强的计算机编程能力，除此之外，还应具有特定应用领域或行业的知识。大数据开发工程师这个角色很重要的一点是，不能脱离市场，因为大数据只有和特定领域的应用结合起来才能产生价值。大数据开发工程师不能只懂数据，还要有商业头脑，对零售、医药、游戏、旅游等行业中的某些领域要有良好的理解，最好与企业的业务方向一致。

一名优秀的大数据开发工程师，除了具备上面列出的能力外，还要满足一个非常重要的要求，即必须深入理解大数据系统架构和各个组件的基本原理、实现机制甚至其中涉及的算法等。只有这样，才能构建一个强大且稳定的分布式集群系统，并充分利用其分布式存储和并行计算能力来处理大数据。

在大多数企业中，因为 Hadoop 开源且高效，所以形成了以 Hadoop 为核心的大数据生态系统。那么大数据开发工程师就必须深入理解以 Hadoop 为核心的大数据生态系统的系统构架、原理及开发应用，并具有充分的优化经验，才能利用 Hadoop 处理大规模数据，甚至在 Hadoop 平台上开发特定应用的新组件。当然，大数据开发工程师还需要具有大数据采集、大数据预处理、大数据存储与管理、分析挖掘与展现应用等大数据相关技术。

4. 大数据运维工程师

企业除了大数据分析人才、开发人才外，还需要有数据采集、管理、运维方面的人才。由于大数据系统是一个非常复杂的系统，大数据运维工程师应掌握非常多的内容：熟悉 Java、Python、Shell 等语言；熟悉 Hadoop 工作原理，对 HDFS、MapReduce 运行过程有深入理解，有 MapReduce 开发经验，熟悉数据仓库体系架构，熟悉数据建模；熟悉至少一种数据库，如 MySQL、Oracle、SQL Server；熟练使用 SQL 语言，懂 SQL 调优；熟悉大数据生态圈及其他技术，如 HBase、Storm、Spark、Impala 等技术。

1.2 什么是 Hadoop

什么是 Hadoop

1.2.1 Hadoop 简介

Hadoop 是 Apache 软件基金会旗下的一个开源分布式计算平台。以分布式文件系统（Hadoop Distributed File System，HDFS）和 MapReduce（Google MapReduce 的开源实现）为核心的 Hadoop，为用户提供了系统底层透明的分布式基础构架。

HDFS 的高容错性、高伸缩性等优点允许用户将 Hadoop 部署在廉价的硬件上，形成分布式系统，它负责数据的分布式存储和备份，文件写入后只能读取，不能修改；MapReduce 分布式编程模型允许用户在不了解分布式系统底层细节的情况下开发并行应用程序，包括映射（Map）和归约（Reduce）两个过程。

用户可以利用 Hadoop 轻松地组织计算机资源，从而搭建自己的分布式计算平台，并且可以充分利用集群的计算和存储能力，完成海量数据的处理。

简而言之，Hadoop 是适合大数据的分布式存储和计算的平台。狭义上来说，Hadoop 就是单独指代 Hadoop 这个软件；广义上来说，Hadoop 指代大数据的一个生态圈，包括很多其他的软件。

从上面的 Hadoop 介绍可以总结出 Hadoop 具有如下几个特点。

（1）Hadoop 是一个框架。

（2）Hadoop 适合处理大规模数据。

（3）Hadoop 被部署在一个集群上。

1.2.2 Hadoop 的发展历史

Hadoop 诞生距今不足 20 年，不能算是一个有丰厚底蕴的技术，但它为大数据做出的贡献是巨大的。下面介绍 Hadoop 的发展历史。

1. Hadoop 的起源

Hadoop 最早起源于 Lucene 的子项目 Nutch。Nutch 的设计目标是构建一个大型的全网搜索引擎，包括网页抓取、索引、查询等功能。但随着抓取网页数量的增加，产生了严重的可扩展性问题——如何解决数十亿网页的存储和索引。

2003 年、2004 年谷歌（Google）发表的三篇论文为该问题提供了可行的解决方案。

（1）分布式文件系统（GFS），可用于处理海量网页的存储。

（2）分布式计算框架（MapReduce），可用于处理海量网页的索引计算。

（3）分布式数据存储系统（BigTable），可用于处理海量的数据的一种非关系型的数据库。

谷歌虽然没有将其核心技术开源，但是这三篇论文已经为开源社区的“大牛”们指明了方向，一位“大牛”道·卡廷（Doug Cutting）使用 Java 语言对 Google 的云计算核心技术（主要是 GFS 和 MapReduce）做了开源的实现，使 Nutch 性能飙升。随后雅虎（Yahoo）招聘 Doug Cutting 继续完善 Hadoop 项目。2005 年，Hadoop 作为 Lucene 的子项目 Nutch 的一部分正式引入 Apache 基金会。2006 年 2 月它被分离出来，成为一套完整独立的软件，定名为 Hadoop。

到 2008 年 1 月，Hadoop 成为 Apache 顶级项目（同年，Cloudera 公司成立，其为全球知名的企业级数据管理和数据分析平台提供商），迎来了它的快速发展期。

Hadoop 的成长过程为：Lucene→Nutch→Hadoop。

Hadoop 的核心组件的演变关系如下。

（1）GFS→HDFS。

（2）Google MapReduce→Hadoop MapReduce。

（3）BigTable→HBase。

2. Hadoop 的发展历程

Hadoop 的发展历程如图 1.4 所示。

图 1.4　Hadoop 的发展历程

3. Hadoop 的名字起源

Hadoop 这个名字不是一个缩写的单词，而是一个人为造出来的词。它是以 Hadoop 之父 Doug Cutting 儿子的毛绒玩具象命名的。因此 Hadoop 的标志为一头小象，如图 1.5 所示。

图 1.5　Hadoop 标志

Hadoop 的发音是[hædu:p]。

1.2.3　Hadoop 的特点

Hadoop 是一个能够让用户轻松架构和使用的分布式计算平台。用户可以轻松地在 Hadoop 上开发和运行处理海量数据的应用程序。它主要有以下几个优点。

（1）高可靠性。数据存储不仅有多个备份，而且集群设置在不同节点上，可以防止一个节点死机而造成的数据损坏。

（2）高扩展性。Hadoop 在可用的计算机集群间分配数据并完成计算任务。为集群添加新的节点并不复杂，所以集群很容易进行节点的扩展，从而扩大集群。

（3）高效性。Hadoop 能够在节点之间动态地移动数据，在数据所在节点进行并发处理，并保证各个节点的动态平衡，因此处理速度非常快。

（4）高容错性。Hadoop 的分布式文件系统（HDFS）在存储文件时会在多个节点或多台计算机上存储文件的备份副本，当读取该文档出错或某一台计算机死机时，系统会调用其他节点上的备份文件，保证程序顺利运行。如果启动的任务失败，Hadoop 会重新运行该任务或启用其他任务来完成这个任务没有完成的部分。

（5）低成本。Hadoop 是开源的，不需要支付任何费用即可下载、安装、使用，节省了购买软件的成本。此外，Hadoop 依赖于社区服务，因此它的成本比较低，任何人都可以使用。

（6）可构建在廉价机器上。Hadoop 对计算机的配置要求不高，大部分普通商用服务器就可以满足要求。

Hadoop 核心

1.3 Hadoop 核心

前面介绍过，以 Hadoop 为中心形成了一个生态圈，如图 1.6 所示。

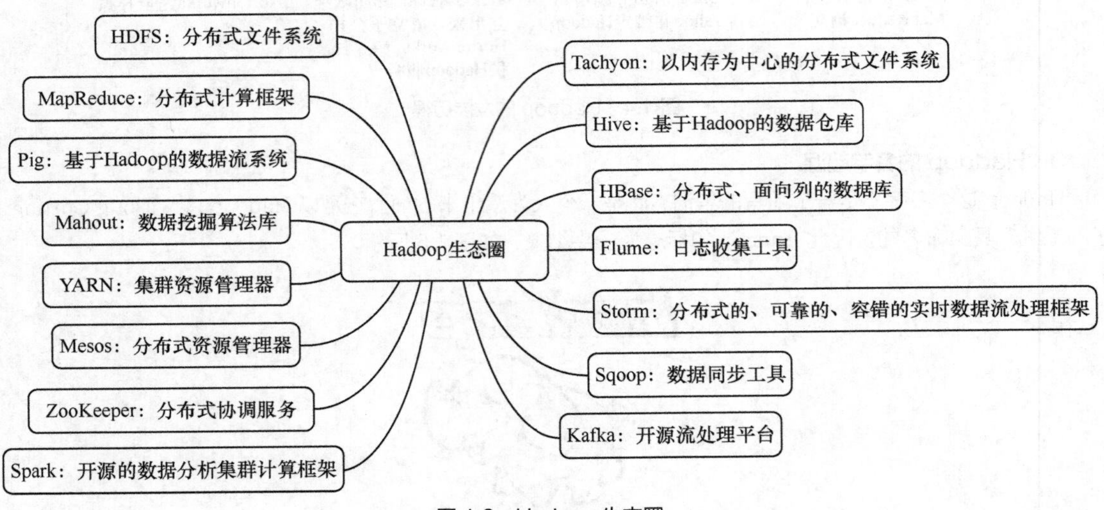

图 1.6 Hadoop 生态圈

在 Hadoop 生态圈中，有三大核心组件：分布式文件系统——HDFS；分布式计算框架——MapReduce；集群资源管理器——YARN。下面分别介绍前两个组件，YARN 将在第 6 章中详细介绍。

1.3.1 分布式文件系统——HDFS

1. HDFS 架构及简介

HDFS是Hadoop项目的核心子项目，主要负责集群数据的存储与读取，HDFS是一个主/从（Master/Slave）体系结构的分布式文件系统。HDFS 支持传统的层次型文件组织结构，用户或者应用程序可以创建目录，然后将文件保存在这些目录中。文件系统命名空间的层次结构和大多数现有的文件系统类似，可以通过文件路径对文件执行创建、读取、更新和删除操作。但是由于分布式存储的性质，它又和传统的文件系统有明显的区别。HDFS 的基本架构如图 1.7 所示。

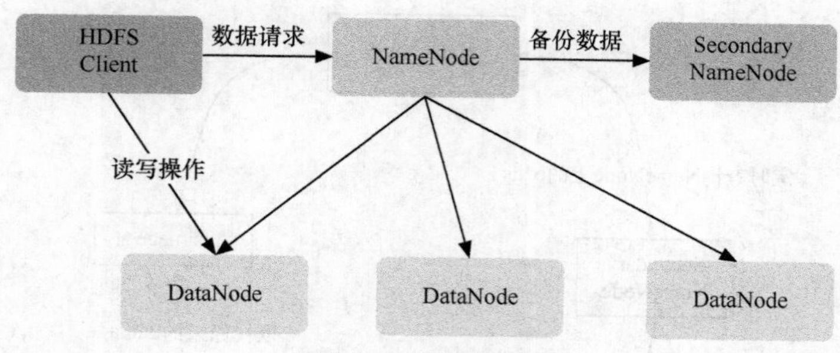

图 1.7　HDFS 架构图

HDFS 文件系统主要包括一个 NameNode、一个 Secondary NameNode 和多个 DataNode，其中 NameNode、Secondary NameNode 运行在 Master 节点上，DataNode 运行在 Slave 节点上。下面分别介绍。

（1）元数据。元数据不是具体的文件内容，它有三类重要信息：第一类是文件和目录自身的属性信息，如文件名、目录名、父目录信息、文件大小、创建时间和修改时间等；第二类记录文件内容存储的相关信息，如文件分块情况、副本个数、每个副本所在的 DataNode 信息等；第三类用来记录 HDFS 中所有 DataNode 的信息，用于 DataNode 管理。

（2）NameNode。NameNode 用于存储元数据以及处理客户端发出的请求。在 NameNode 中存放元数据的文件是 fsimage 文件。在系统运行期间，所有对元数据的操作都保存在内存中，并被持久化到另一个文件 edits 中。当 NameNode 启动时，fsimage 会被加载到内存，然后对内存里的数据执行 edits 所记录的操作，以确保内存所保留的数据处于最新的状态。

fsimage 与 edits 数据保存的过程如图 1.8 所示。

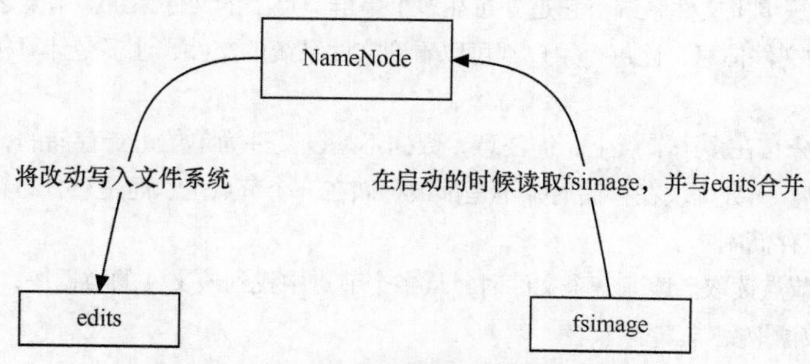

图 1.8　fsimage 与 edits 数据保存的过程

（3）Secondary NameNode。Secondary NameNode 用于备份 NameNode 的数据，周期性地将 edits 文件合并到 fsimage 文件并在本地备份，将新的 fsimage 文件存储到 NameNode，取代原来的 fsimage，删除 edits 文件，创建一个新的 edits 文件继续存储文件修改状态。

Secondary NameNode 的工作过程如图 1.9 所示。

（4）DataNode。DataNode 是真正存储数据的地方。在 DataNode 中，文件以数据块的形式进行存储。当文件传到 HDFS 时以 128MB 大小的数据块将文件进行切割，将每个数据块存到不同的或相同的 DataNode 并且备份副本，一般默认 3 个。NameNode 会负责记录文件的分块信息，确保在读取该文件时可以找到并整合所有块。

（5）数据块。文件上传到 HDFS 时系统会根据默认文件块大小把文件分成一个个数据块，从 Hadoop 2.x 开始默认 128MB 为一个数据块大小，比如要存储大小为 129MB 的文件时，则文件被分成两个数据块来存储。数据块会被存储到各个节点，每个数据块都会备份副本。

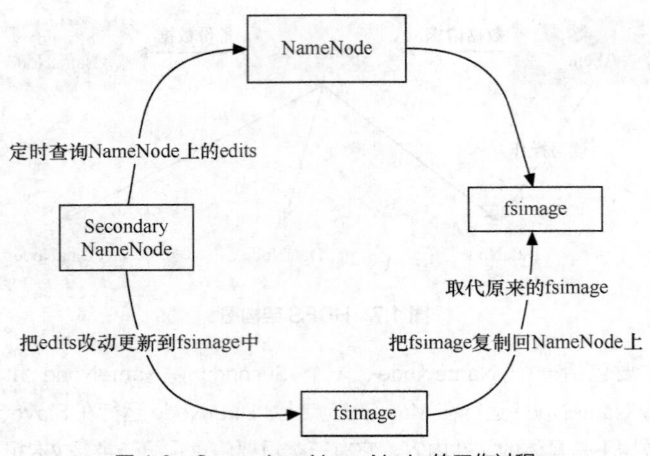

图 1.9　Secondary NameNode 的工作过程

2. HDFS 分布式原理

分布式系统会划分成多个子系统或模块，各自运行在不同的计算机上，子系统或模块之间通过网络通信进行协作，实现最终的整体功能。利用多个节点共同协作完成一项或多项具体业务功能的系统就是分布式系统。

那什么是分布式文件系统呢？分布式文件系统是分布式系统的一个子集，其解决的问题是数据存储。也就是说，分布式文件系统是横跨在多台计算机上的存储系统，存储在分布式文件系统上的数据会自动分布在不同的节点上。

HDFS 是一个分布式文件系统，主要体现在以下 3 个方面。

（1）HDFS 并不是单机文件系统，它是分布在多个集群节点上的文件系统。节点之间通过网络通信进行协作，提供多个节点的文件信息，让每个用户都可以看到文件系统的文件，让多台计算机上的多个用户可以分享文件和存储空间。

（2）文件存储时分布在多个节点上，需注意，数据不是以文件为单位进行存储的，而是将一个文件分成一个或多个数据块存储。而数据块在存储时并不是都被存储在一个节点上，而是被分布存储在各个节点上，并且数据块会在其他节点存储副本。

（3）数据从多个节点读取。读取一个文件时，从多个节点中找到该文件的数据块，分布读取所有数据块，直到最后一个数据块被读取完毕。

3. HDFS 特点

首先介绍 HDFS 的优点。

（1）高容错性。HDFS 上传的数据自动保存多个副本，可以通过增加副本的数量来提高它的容错性。如果某一个副本丢失，HDFS 会复制其他机器上的副本，而我们不必关注它的实现。

（2）适合大数据的处理。HDFS 能够处理 GB、TB 甚至 PB 级别的数据，规模达百万，数量非常大（1PB=1024TB、1TB=1024GB）。

（3）流式数据访问。HDFS 以流式数据访问模式来存储超大文件，一次写入，多次读取。即文件一旦写入，则不能修改，只能增加。这样可以保持数据的一致性。

除此之外，HDFS 有以下的缺点。

（1）不适合低延迟数据访问。如果要处理一些用户要求时间比较短的低延迟应用请求，则 HDFS 不适合。因为 HDFS 是为了处理大型数据集的分析任务而设计的，目的是达到高的数据吞吐量，但这是以高延迟作为代价来换取的。

（2）无法高效存储大量小文件。因为 NameNode 会把文件系统的元数据放置在内存中，所以文件系统所能容纳的文件数目是由 NameNode 的内存大小来决定的，即每存入一个文件都会在 NameNode 中写入文件信息。如果写入太多小文件，NameNode 内存会被占满而无法写入文件信息。而与多个小文件大小之和相同的大文件只会写入一次文件信息到内存中，所以 HDFS 更适合大文件存储。

（3）不支持多用户写入及任意修改文件。HDFS 的一个文件只有一个写入者，而且写操作只能在文件末尾完成，即只能执行追加操作。目前 HDFS 还不支持多个用户对同一文件的写操作，也不支持在文件任意位置进行修改。

1.3.2 分布式计算框架——MapReduce

1. MapReduce 简介

MapReduce 是 Hadoop 的核心计算框架，适用于大规模数据集（大于 1TB）并行运算的编程模型，包括 Map 和 Reduce 两部分。

当启动一个 MapReduce 任务时，Map 端会读取 HDFS 上的数据，将数据映射成所需要的键值对类型并传到 Reduce 端。Reduce 端接收 Map 端传过来的键值对类型的数据，根据不同键进行分组，对每一组键相同的数据进行处理，得到新的键值对并输出到 HDFS，这就是 MapReduce 的核心思想。

2. MapReduce 工作原理

MapReduce 作业执行流程如图 1.10 所示。

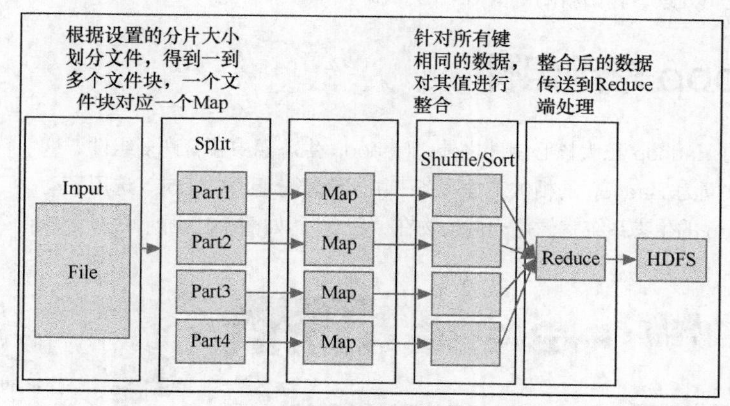

图 1.10 MapReduce 作业执行流程

一个完整的 MapReduce 过程包含读取输入数据、Map 阶段、Shuffle/Sort 阶段、Reduce 阶段等，下面分别介绍。

（1）读取输入数据。MapReduce 过程中的数据是从 HDFS 中读取的。文件在上传到 HDFS 时，一般按照 128MB 大小分割成数据块，在运行 MapReduce 程序时，每个数据块都会生成一个 Map；但是也可以通过重新设置文件分片大小调整 Map 的个数，在运行 MapReduce 时会根据所设置的分片大小对文件重新分割（Split），一个分片大小的数据块就会对应一个 Map。

（2）Map 阶段。程序有一个或多个 Map，由默认存储或分片个数决定。在 Map 阶段，数据以键值对的形式读入，键一般为每行首字符相对于文件初始位置的偏移量，即中间所隔字符个数，值为这一行的数据记录。根据需求对键值对进行处理，映射成新的键值对，将新的键值对传到 Reduce 端。

（3）Shuffle/Sort 阶段。此阶段是指从 Map 输出开始，传送 Map 输出到 Reduce 作为输入的过程。该过程会对同一个 Map 中输出的键相同的数据先进行整合，减少传输的数据量，并且在整合后将数据按照键排序。

（4）Reduce 阶段。Reduce 任务也可以有多个，按照 Map 阶段设置的数据分区确定，一个分区数据被一个 Reduce 处理。针对每一个 Reduce 任务，Reduce 会接收到不同 Map 任务传来的数据，并且每个 Map 传来的数据都是有序的。一个 Reduce 任务中的每一次处理都针对所有键相同的数据，对数据进行归约，以新的键值对输出到 HDFS。

根据上述内容分析，MapReduce 的本质可以用一张图完整地表现出来，如图 1.11 所示。

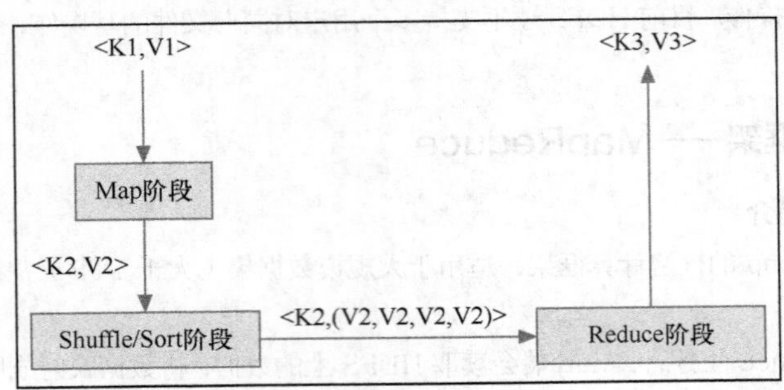

图 1.11　MapReduce 本质

MapReduce 的本质就是把一组键值对<K1, V1>经过 Map 阶段映射成新的键值对<K2, V2>；接着经过 Shuffle/Sort 阶段进行排序和“洗牌”，把键值对排序，同时把相同的键值整合；最后经过 Reduce 阶段，对整合后的键值对进行逻辑处理，输出新的键值对<K3, V3>。

1.4　Hadoop 常用组件

除了上面介绍的 Hadoop 三大核心组件之外，Hadoop 生态圈中还有许多组件，这些组件各有特点，共同为 Hadoop 的相关工程服务。由于大部分组件的 Logo 选用了动物图形，因此 Hadoop 的生态系统就像是一群动物在“狂欢”，如图 1.12 所示。

图 1.12　Hadoop 生态系统

下面介绍 Hadoop 的常用组件，为了方便理解，以下按照功能对这些组件进行了分类，并且把较为流行的排在了前面，如表 1.1 所示。

表 1.1 Hadoop 常用组件

分类	相关组件
文件系统	HDFS，目前使用最广泛的分布式文件系统，是整个大数据应用场景的基础通用文件存储组件
	S3（Simple Storage Service，简单存储服务）具有更好的可扩展性、内置的持久性，以及较低的价格
资源调度	YARN，分布式资源调度，可以接收计算任务并分配到集群各节点处理，相当于大数据操作系统，通用性好，生态支持好
	Mesos，与 YARN 相似，偏向于资源的抽象和管理
计算框架	Spark 序列，有流计算、图计算、机器学习
	Flink，支持计算数据不断变化，即增量计算
	Storm，专注于流式计算，功能强大
	MapReduce，分布式计算基本计算框架，编程难度高，执行效率低
数据库	HBase，一种 NoSQL 列族数据库，支持数十亿行数百万列大型数据存储和访问，尤其是写数据的性能非常好，数据读取实时性较好，提供一套 API，不支持 SQL 操作，数据存储采用 HDFS
	Cassandra，对大型表格和 Dynamo 支持得最好
	Redis，运行异常快，还可应用于分布式缓存场景
SQL 支持	Spark SQL，由 Shark、Hive 发展而来，以 SQL 方式访问数据源（如 HDFS、HBase、S3、Redis 甚至关系统数据库等）
	Hive，通过 HQL（类似 SQL）来统计分析生成查询结果，通过解析 HQL 生成可以在 MapReduce 上执行的任务，典型的应用场景是与 HBase 集成
	Phoenix，一套专注于 SQL 方式访问 HBase 的 Java 数据库连接（Java DataBase Connectivity，JDBC）驱动，支持绝大部分 SQL 语法，支持二级索引，支持事务，低延时
	其他：Impala、Pig 等，都实现了类似的功能，解决了直接写 Map/Reduce 分析数据的复杂问题，降低了数据分析工作者或开发人员使用大数据的门槛
其他工具	分布式协作 ZooKeeper，可以理解为一个小型高性能的数据库，为生态圈中很多组件提供发布、订阅的功能，还可以监测节点是否失效（心跳检测），如 HBase、Kafka 中利用 ZooKeeper 存放了主/从节点信息
	Kafka，是一种分布式的基于发布/订阅的消息系统，类似于消息队列的功能，可以接收生产者（WebService、文件、HDFS、HBase 等）的数据，本身可以缓存起来，然后发送给消费者，起到缓冲和适配的作用
	Flume，分布式的海量日志采集、聚合和传输的系统，主要作用是数据的收集和传输，也支持非常多的输入/输出数据源
	Sqoop，主要用于 Hadoop（Hive）与传统的数据库（MySQL、PostgreSQL 等）间进行数据的传递，可以将一个关系型数据库（MySQL、Oracle、Postgres 等）中的数据导入 Hadoop 的 HDFS，也可以将 HDFS 的数据导入关系型数据库

1.5 Hadoop 在国内外的应用情况

Hadoop 在国内外的应用情况

Hadoop 是一个开源的高效云计算基础架构平台，其不仅在云计算领域用途广泛，还可以支撑搜索引擎服务，作为搜索引擎底层的基础架构系统，同时在海量数据处理、数据挖掘、机器学习、科学计算等领域都越来越受到青睐。

在国外，Hadoop 的应用十分广泛，如 Yahoo、Facebook、Adobe、IBM 等。Yahoo 是 Hadoop 的最大支持者，Yahoo 的 Hadoop 应用主要包括广告分析系统、用户行为分析、Web 搜索、反垃圾邮件系统等。Facebook 使用 Hadoop 存储内部日志与多维数据，并以此作为报告、分析和机器学习的数据源。Adobe 主要使用 Hadoop 及 HBase，用于支撑社会服务计算，以及结构化的数据存储和处理。

而在国内，互联网公司是 Hadoop 的主要使用者，如阿里巴巴、百度、腾讯、网易、金山、华为、中国移动等。阿里巴巴、腾讯都是国内最先使用 Hadoop 的公司。

中国科学院研究所举办过几次 Hadoop 技术大会，加速了 Hadoop 在国内的发展。

小结

本章主要介绍了 Hadoop 的概念及特点，使读者了解了大数据与 Hadoop 之间的联系；再通过介绍 Hadoop 的 HDFS、MapReduce 和 YARN 三大主要的核心组件，使读者深入地了解了 Hadoop 的整体架构；也简单介绍了 Hadoop 框架中的其他组件和应用场景。本章内容以概念居多，在后面的学习中读者会逐渐加深对 Hadoop 的理解。

习题

1-1 简述 HDFS 文件系统的构成。

1-2 简述 HDFS 的优缺点。

1-3 YARN 包含哪几个模块?

PART02

第2章

Linux操作系统的安装

Hadoop主要是在Linux操作系统下运行的，本书选取Linux操作系统的版本为Ubuntu。搭建Hadoop集群时，需要多台计算机。但是在学习Hadoop时，大多数读者使用的是Windows操作系统，并且只有一台计算机。

为了解决这个问题，可以通过VirtualBox虚拟机软件来创建多个虚拟机，在虚拟机中安装Ubuntu系统和Hadoop集群。本章主要介绍如何安装VirtualBox、创建虚拟机和安装Ubuntu系统。

本章要点

- VirtualBox虚拟机的安装和创建
- Linux操作系统的简介
- Ubuntu系统的安装和基本设置

2.1 VirtualBox 虚拟机的安装

VirtualBox
虚拟机的安装

VirtualBox 是由德国 Innotek 公司开发，由 Sun Microsystems 公司出品的软件，使用 Qt 编写，在 Sun Microsystems 被 Oracle 收购后正式更名成 Oracle VM VirtualBox。用户可以在 VirtualBox 上安装并且运行 Solaris、Windows、DOS、Linux、Mac OS X、OpenBSD 甚至 Android 作为客户端操作系统。

下面介绍 VirtualBox 的安装和使用。

2.1.1 VirtualBox 的下载和安装

本书使用的 VirtualBox 版本为 5.2.20，下面介绍 VirtualBox 的下载与安装。

1. VirtualBox 的下载

打开 VirtualBox 的官方下载页面，单击“Windows hosts”链接下载 VirtualBox 的 Windows 版本，如图 2.1 所示。如果是苹果系统，可以选择“OS X hosts”链接进行下载。

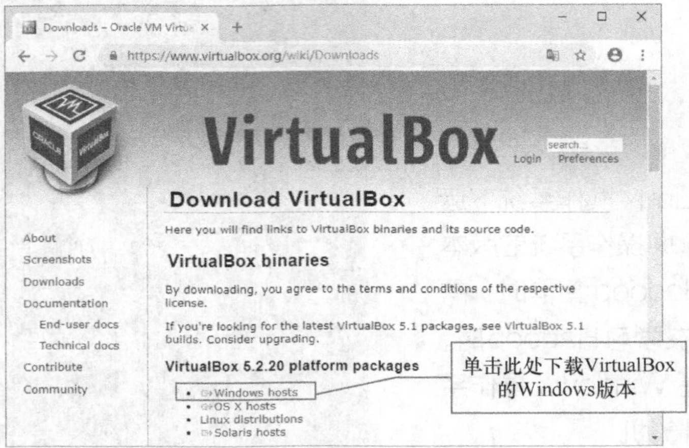

图 2.1 VirtualBox 的下载页面

下载完成后，在存储目录中，可以看到已下载好的安装文件 VirtualBox-5.2.20-125813-Win.exe，如图 2.2 所示。

图 2.2 下载好的 VirtualBox 安装文件

2. VirtualBox 的安装

VirtualBox 的安装步骤如下。

（1）双击安装程序的图标，会弹出VirtualBox的安装对话框，首先出现图2.3所示的欢迎界面，单击“下一步”按钮开始安装。

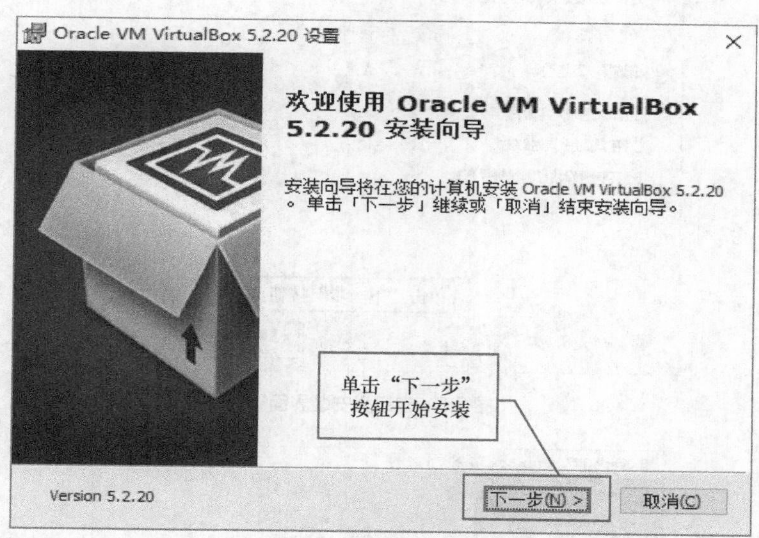

图2.3　VirtualBox的欢迎界面

（2）进入选择VirtualBox功能界面，在此界面中，可以选择要安装的功能和存储位置，如图2.4所示。

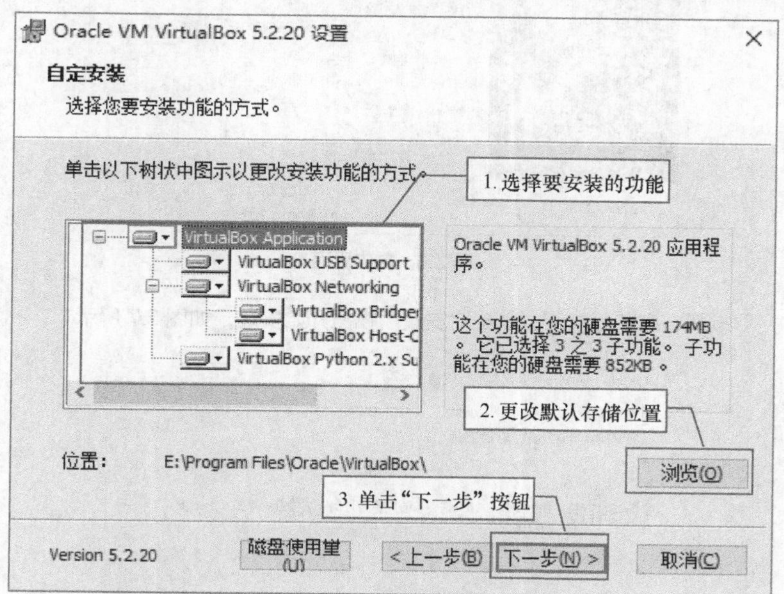

图2.4　选择安装功能和存储位置

（3）单击“下一步”按钮，进入自定义安装界面，如图2.5所示。

（4）单击“下一步”按钮，进入警告界面。此界面只是显示警告信息，在安装时会暂时中断网络连接，如图2.6所示。

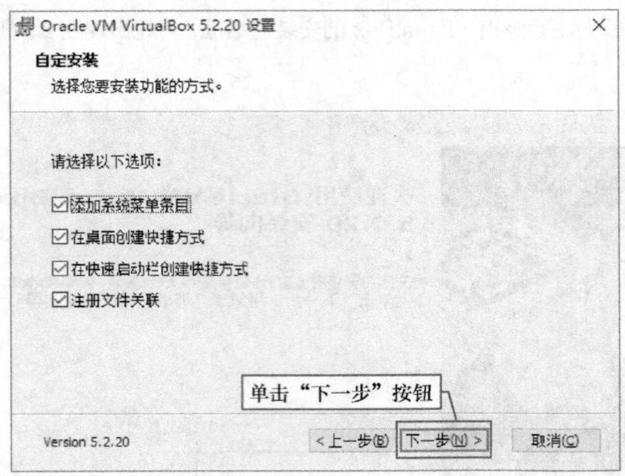

图 2.5　自定义安装界面

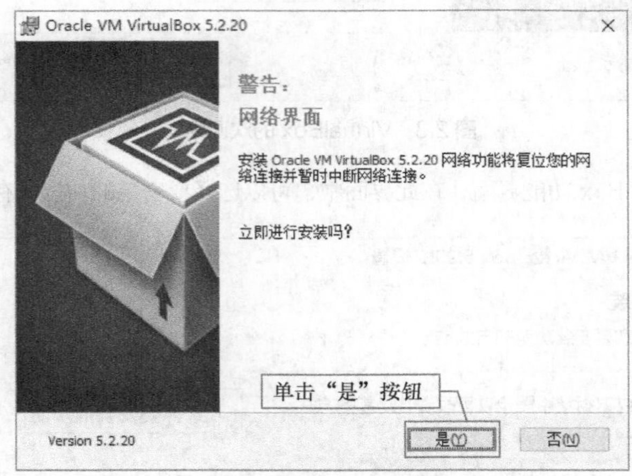

图 2.6　警告界面

（5）单击“是”按钮，准备好安装，单击“安装”按钮开始安装，如图 2.7 所示。

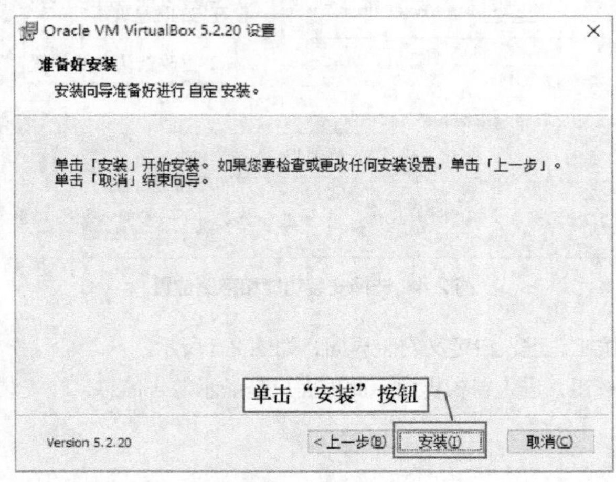

图 2.7　准备好安装

（6）正在安装，如图 2.8 所示。

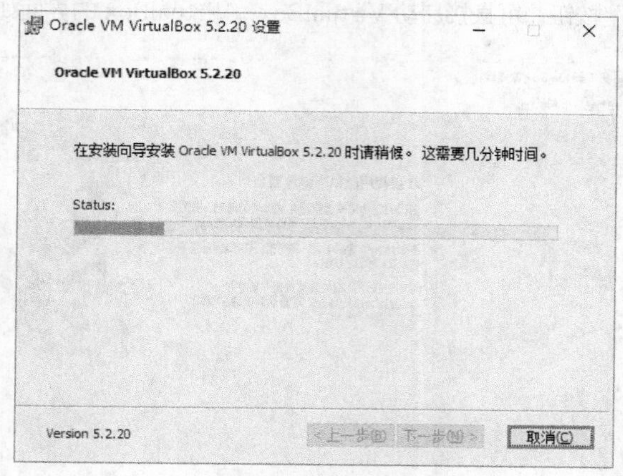

图 2.8　正在安装

（7）安装完成后，单击“完成”按钮，就会启动 VirtualBox，如图 2.9 所示。

图 2.9　安装完成

注意

如果出现了图 2.10 所示的错误提示信息，需要在安装包上单击鼠标右键，选择“以管理员身份运行”。

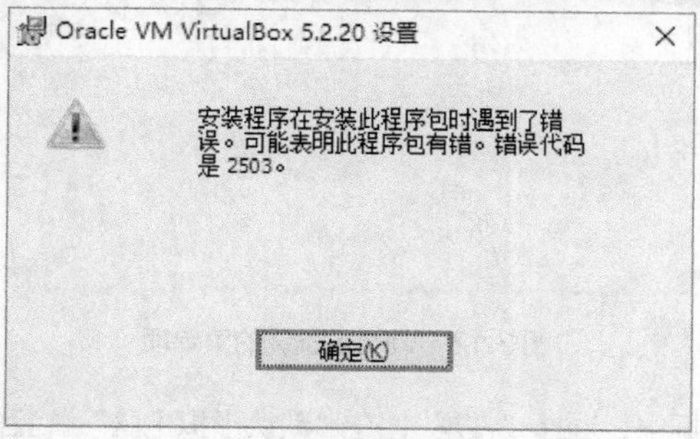

图 2.10　安装出错

3. 启动 VirtualBox

安装完成后单击“完成”按钮，可直接启动 VirtualBox，VirtualBox 的界面如图 2.11 所示。

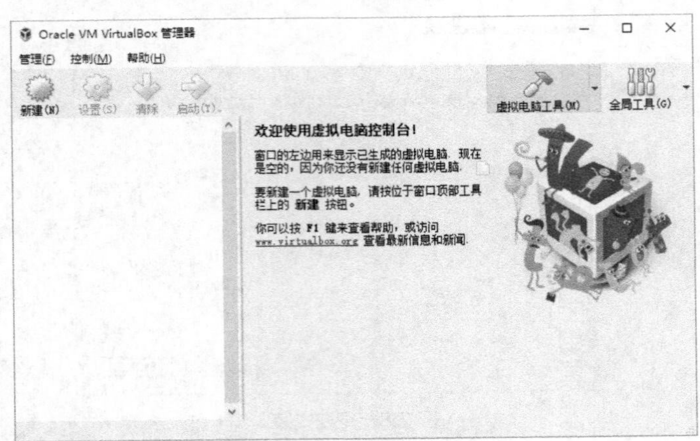

图 2.11　VirtualBox 界面

下一次打开 VirtualBox，可以双击桌面上的“Oracle VM VirtualBox”图标，或者从开始菜单打开：“开始”→“所有程序”→“Oracle VM VirtualBox”→“Oracle VM VirtualBox”。

2.1.2　设置 VirtualBox 存储文件夹

创建虚拟主机时，VirtualBox 会创建一个存储文件夹，用来存储这个虚拟主机的所有数据，默认路径在 C 盘中。但是虚拟机文件会占用非常大的空间，所以需要将存储文件夹设置在空闲空间比较大的磁盘上，比如 D 盘或 E 盘，同时也便于进行数据备份。

设置 VirtualBox 存储文件夹的步骤如下。

（1）打开 VirtualBox，在菜单栏中选择“管理”→“全局设定”，打开“全局设定”对话框，如图 2.12 所示。

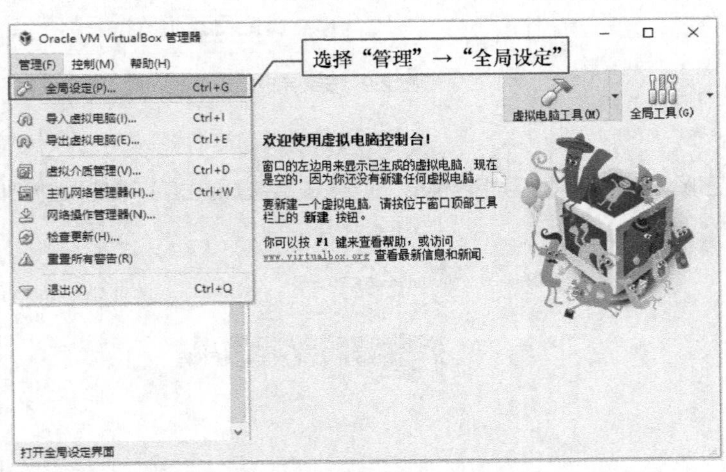

图 2.12　VirtualBox 的菜单项

（2）在“全局设定”对话框中，选择“常规”，在“默认虚拟电脑”位置的下拉列表框中，选择“其它”，修改存储路径，如图 2.13 所示。

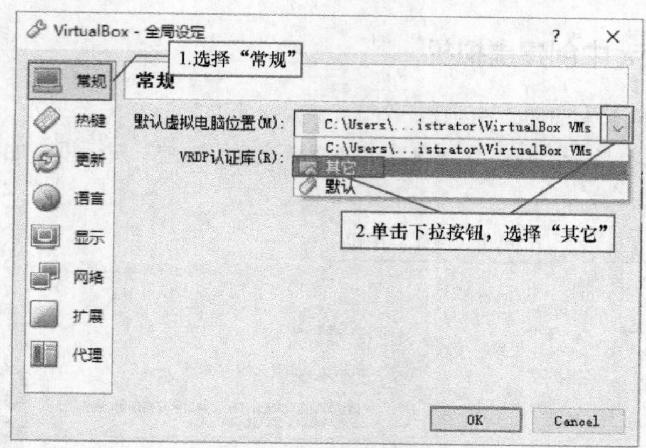

图 2.13　“常规”选项卡

（3）选择要存储 VirtualBox 虚拟机文件的文件夹，如果在此之前没有创建好存储虚拟机文件的文件夹，可以先单击“新建文件夹”按钮，创建要存储的文件夹，如图 2.14 所示。将创建的文件夹命名为“VirtualBox”，然后选中此文件夹，单击“选择文件夹”按钮。

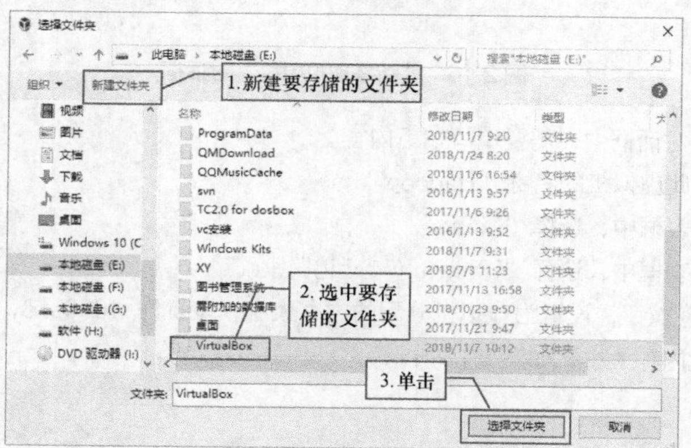

图 2.14　选择文件夹

（4）如图 2.15 所示，已将存储虚拟机文件的文件夹设置为“E:\VirtualBox”，单击“OK”按钮。

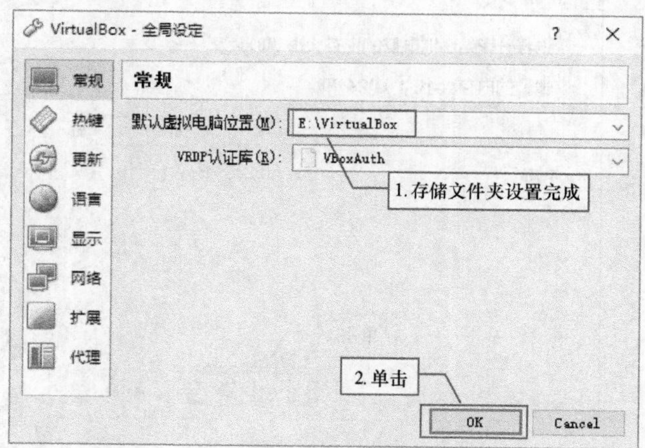

图 2.15　设置完成

2.1.3 在 VirtualBox 中创建虚拟机

下面，需要为 Linux 操作系统的安装创建一个虚拟机，步骤如下。

（1）打开 VirtualBox，单击“新建”按钮，出现“新建虚拟电脑”对话框，如图 2.16 所示。

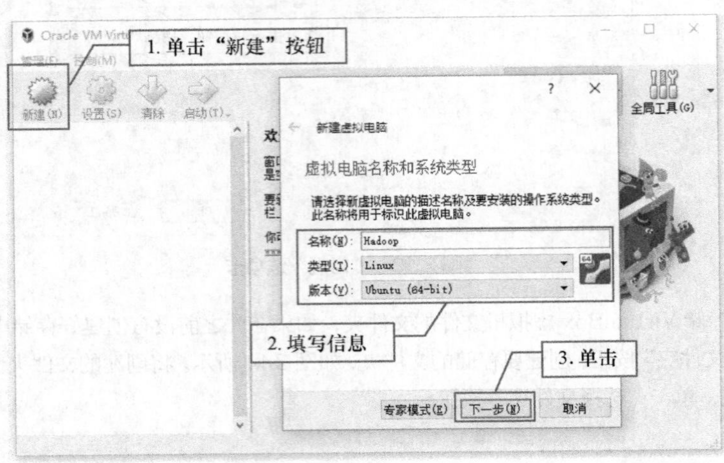

图 2.16 “新建虚拟电脑”对话框

在“新建虚拟电脑”对话框中，需要填写如下内容。

- 在名称处，输入此虚拟机的名称“Hadoop”。
- 在类型的下拉列表框中，选择“Linux”。
- 在版本的下拉列表框中，选择“Ubuntu (64-bit)”。

（2）单击“下一步”按钮，设置为虚拟机分配的内存大小，设置为 4096MB，读者可根据自己的计算机内存情况自行分配虚拟机内存大小，如图 2.17 所示。

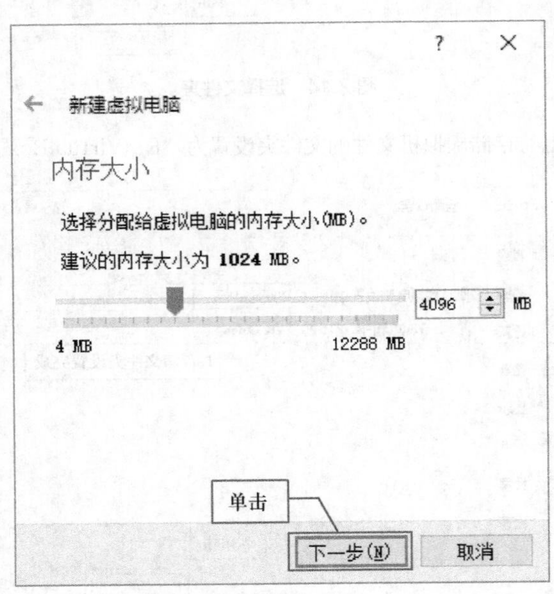

图 2.17 设置内存大小

（3）单击“下一步”按钮，在界面中选中“现在创建虚拟硬盘”单选按钮，然后单击“创建”按钮，如图 2.18 所示。

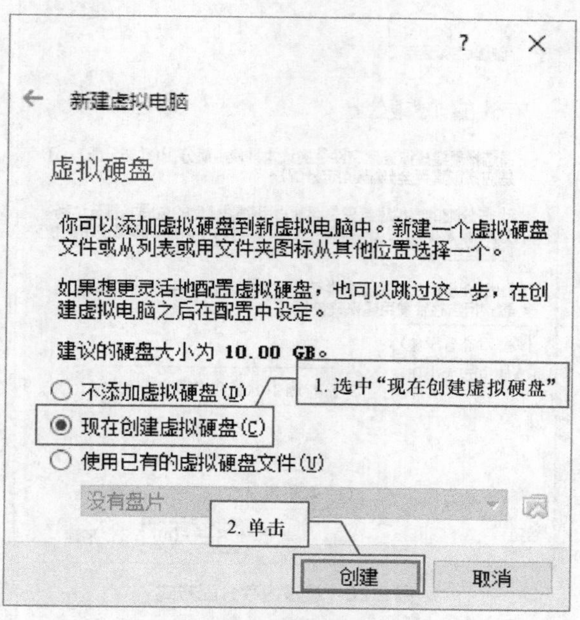

图 2.18　创建虚拟硬盘

（4）在打开的界面中默认选中“VDI（Virtual Box 磁盘映像）”单选按钮，单击“下一步”按钮，如图 2.19 所示。

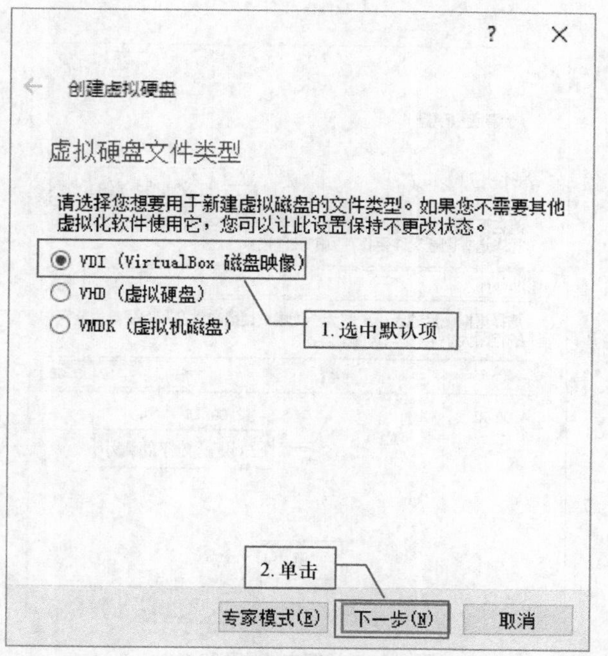

图 2.19　设置虚拟硬盘文件类型

（5）在打开的界面中默认选中“动态分配”单选按钮，单击“下一步”按钮，如图 2.20 所示。

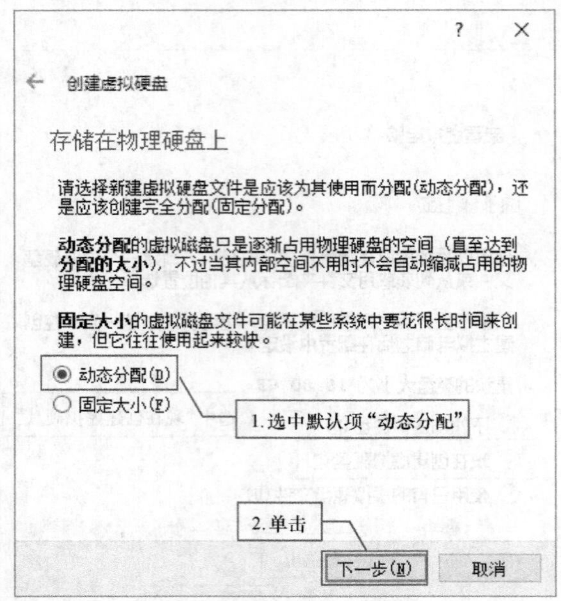

图 2.20　设置内存分配方式

选择动态分配的好处是不用担心会占用太多硬盘空间，虚拟硬盘会随着虚拟机的扩展慢慢地增加存储空间。

（6）在打开的界面中设置文件的存储位置和大小，如图 2.21 所示。文件会创建在 2.1.2 小节所创建的文件夹中，即 E:\VirtualBox。文件大小设置为 10GB，即 10GB 为上限，虚拟硬盘的大小会动态增加到该上限为止。

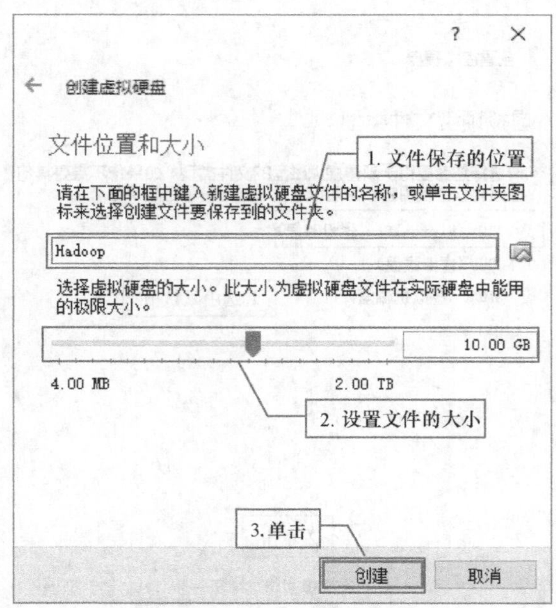

图 2.21　设置文件位置和大小

（7）单击“创建”按钮，虚拟机创建成功，如图 2.22 所示。

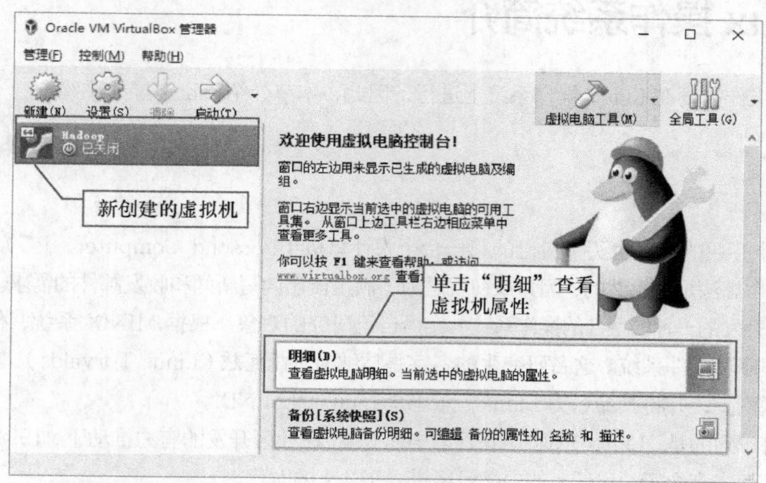

图 2.22　新创建的虚拟机

单击虚拟机窗口上的“明细”按钮，即可查看此虚拟机的属性，如图 2.23 所示。

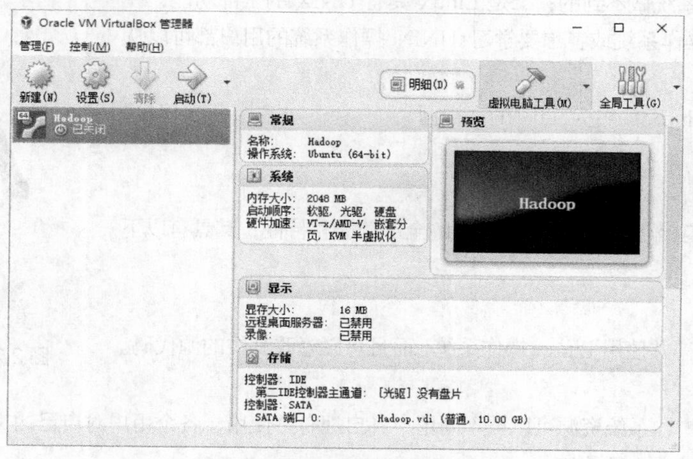

图 2.23　虚拟机的属性

（8）创建完成后，在 VirtualBox 的存储文件夹中，会自动创建一个子文件夹 Hadoop，其中有 3 个文件，即虚拟机文件，如图 2.24 所示。

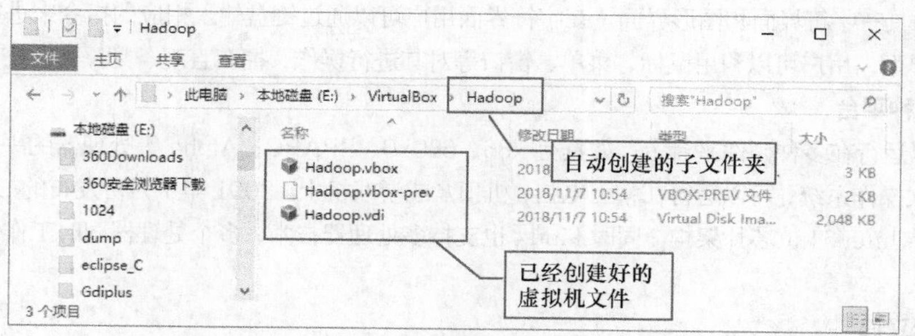

图 2.24　查看虚拟机文件

2.2 Linux 操作系统简介

Linux 操作系统简介

Hadoop 数据操作主要在 Linux 操作系统上进行，因此，本节介绍 Linux 操作系统的基本知识。

2.2.1 概述

1991 年，一个芬兰的研究生买了自己的第一台个人计算机（Persond Computer，PC），并决定开发自己的操作系统。但这个想法是很偶然的，因为最初就是为了满足自己读写新闻和收发邮件的需求。他选择了 MINIX 系统（由荷兰教授开发的一种模型性的操作系统）作为自己研究的对象。根据 MINIX 系统，他很快写出了属于自己的磁盘驱动程序和文件系统。这名研究生的名字是林纳斯·托瓦兹（Linus Torvalds）。随后他把源代码慷慨地发布到了互联网上，并将其命名为 Linux，意思是 Linus 的 MINIX。

让 Linus 没有想到的是，Linux 迅速引起了世界的注意。在社区开发的有力推动下，1994 年，Linux 的 1.0 版本正式发布了，而走到今天，Linux 的内核已经进入了 4.x 的时代。

Linux 之所以发展迅速，受到广大计算机爱好者的喜爱，主要有两点原因：一是 Linux 是一款免费的开源操作系统，用户可以通过网络或其他途径免费获得，并可以任意修改其源代码。这是其他的操作系统做不到的；二是 Linux 具有 UNIX 的全部功能，任何想要使用 UNIX 操作系统或者想要学习 UNIX 操作系统的用户都可以从 Linux 中获益。

图 2.25 所示为 Linux 的名为 Tux 的吉祥物。

图 2.25　Linux 的吉祥物

2.2.2 特点

Linux 操作系统包含了 UNIX 操作系统的全部功能和特性，其具有以下主要特点。

1. 完全免费

用户可以免费获得并使用 Linux 操作系统，而且可以修改其中的源代码。

2. 多用户

Linux 支持多用户，系统资源可以被不同用户各自拥有并使用，各个用户对自己的文件设备有自己特定的权利，保证了各用户之间互不影响。

3. 多任务

多任务则是现代计算机最主要的一个特点，Linux 可以使多个程序同时并独立地运行。

4. 良好的用户界面

Linux 同时具有字符界面和图形界面。在字符界面用户可以通过键盘输入相应的指令来进行操作。它同时也提供了图形界面，用户可以利用鼠标、菜单、窗口等对其进行操作，拥有直观、易操作、交互性强等特性。

5. 支持多种平台

Linux 可以运行在多种硬件平台上，如具有 x86、680×0、SPARC、Alpha 等处理器的平台。此外 Linux 还是一种嵌入式操作系统，可以运行在掌上电脑、机顶盒或游戏机上。2001 年 1 月份发布的 Linux 2.4 内核已经能够完全支持 Intel 64 位芯片架构。同时 Linux 也支持多处理器技术，多个处理器同时工作使系统性能大大提高。

6. 设备独立性

Linux 的基本思想有两点：第一，一切都是文件；第二，每个软件都有确定的用途。其中第一条详细来讲就是系统中的一切都归结为一个文件，包括命令、硬件和软件设备、操作系统、进程等，对于操作系统内核而言，它们都被视为拥有各自特性或类型的文件。至于说 Linux 是基于 UNIX 的，很大程度上也是因为这两者的基本思想十分相近。

操作系统把所有外部设备统一当成文件来看待，只要安装它们的驱动程序，任何用户都可以像使用文件一样，操纵、使用这些设备，却不必知道它们的具体存在形式。

Linux 是具有设备独立性的操作系统，它的内核具有很强的适应能力。

7. 丰富的网络功能

完善的内置网络是 Linux 的一大特点，Linux 在通信和网络功能方面优于其他操作系统。

8. 完善的数据库和开发平台

Linux 具有完善的大型数据库平台，包括 Oracle、Db2、Sybase、MySQL、PostgreSQL 等；同时有完善的开发平台，支持 C/C++、Java、Perl、PHP、Python 等；支持各类图形界面 API，如 GTK+、Qt 等。

9. 安全性

Linux 系统在设计的时候就是针对多用户环境的，所以对系统文件、用户文件都做了明确的区分，每个文件都有不同的用户属性。普通用户通常只能读写自己的文件，而对一般的系统文件只能读取不能改动，一些敏感的系统文件甚至连读取都是被禁止的。这种设计从根本上保证了系统的安全性，即使一个用户文件出现了问题，也不会殃及整个系统。

10. 可移植性

可移植性是指将操作系统从一个平台转移到另一个平台后它仍然能按其自身的方式运行的性能。Linux 是可移植的操作系统，能够在从微型计算机到大型计算机的任何环境中和任何平台上运行，不需要另加特殊或昂贵的通信接口，就可以使不同的计算机与其他任何机器进行有效的通信。

2.2.3 Linux 操作系统的组成

Linux 操作系统一般有 4 个主要部分：内核、Shell、文件系统和应用程序。内核、Shell 和文件系统一起形成了基本的操作系统结构，它们使得用户可以运行程序、管理文件并使用系统。

1. 内核

内核是操作系统的核心，具有很多基本功能，如虚拟内存、多任务、共享库、需求加载、可执行程序和 TCP/IP 网络功能。Linux 内核的模块分为以下几个部分：存储管理、CPU 和进程管理、文件系统、设备管理和驱动、网络通信、系统的初始化和系统调用等。

Linux 这个词最初只表示 Linux 内核，但现在人们已经习惯了用 Linux 来指代整个基于 Linux 内核并且使用 GNU 工程各种工具和数据库的操作系统。

2. Shell

Shell 是系统的用户界面，提供了用户与内核进行交互的接口。它接收用户输入的命令并把它送入内核去执行，是一个命令解释器。另外，Shell 编程语言具有普通编程语言的很多特点，用这种编程语言编写的 Shell 程序与其他应用程序具有同样的效果。

Shell 有多种不同的版本，目前主要有下列版本的 Shell。

（1）Bourne Shell：贝尔实验室开发的。

（2）BASH：GNU 的 Bourne Again Shell，是 GNU 操作系统上默认的 Shell，大部分 Linux 的发行套件使用的都是这种 Shell。

（3）Korn Shell：对 Bourne Shell 的发展，在大部分内容上与 Bourne Shell 兼容。

（4）C Shell：Sun Microsystems 公司 Shell 的伯克利软件套件（Berkeley Software Distribution，BSD）版本。

3. 文件系统

文件系统是操作系统的重要组成部分，主要负责管理磁盘文件的输入/输出。下面对 Linux 操作系统中文件的类型和结构分别进行介绍。

（1）文件类型可以分为以下几种。

- 普通文件（Regular File）：就是一般存取的文件，依照文件的内容，又大致可以分为以下几种。
  - 纯文本文件（ASCII）：这是 UNIX 系统中最多的一种文件类型，之所以称为纯文本文件，是因为内容是可以直接读到的数据，如数字、字母等。设置文件几乎都属于这种文件类型。
  - 二进制文件（Binary）：系统其实仅认识且可以执行二进制文件（Binary File）。Linux 中的可执行文件（脚本，文本方式的批处理文件不算）就是这种格式的。举例来说，命令 cat 就是一个二进制文件。
  - 数据文件（Data）：有些程序在运行过程中，会读取某些特定格式的文件，那些特定格式的文件可以称为数据文件（Data File）。
- 目录文件（Directory）：就是目录。
- 链接文件（Link）：类似 Windows 下面的快捷方式。
- 设备与设备文件（Device）：与系统外设及存储等相关的一些文件，通常都集中在 /dev 目录。通常又分为以下两种。
  - 块设备文件：存储数据以供系统存取的接口设备，简单而言就是硬盘。
  - 字符设备文件：串行端口的接口设备，如键盘、鼠标等。
- 套接字（Sockets）：这类文件通常用于网络数据连接，可以启动一个程序来监听客户端的要求，客户端可以通过套接字来进行数据通信。
- 管道（FIFO，Pipe）：FIFO（First-In-First-Out，先进先出）也是一种特殊的文件类型，它主要的目的是解决多个程序同时存取一个文件所造成的错误。

（2）文件结构。文件通过目录的方式进行组织，目录结构是文件存放在磁盘等存储设备上的组织方式，目录提供了管理文件的一个方便有效的途径。

Linux 目录采用树状结构，如图 2.26 所示。

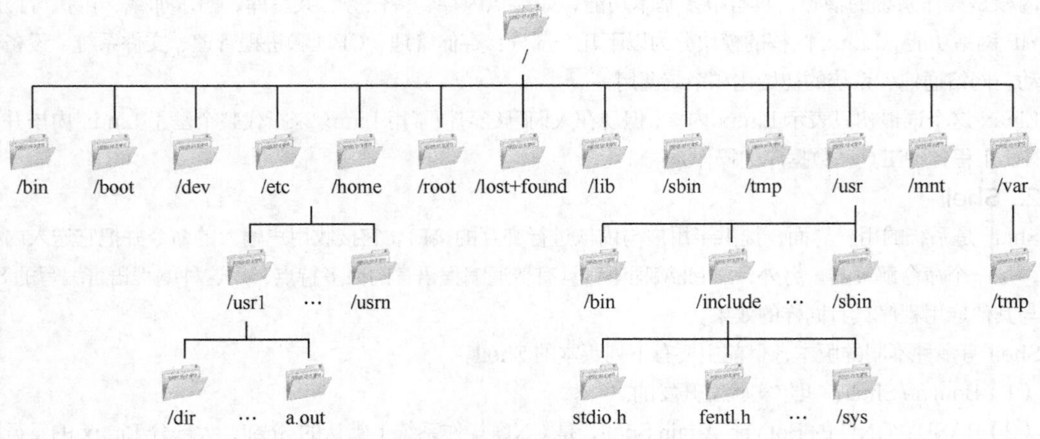

图 2.26　Linux 的树状结构目录

Linux 系统目录的用途如表 2.1 所示。

表 2.1　Linux 系统目录的用途

目录	用途
/	根目录
/bin	存放普通用户可以使用的 Linux 命令
/boot	存放开机时用到的文件，包括 Linux 核心文件、开机所需文件等，用于系统启动
/dev	用于存放设备文件，如硬盘、分区、USB 等设备文件，存取这个目录下的某个文件，就相当于存取某个设备
/etc	存放系统的所有配置文件及系统自动命令，如用户账号密码文件、各种服务的起始文件等
/home	系统预设的用户家目录，当新增一个普通用户账号时，用户家目录会创建在这里
/root	超级管理员 root 家目录
/lost+found	该目录是使用标准 ext2/ext3 文件系统格式才会产生的目录，用于在文件系统发生错误时，保留一些遗留的文件片段
/lib	存放开机时用到的库函数，以及在/bin 或/sbin 下面的指令调用的库函数
/sbin	存放 root 用户可以使用的 Linux 命令
/tmp	临时文件存放目录，任何用户都能够访问，需要定期清理，重要文件不要放置在此目录下
/usr	Linux 系统中最重要的目录之一，涵盖了二进制文件、各种头文件、库文件、各种文档，以及诸多软件。/usr 目录较大，应用程序和文件几乎都在这个目录中，包括如下内容。 /usr/x11R6：存放 X Window 的目录 /usr/bin：众多的应用程序 /usr/sbin：root 用户的管理程序 /usr/doc：Linux 文档 /usr/include：Linux 下开发和编译应用程序所需要的头文件 /usr/lib：常用的动态链接库和软件包的配置文件 /usr/man：帮助文档 /usr/src：源代码，Linux 内核的源代码就放在/usr/src/linux 里 /usr/local/bin：本地增加的命令 /usr/local/lib：本地增加的库文件
/mnt	放置临时挂载的设备
/var	存放经常变动的文件，包括缓存文件（Cache）、日志文件（Log File）及某些软件运行产生的文件等

4．应用程序

标准的 Linux 操作系统一般都有一套称为应用程序的程序集，它包括文本编辑器、编程语言、X Window、办公套件、Internet 工具和数据库等。

2.2.4　Linux 基本命令

Linux 命令分为两大类，一类为内部命令，是由 Linux Shell 实现的命令；另一类是外部命令，即通过外部程序提供的命令，如 java、javac 等。

掌握各种命令的用法有利于尽快熟练使用 Linux 操作系统，下面介绍一些常见的 Linux 命令。

1. cd 命令

cd 命令是一个经常会使用的命令，用于改变文件目录。

格式如下。

```
cd 目录名称
```

其中，目录名称是要切换到的目录的路径，可以是绝对路径，也可以是相对路径，如下。

```
cd /usr/Docements                #切换到目录/usr/Docements
cd ./path                        #切换到当前目录中的path目录下，“.”表示当前目录
cd ../path                       #切换到上层目录中的path目录下，“..”表示上层目录
```

cd 命令有如下的特殊格式。

```
cd ..                            #返回上层目录
cd -                             #返回最近访问的目录
```

2. ls 命令

ls 命令是一个非常常用的查看目录和文件的命令。对于目录，列出该目录下的所有子目录与文件；对于文件，列出文件名以及其他信息。

格式如下。

```
ls [选项] 目录或文件
```

其中，常用的选项如下。

（1）-a：列出目录下的所有文件，包括以“.”开头的隐含文件。

（2）-d：将目录像文件一样显示，而不是显示其他文件。

（3）-i：输出文件的 i 节点的索引信息。

（4）-h：将文件容量以已读的方式（GB、KB 等）显示。

（5）-l：列出文件的详细信息。

（6）-R：连同子目录的内容一起列出（递归列出），即该目录下的所有文件都会被显示。

这些选项是可以同时使用的，例如：

```
ls -a                            #列出目录下的所有文件
ls -aR                           #列出当前目录和子目录下的所有文件
```

3. cat 命令

查看文本文件中的内容，可以一次性查看多个文件。

格式如下。

```
cat[选项] 文件名
```

常用选项如下。

（1）-n，表示输出文件中内容时，每行前面加上行号（空行也会有行号）。

（2）-b，表示对非空输出行编号（空行没有行号）。

（3）-s，表示不输出多行空行。

例如：

```
cat file1 file2                  #首先输出file1文件中的内容，再输出file2文件中的内容
cat file1 file2 > file3          #将file1和file2文件合并后，放入file3文件中
cat -n /etc/test                 #输出文件test中的内容，每行前面有行号
```

另外，还有 tac 命令，此命令用来倒序输出文件中的内容，即从最后一行开始输出（tac 是 cat 反写）。

4. mkdir 命令

创建目录。

格式如下。

```
mkdir[选项] 目录名
```

常用选项为-p，表示创建一个路径上不存在的目录。

例如：

```
mkdir -p dir1/dir2/dir3          #在先前不存在的dir1/dir2/路径下创建目录dir3
mkdir ~/temp                     #在home目录下创建一个名为temp的目录
```

5. rm 命令

删除文件或目录，是单词 remove 的缩写。

格式如下。

```
rm[选项] 文件或目录
```

常用选项如下。

（1）-f：即 force，忽略不存在的文件，并且不给出提示信息。

（2）-r 或-R：即 recursive，递归地删除指定目录及其下属的各级子目录和相应的文件，慎重使用。

（3）-i：交互式删除模式，即在删除前询问用户是否删除，如果没有输入“y”或“Y”，则不会删除。

说明：如果参数中含有目录，则必须加上-r 或者-R 选项。

例如：

```
rm -i aa.txt        #在删除文件aa.txt前进行确认
rm -r dir      #递归删除目录dir下所有文件，并删除该目录
```

6. cp 命令

复制文件，可以把多个文件一次性地复制到一个目录下，是单词 copy 的缩写。

格式如下。

```
rm[选项] 源文件或目录 目标文件或目录
```

常用选项如下。

（1）-p：连同文件的属性一起复制。

（2）-f：强行复制文件或目录，不论文件或目录是否已经存在。

（3）-i：若目标文件已经存在，在覆盖文件之前先询问用户。

（4）-r 或-R：递归处理，将指定目录下的所有文件与子目录一并处理。

例如：

```
cp ../mary/homework/assign #将指定文件复制到当前目录下
cp file /usr/men/tmp/file1 #将文件file复制到目录/usr/men/tmp下，并改名为file1
cp -i /usr/men m*.c /usr/zh#将目录/usr/men中的以m开头的所有.c文件复制到目录/usr/zh中
```

7. mv 命令

用于移动文件、目录或更名，或者将文件从一个目录移到另一个目录中，是单词 move 的缩写。

格式如下。

```
rm[选项] 源文件或目录 目标文件或目录
```

常用选项如下。

（1）-f：force，强制的意思，如果目标文件已经存在，不会询问而直接覆盖。

（2）-i：若目标文件已经存在，就会询问是否覆盖。

（3）-u：当源文件比目标文件新或者目标文件不存在时，才执行移动操作。

例如：

```
mv aaa new            #将文件aaa改名为new
mv /usr/men/* .       #将目录/usr/men中的所有文件移到当前目录（用.表示）中
```

8. pwd 命令

显示出当前工作目录的绝对路径。

Linux 的命令有很多，本章不一一介绍，如果想要查询命令，可以使用 Linux 提供的帮助文档来搜索命令。

2.2.5 Linux 操作系统的版本

Linux 是开源操作系统，因此拥有多个发行版。严格来讲，Linux 这个词本身只表示 Linux 内核，通常一个发行版包括 Linux 内核、将整个软件安装到计算机的安装工具、适用特定用户群的一系列 GNU 软件。现已有超过 300 个发行版被开发，但普遍被使用的发行版只有十来个。

Linux 的发行版可以分为两类，一类是商业公司维护的发行版，另一类是社区组织维护的发行版，前者以著名的 Red Hat 为代表，后者以 Debian 为代表。

常用的 Linux 发行版本如下。

（1）Red Hat：应用最为广泛的版本，十分稳定且好用，但是需要付费。

（2）Debian：Debian 是社区类 Linux 典范，是非常遵循 GNU 规范的 Linux 系统。

（3）Ubuntu：Ubuntu 由 Debian 的不稳定（unstable）版本加强而来，可以这么说，Ubuntu 就是一个拥有 Debian 所有的优点，以及自己添加的优点的近乎完美的 Linux 桌面系统。其特点是界面非常友好，容易上手，对硬件的支持非常全面，是非常适合做桌面系统的 Linux 发行版本。

（4）CentOS：CentOS 基于 Red Hat，是一个免费的发行版，修正了 Red Hat 的不少 bug，因为安全、稳定而被许多服务器采用。

（5）Gentoo：Gentoo 是所有 Linux 发行版里安装非常复杂但安装完成后较便于管理的版本，也是在相同硬件环境下运行非常快的版本。

（6）Fedora：Fedora 稳定性较差，最好只用于桌面应用。

本书使用的 Linux 操作系统的版本是 Ubuntu。

2.3 Linux 操作系统（Ubuntu）的安装

Linux 操作系统
（Ubuntu）的安装

Ubuntu 版本提供了 GNOME（一种图形桌面环境），该版本是一个开放源代码、功能强大而且免费的操作系统，可以自由下载、复制、使用甚至修改源代码。本节介绍如何在 VirtualBox 虚拟机上安装 Ubuntu Linux 操作系统。

设置 Ubuntu

2.3.1 Linux 操作系统（Ubuntu）的下载

本书中使用的是 Ubuntu 18.04.1 LTS，LTS 代表长期支持，此版本的桌面版会获得 3 年的技术支持，服务器版会获得 5 年的技术支持，可以免费维护和更新。

（1）打开下载 Ubuntu 18.04.1 LTS 的页面，如图 2.27 所示。

从图 2.27 中可以看到安装 Ubuntu 的系统要求。

- 2GHz 双核处理器或更高。
- 2GB 系统内存。
- 25GB 可用硬盘空间。
- 用于安装介质的 DVD 驱动器或 USB 端口。
- 能够上网。

（2）单击页面上的“Download”按钮，进入图 2.28 所示的页面，Ubuntu 安装镜像文件正在下载。

（3）下载好的文件名为 ubuntu-18.04.1-desktop-amd64.iso，如图 2.29 所示。

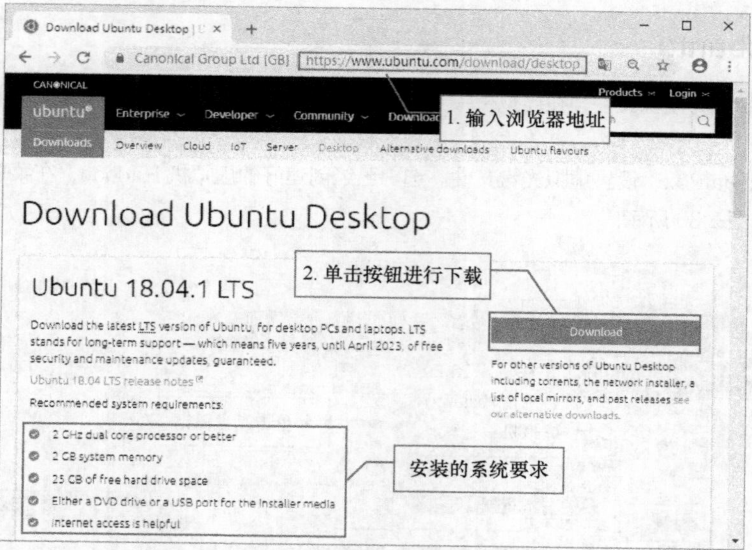

图 2.27 Ubuntu 下载页面

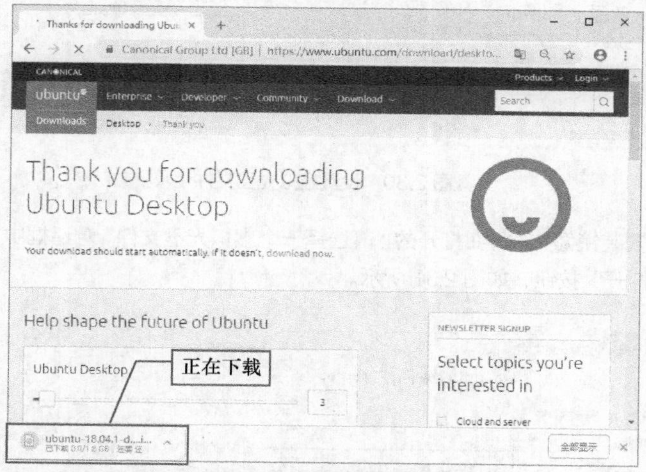

图 2.28 Ubuntu 安装镜像文件正在下载

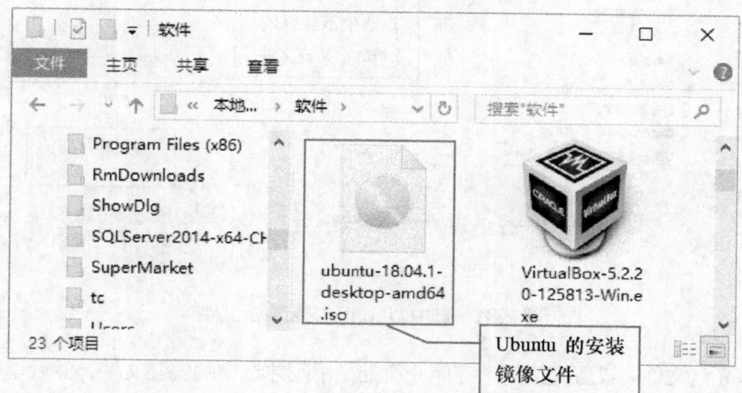

图 2.29 下载好的 Ubuntu 安装镜像文件

2.3.2 安装 Ubuntu

Ubuntu 的安装包为镜像文件，在虚拟机中安装镜像文件时，需要设置虚拟光盘文件。安装 Ubuntu 的步骤如下。

（1）打开 VirtualBox，设置虚拟光盘文件。选中已经创建好的虚拟机 Hadoop，在菜单栏中单击“设置”按钮，具体步骤如图 2.30 所示。

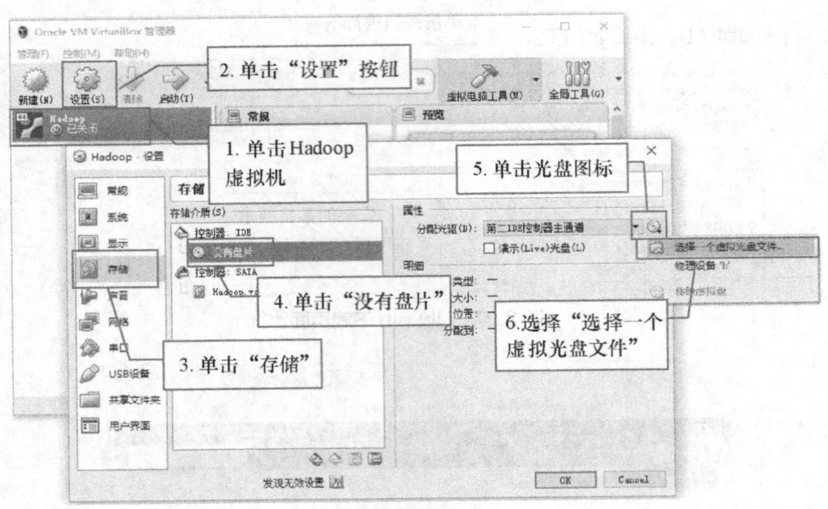

图 2.30　设置虚拟光盘文件

（2）选中 Ubuntu 安装镜像文件。在打开的“请选择一个虚拟光盘文件”对话框中，选中下载好的 Ubuntu 安装文件，然后单击“打开”按钮，如图 2.31 所示。

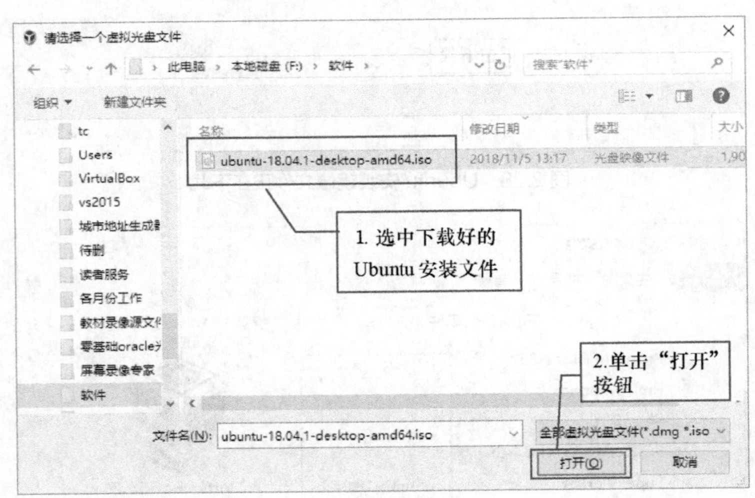

图 2.31　选中 Ubuntu 安装镜像文件

（3）显示虚拟光盘文件。设置完成后，存储介质处显示刚才选中的安装文件，然后单击“OK”按钮，如图 2.32 所示。

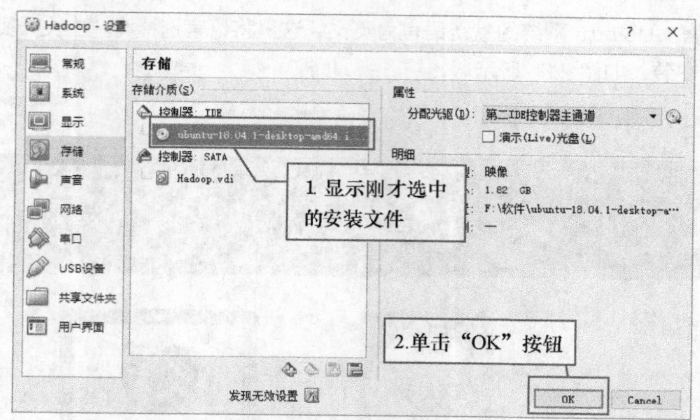

图 2.32　显示虚拟光盘文件

在虚拟机明细界面中，也显示了先前选择的 Ubuntu 安装文件，如图 2.33 所示。

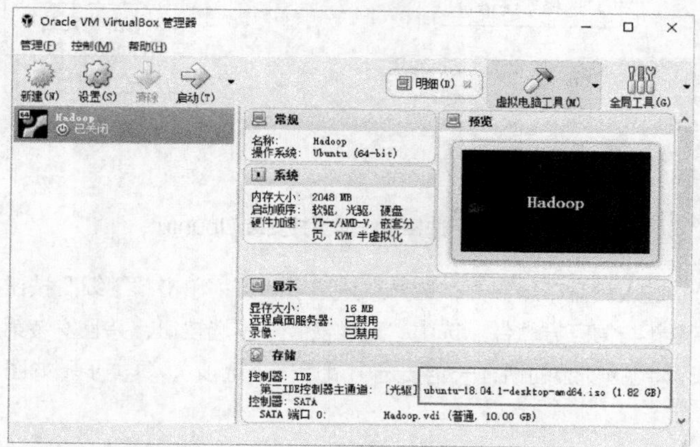

图 2.33　显示 Ubuntu 安装文件

（4）在设置了安装 Ubuntu 的光盘文件之后，就需要启动虚拟机了。单击 Oracle VM VirtualBox 管理器窗口中的“启动”按钮来启动虚拟机，如图 2.34 所示。

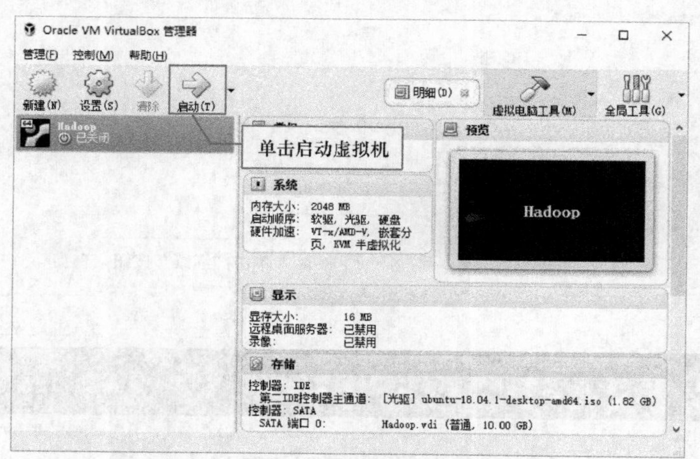

图 2.34　启动虚拟机

（5）选择系统语言。Ubuntu 系统的默认语言为英文，这里将语言选择为“中文（简体）”，然后单击“安装 Ubuntu”按钮进行安装，如图 2.35 所示。

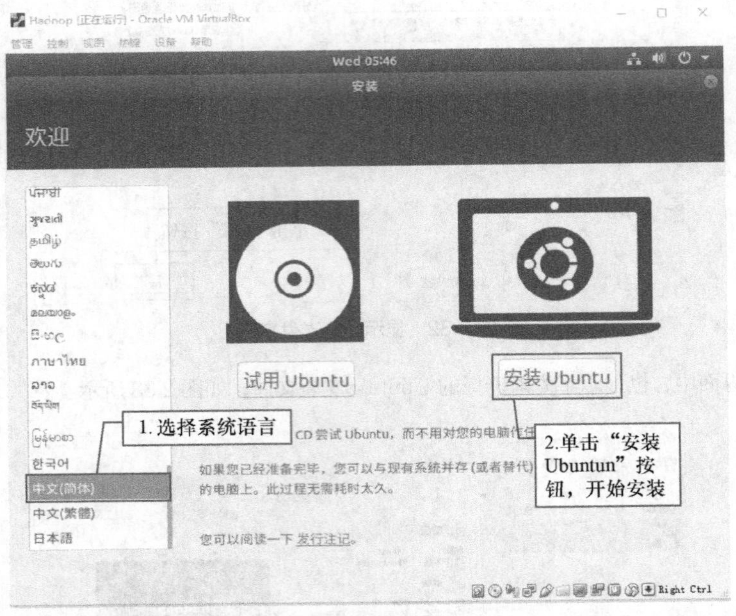

图 2.35　选择系统语言并安装 Ubuntu

（6）设置键盘布局。进入键盘布局界面，选择默认选项即可，单击“继续”按钮。

（7）选择是否安装更新与第三方软件。选中“正常安装”单选按钮，并且安装第三方插件、安装 Wi-Fi 等驱动（如果准备用笔记本电脑安装的话，一定要选中最后一个选项），具体步骤如图 2.36 所示。

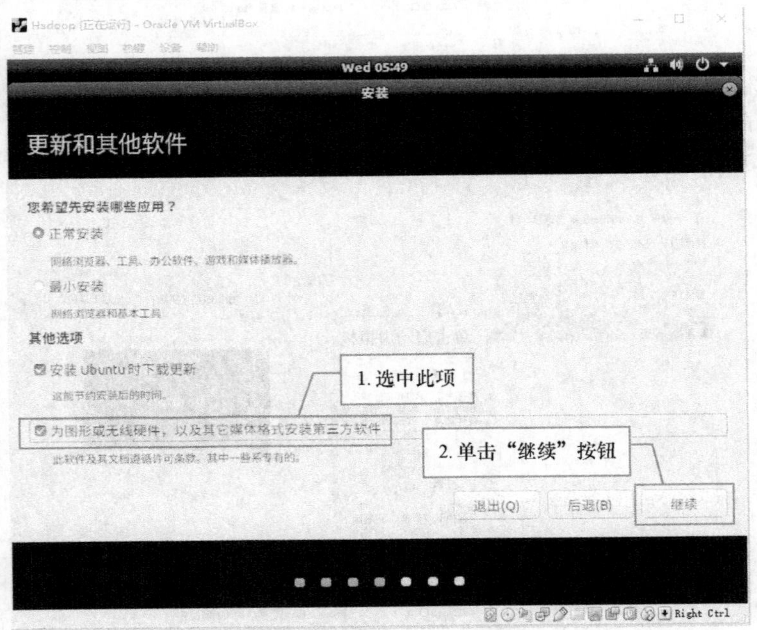

图 2.36　选中安装更新与第三方软件

（8）默认选中“清除整个磁盘并安装 Ubuntu”单选按钮，然后单击“现在安装”按钮，如图 2.37 所示。

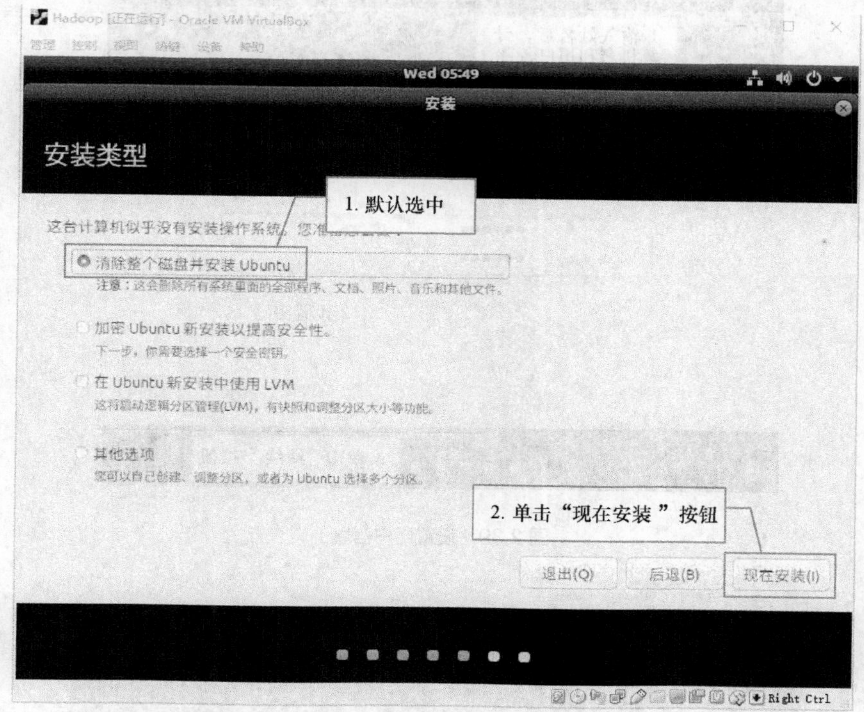

图 2.37　清除整个磁盘并安装 Ubuntu

（9）在弹出的“将改动写入磁盘吗？”对话框中，单击“继续”按钮，如图 2.38 所示。

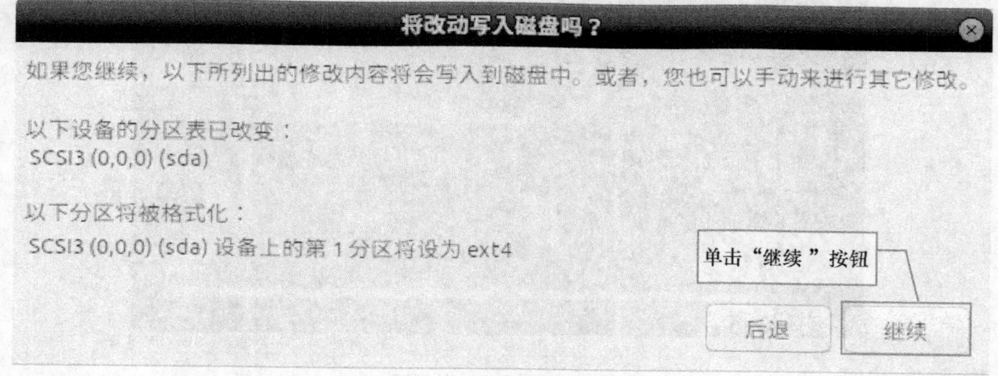

图 2.38　确认将改动写入磁盘

（10）选择虚拟机所在地。

（11）设置用户信息。设置姓名、计算机名、用户名和密码，然后单击“继续”按钮，如图 2.39 所示。

（12）正在安装。接下来就开始安装 Ubuntu 了，正在安装界面如图 2.40 所示。

（13）重新启动。在安装完成后，需要重新启动，如图 2.41 所示。

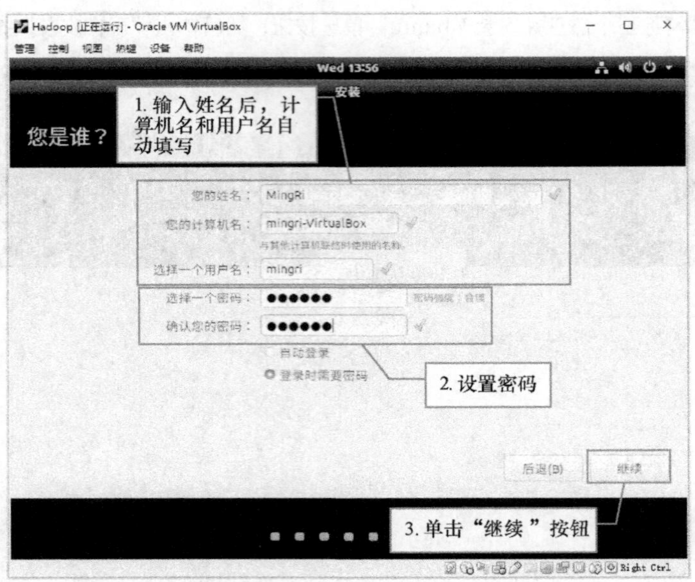

图 2.39 设置用户信息

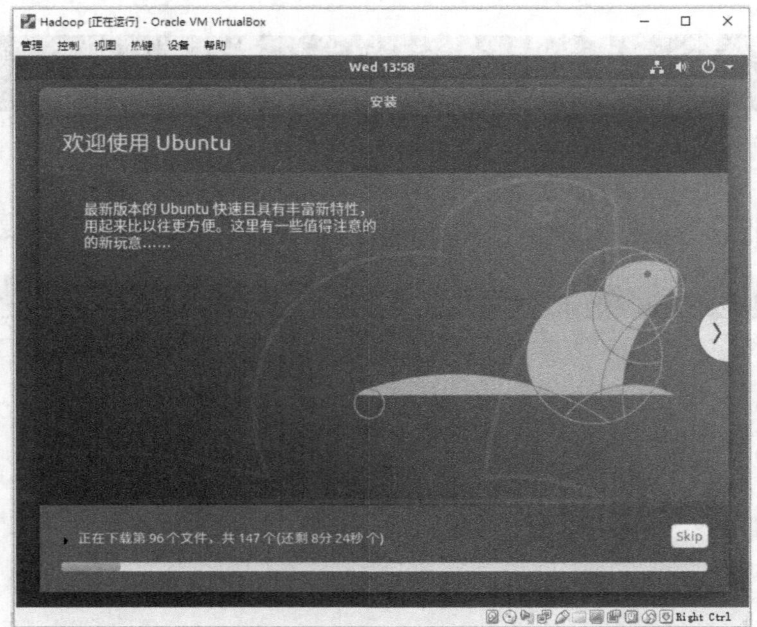

图 2.40 正在安装界面

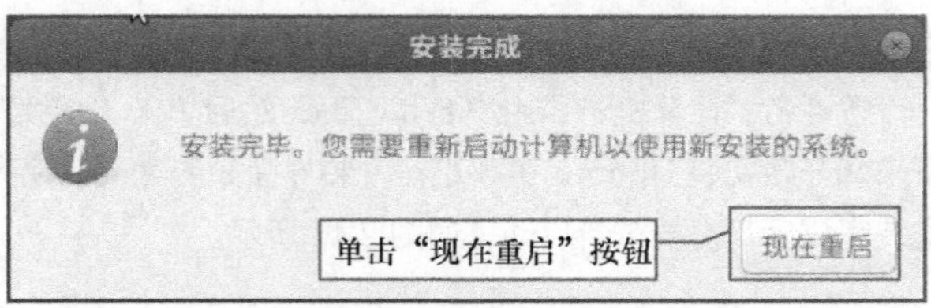

图 2.41 重新启动

这样，Ubuntu 就安装成功了。

2.3.3 启动 Ubuntu

下面介绍如何启动 Ubuntu，步骤如下。

（1）启动 Ubuntu。

在 Oracle VM VirtualBox 管理器窗口中，首先选中要启动的虚拟机，这里选中 Hadoop 虚拟机，然后单击“启动”按钮，如图 2.42 所示。

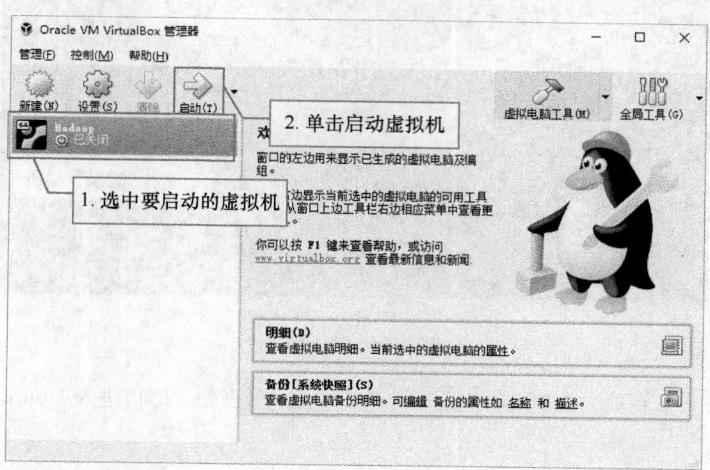

图 2.42 启动 Ubuntu

（2）选择用户，输入密码。在用户选择界面，选择要进入的用户，这里单击用户“MingRi”，然后输入密码，如图 2.43 和图 2.44 所示。

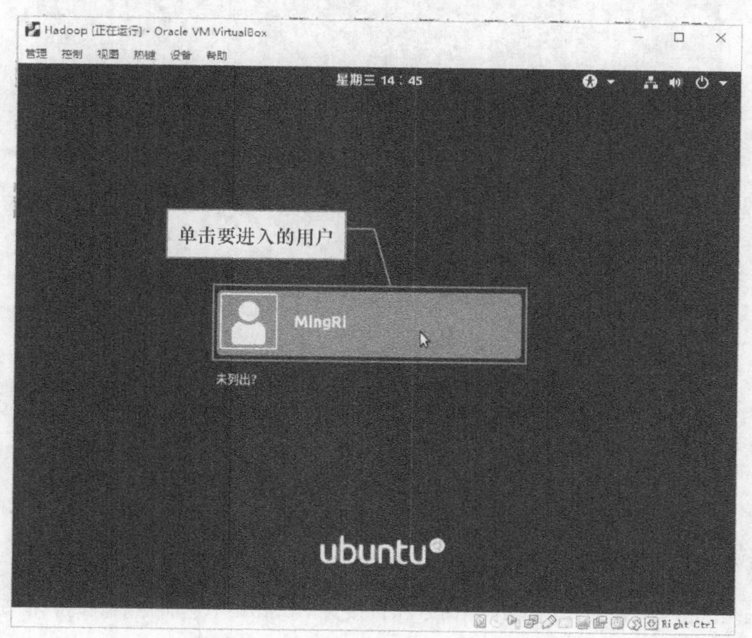

图 2.43 选择用户

图 2.44　输入密码

（3）进入 Ubuntu。在输入正确的密码之后，单击“登录”按钮，即可进入 Ubuntu 的可视化桌面，如图 2.45 所示。

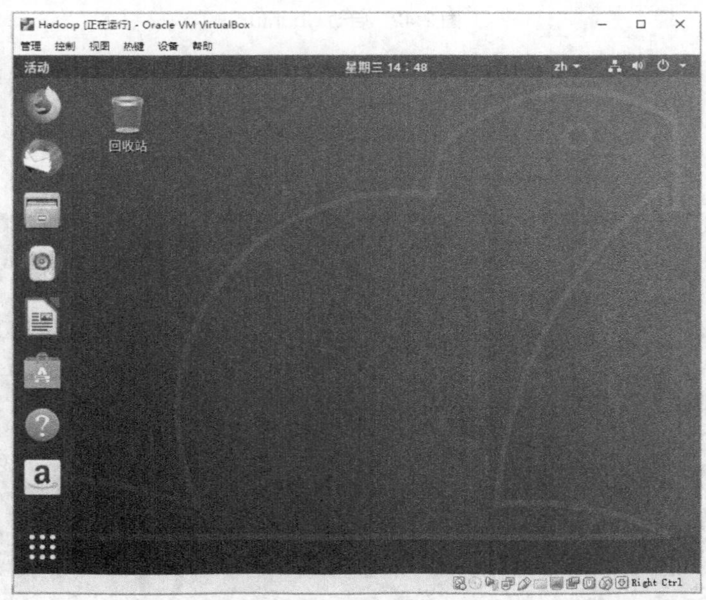

图 2.45　Ubuntu 的可视化桌面

2.3.4　设置终端

终端程序（Terminal）可用于执行 Linux 命令和直接对 Ubuntu 下达命令。同时，在安装 Hadoop 时也用到了终端，为了方便使用，下面介绍如何设置终端的快捷方式和桌面显示。

1. 设置终端快捷方式

设置终端快捷方式的步骤如下。

（1）单击 Ubuntu 桌面左下角的“显示应用程序”图标，然后单击桌面上方弹出的文本框，输入“ter”，如图 2.46 所示。

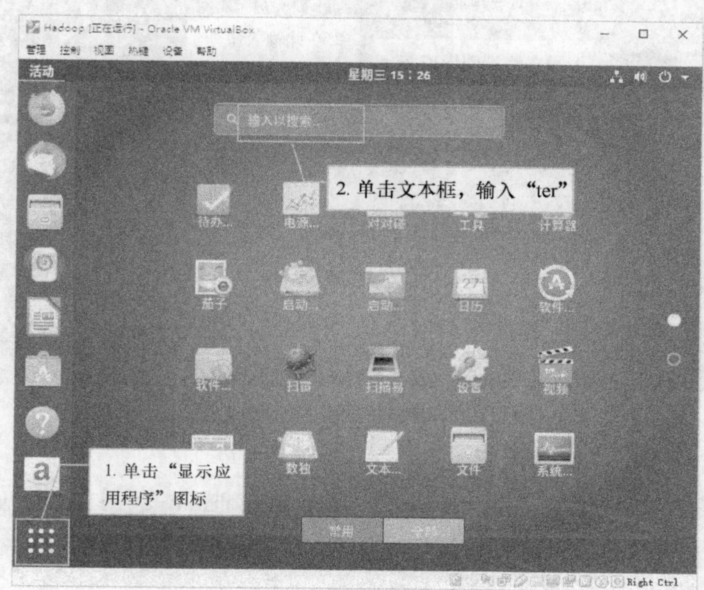

图 2.46　查找终端

（2）输入“ter”后，文本框下面出现了终端图标，具体设置步骤如图 2.47 所示。

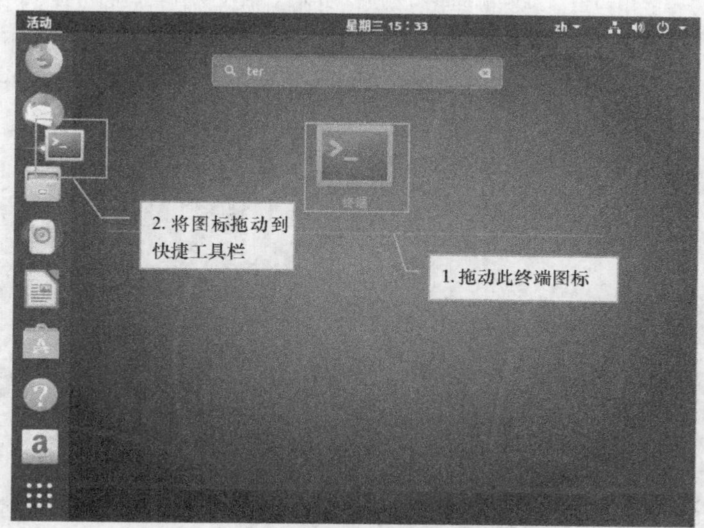

图 2.47　将终端图标拖动到快捷工具栏

2. 启动终端程序

启动终端程序有两种方法：第一种方法是单击快捷工具栏中的终端图标；第二种方法是按快捷键 <Ctrl+Alt+T>，如图 2.48 所示。

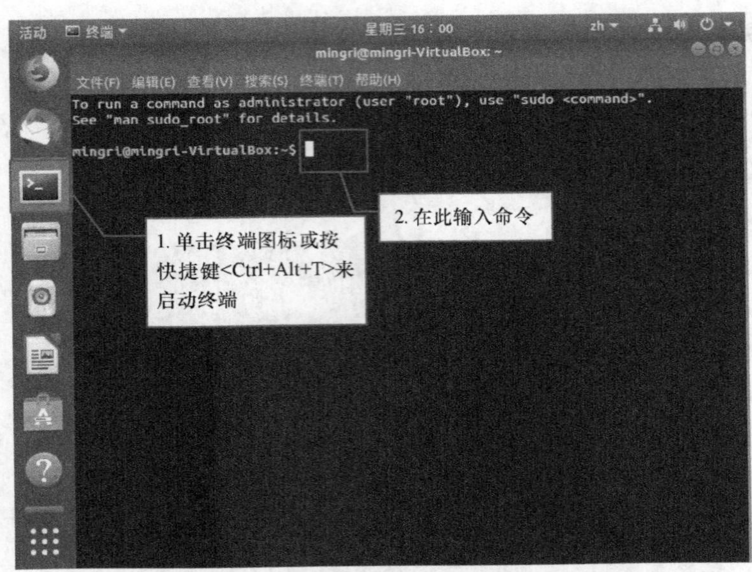

图 2.48 启动终端程序的两种方法

可以看到终端的命令提示符为 mingri@mingri-VirtualBox:~$，其中，mingri 为用户名，mingri-VirtualBox 为主机名，~为当前目录。终端的命令提示符的格式如下。

```
当前用户@主机:当前目录$
```

3. 设置终端界面

可以将终端界面设置成用户自己熟悉的样式，例如，我们习惯将控制台界面设置成白底黑字的样式，而终端界面是黑底白字的，所以下面来介绍如何将终端界面设置成白底黑字的样式，步骤如下。

（1）在终端窗口内单击鼠标右键，选择快捷菜单中的“配置文件首选项”，如图 2.49 所示。

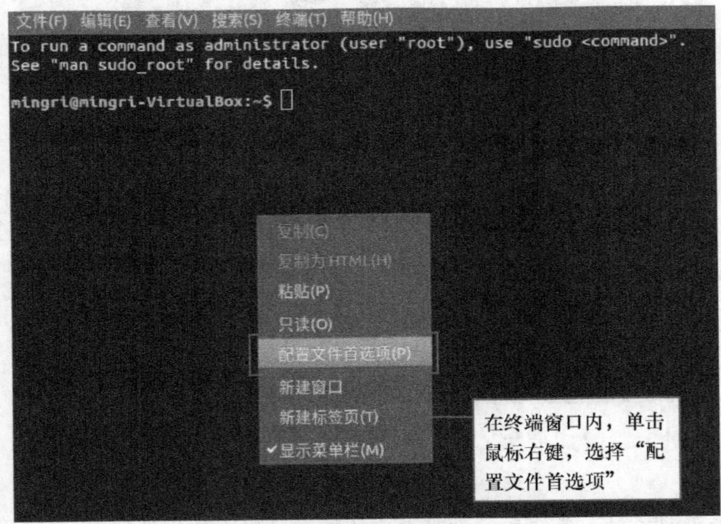

图 2.49 配置文件首选项

（2）在图 2.50 所示的窗口中选择“颜色”选项卡，选中“使用系统主题中的颜色”单选按钮，然后单击“内置方案”后的下拉按钮，选择“白底黑字”，最后单击“关闭”按钮，完成设置，如图 2.50 所示。

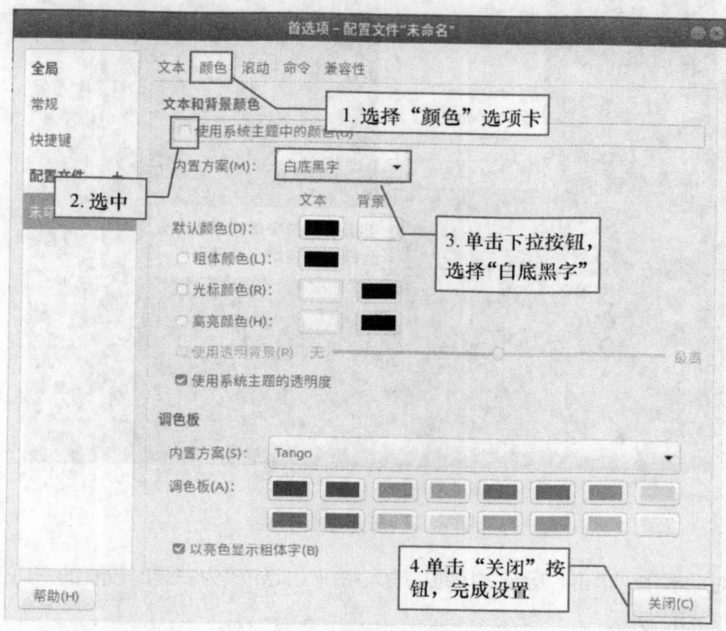

图 2.50　设置终端样式为白底黑字

这样，终端的界面样式就设置成了白底黑字，如图 2.51 所示。

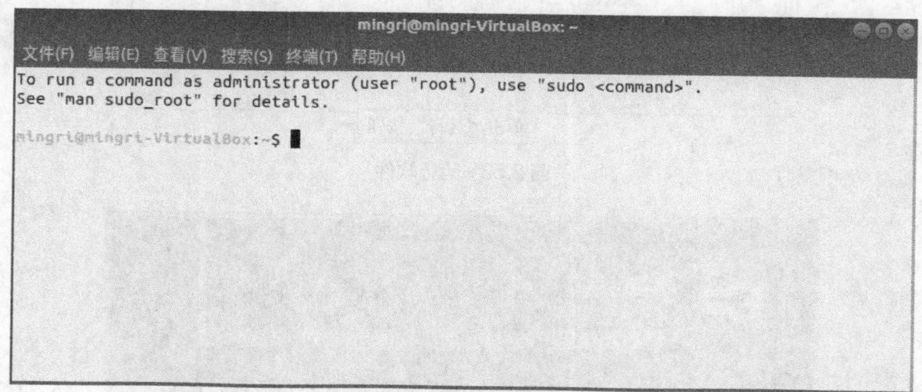

图 2.51　终端的显示效果

2.3.5　设置共享剪贴板

为什么要设置共享剪贴板呢？如果设置了共享剪贴板，在原系统 Windows 10 中复制的内容，就可以粘贴到 Ubuntu 虚拟机系统上。反之亦然，在 Ubuntu 中复制的内容，可以粘贴到 Windows 10 中。这个功能十分方便，设置方法如下。

（1）在设置共享剪贴板之前，需要安装增强功能。单击虚拟机菜单栏中的“设备”，选择“安装增强功能”，如图 2.52 所示。

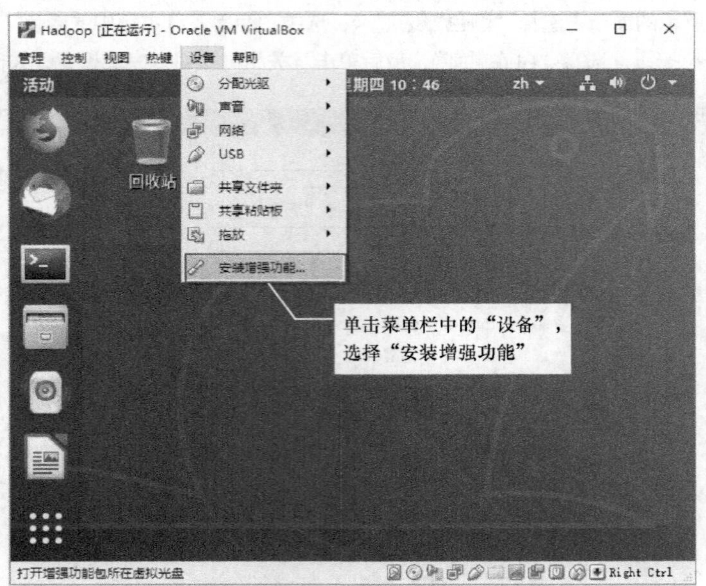

图 2.52 安装增强功能

（2）在弹出的对话框中，单击“运行”按钮，输入密码（此密码为安装时设置的密码），然后单击“认证”按钮，如图 2.53 和图 2.54 所示。

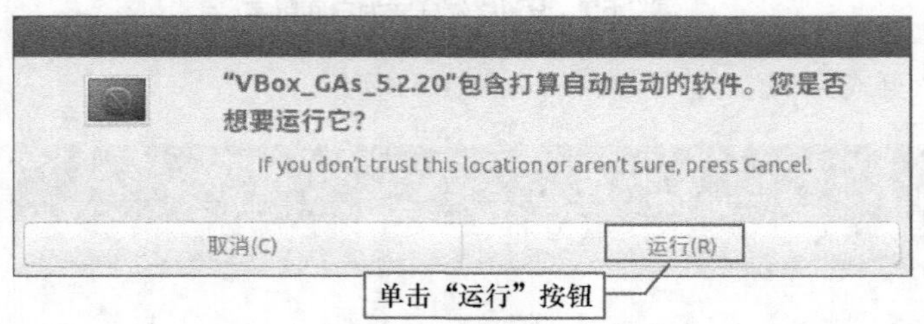

图 2.53 运行软件

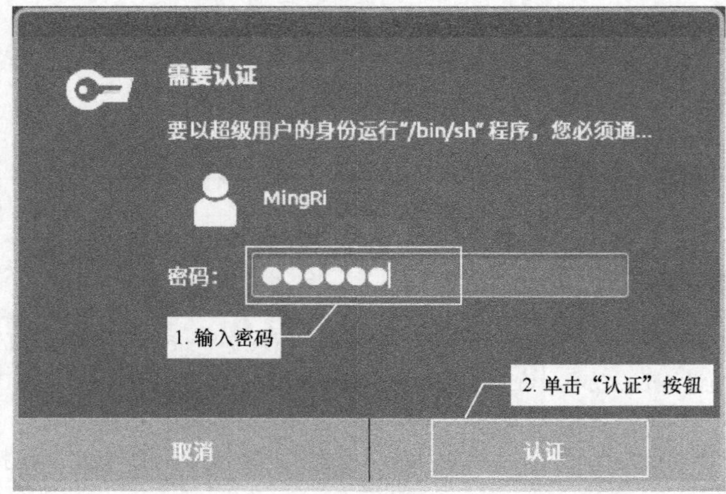

图 2.54 输入密码

（3）输入正确密码之后，系统将自动打开终端，执行增强功能的安装。当界面上出现“Press Return to close this window...”时，表明已经安装完成，按任意键关闭终端，如图 2.55 所示。

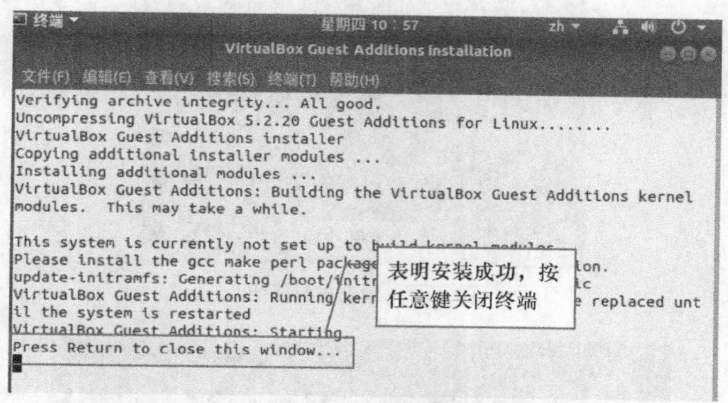

图 2.55　安装完成

（4）在虚拟机菜单栏中，选择“设备”→“共享粘贴板”→“双向”，这样就设置好了共享剪贴板，如图 2.56 所示。

在 Windows 操作系统中，称呼剪贴板为“剪贴板”，而在 Ubuntu 系统中称呼剪贴板为“粘贴板”。“剪贴板”“粘贴板”两者为相同事物，只是称呼不同。

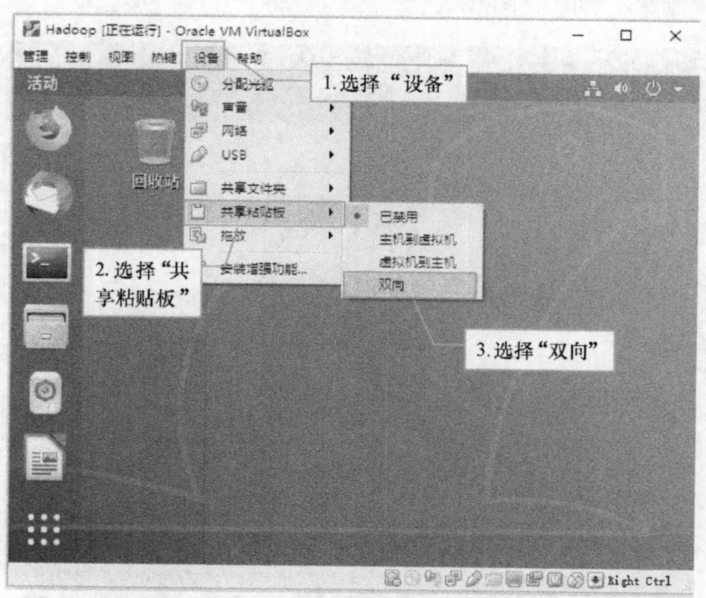

图 2.56　设置共享剪贴板

（5）重启 Ubuntu。单击屏幕右上角的倒三角按钮，然后单击弹出界面右下角的关机按钮，如图 2.57 所示。

（6）在弹出的对话框中，单击“重启”按钮，重启系统，如图 2.58 所示。

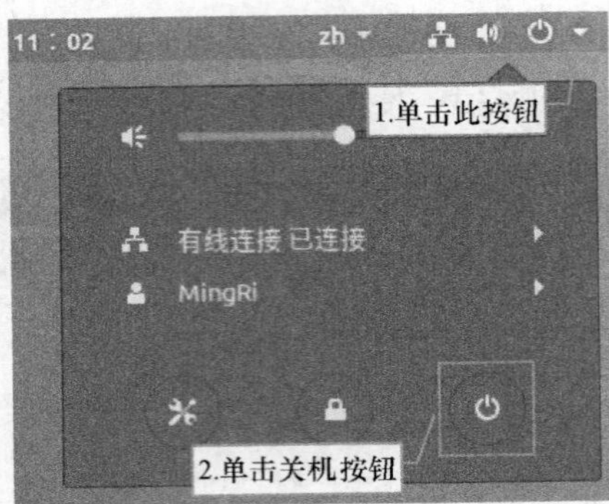

图 2.57　单击关机按钮

图 2.58　重启系统

重启 Ubuntu 之后，在原系统 Windows 10 中，复制字符串“mingri keji”，在 Ubuntu 系统中打开终端，单击鼠标右键，选择“粘贴”，如图 2.59 所示。

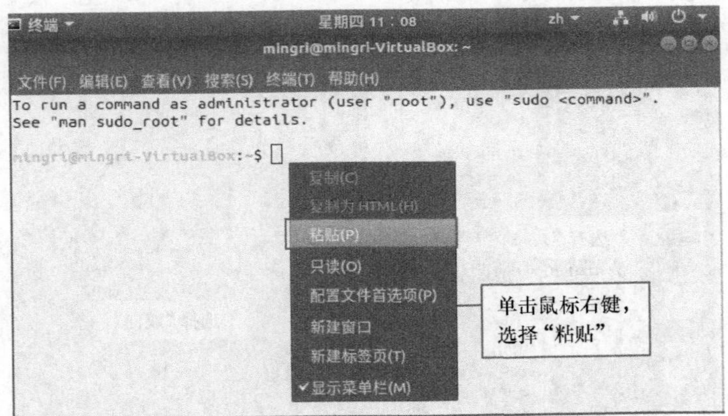

图 2.59　粘贴字符串

如图 2.60 所示，字符串“mingri keji”在终端粘贴成功。

图 2.60　粘贴成功

2.3.6 设置共享文件夹

共享文件夹的意思和共享粘贴板类似。原系统 Windows 10 和 Ubuntu 系统可以共同使用一个文件夹，例如，在 Windows 10 中放入共享文件夹中的文件，在 Ubuntu 系统中可以看到并使用。设置共享文件夹的步骤如下。

（1）在虚拟机菜单栏中，选择“设备”→“共享文件夹”→“共享文件夹”，如图 2.61 所示。

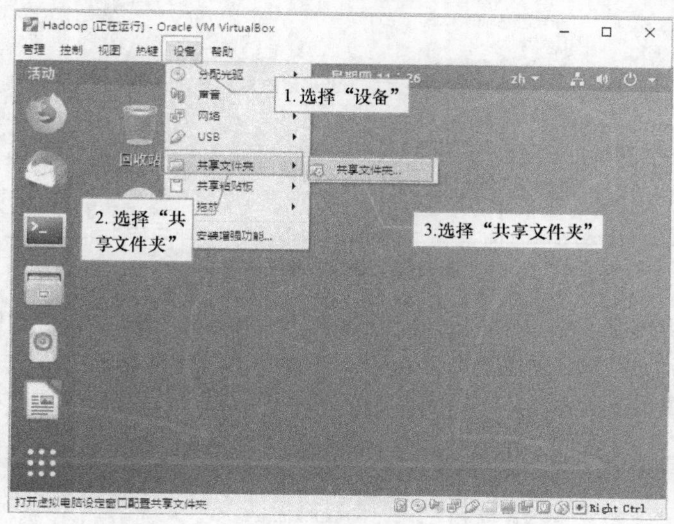

图 2.61 设置共享文件夹

（2）在“Hadoop-设置”对话框中，单击“添加共享文件夹”图标，然后单击下拉按钮，选择“其它”，设置共享文件夹路径，如图 2.62 所示。

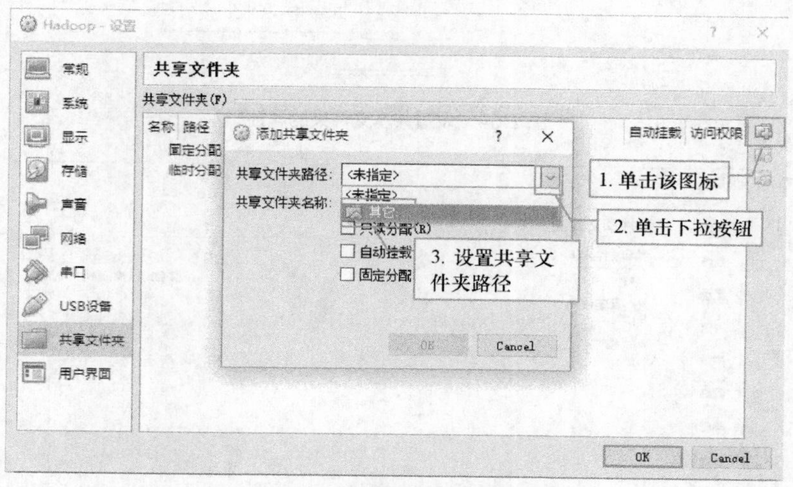

图 2.62 设置共享文件夹路径

（3）打开“选择文件夹”对话框，将共享文件夹创建在 E 盘中（读者可设置在其余空闲的磁盘中）。单击“新建文件夹”，新建一个文件夹，命名为“VirtualBox-Share”，最后单击“选择文件夹”按钮，如图 2.63 所示。

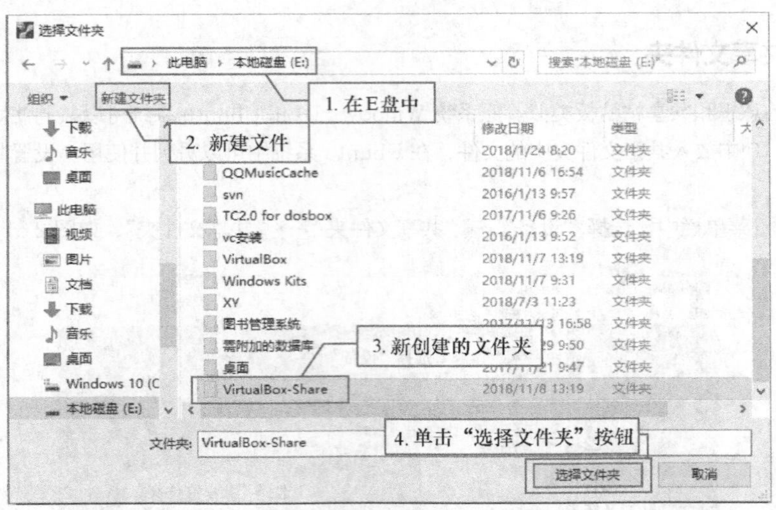

图 2.63 新建共享文件夹

（4）回到“添加共享文件夹”对话框，可以看到共享文件夹路径已经被修改，选中“自动挂载”和“固定分配”复选框，然后单击“OK”按钮，回到“Hadoop-设置”对话框，单击“OK”按钮，完成共享文件夹的设置，如图 2.64 和图 2.65 所示。

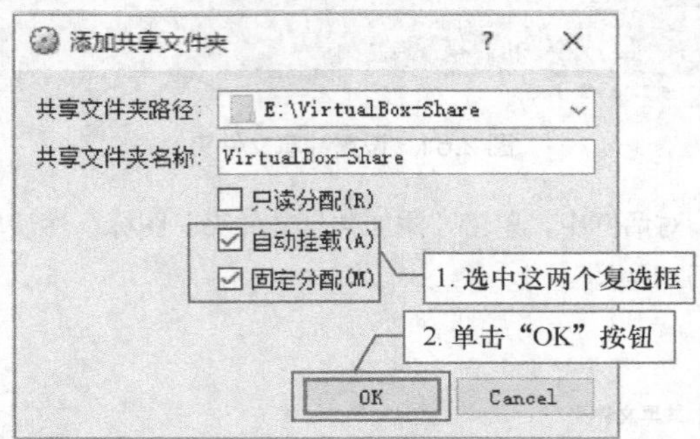

图 2.64 设置共享文件夹的属性

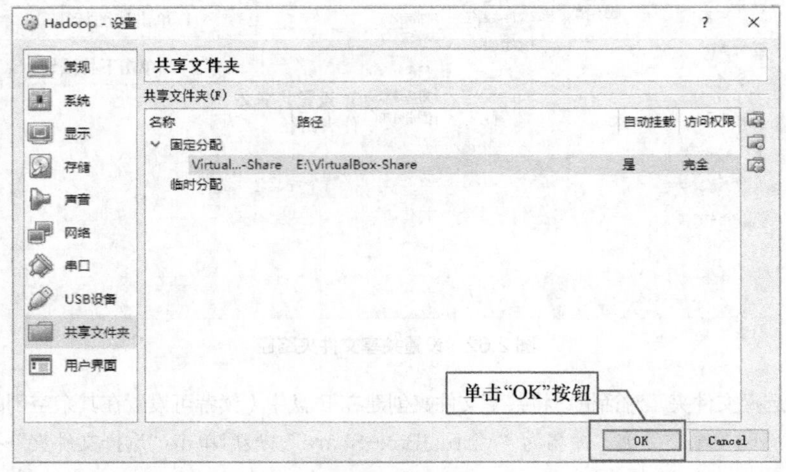

图 2.65 设置完成

（5）重启 Ubuntu 系统，重启之后，可以看到桌面上新增加了一个名为"sf_VirtualBox-Share"的图标，此图标表示共享文件夹，如图 2.66 所示。

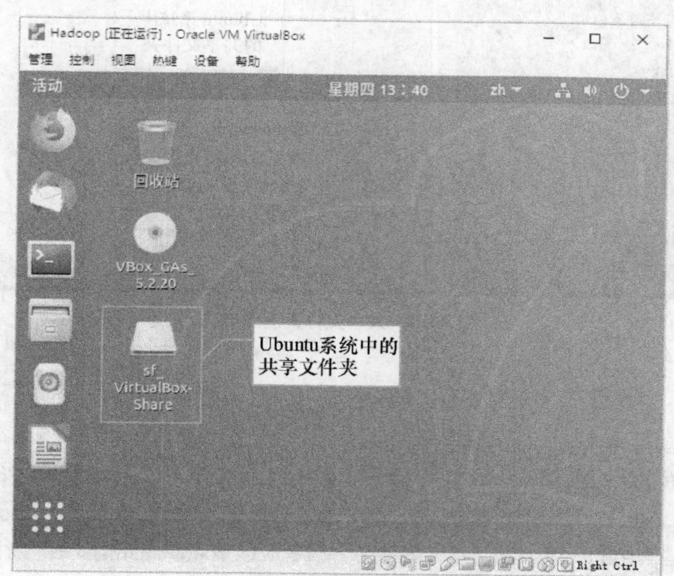

图 2.66 共享文件夹

（6）下面测试一下共享文件夹。在 Windows 10 的 E:\VirtualBox-Share 文件路径下，创建一个名为"测试"的 txt 文件，如图 2.67 所示。

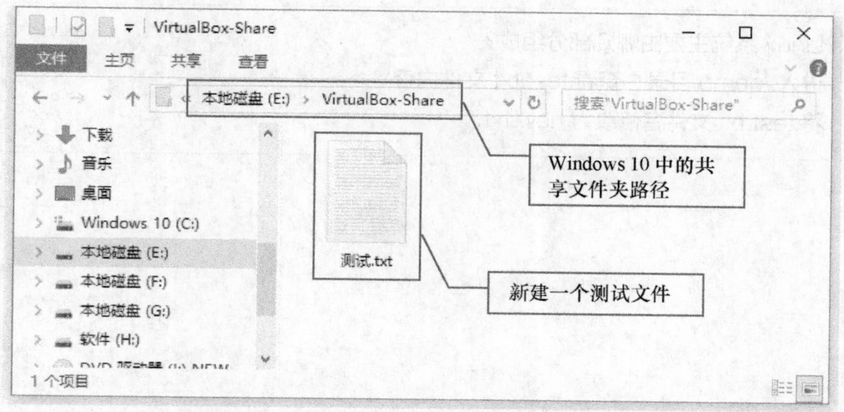

图 2.67 Windows 10 的共享文件夹

然后打开 Ubuntu 系统的 sf_VirtualBox-Share 目录，发现在此目录中，出现了 Windows 10 中新建的文件"测试.txt"，共享文件夹创建成功，如图 2.68 所示。

打开 sf_VirtualBox-Share 目录时，需要进行认证，输入用户密码即可。

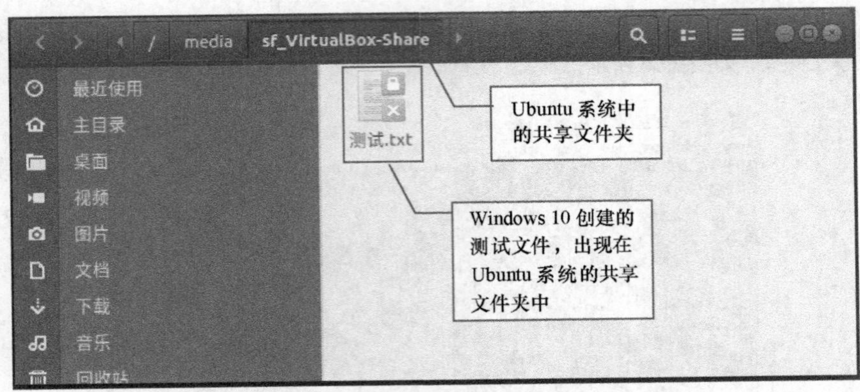

图 2.68　共享文件夹创建成功

小 结

本章首先介绍了虚拟机 VirtualBox 的安装与使用，创建虚拟机；然后重点介绍了 Linux 操作系统，本书使用的 Linux 操作系统版本为 Ubuntu；最后介绍了 Ubuntu 的安装，为了便于日后操作与学习又介绍了一些常用的设置。学习本章内容时，读者应该重点掌握如何安装 VirtualBox、创建虚拟机和 Ubuntu 操作系统的安装与简单设置。

习 题

2-1　Linux 系统主要由哪几部分组成?

2-2　进入./demo 目录，查看 test.txt 文件内容。

2-3　将 test.txt 文件名修改为 new.txt。

PART03

第3章

Hadoop的伪分布式安装

Hadoop 的安装是使用 Hadoop 的前提。Hadoop 的安装可以分为三种模式：单机模式、伪分布式模式和群集模式，这三种模式也称为 Hadoop 的运行模式。本章主要介绍如何安装伪分布式的 Hadoop，即只在一台主机上运行 Hadoop。

本章要点

- JDK 的安装与环境配置
- 配置 SSH 无密码登录
- Hadoop 的下载和安装
- Hadoop 的环境配置与启动

3.1 JDK 的检查与安装

JDK 的检查
与安装

在安装 Hadoop 之前，需要先安装两个程序。

（1）JDK。Hadoop 使用的是 Java 写的程序，Hadoop 的编译及 MapReduce 的运行都需要使用 JDK。因此在安装 Hadoop 之前，必须先安装 JDK。

（2）SSH（安全外壳协议），推荐安装 OpenSSH。Hadoop 需要通过 SSH 来启动 Slave 列表中各台主机的守护进程，因此 SSH 也是必须安装的。

本节介绍 JDK 的检查与安装。

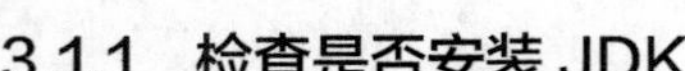

3.1.1 检查是否安装 JDK

在安装 JDK 之前，可以首先检查一下系统是否安装了 JDK，检查方法如下。

打开终端，输入以下内容，来检查 JDK 是否可用。

```
javac
```

如果没有安装 JDK 的话，执行结果如图 3.1 所示。

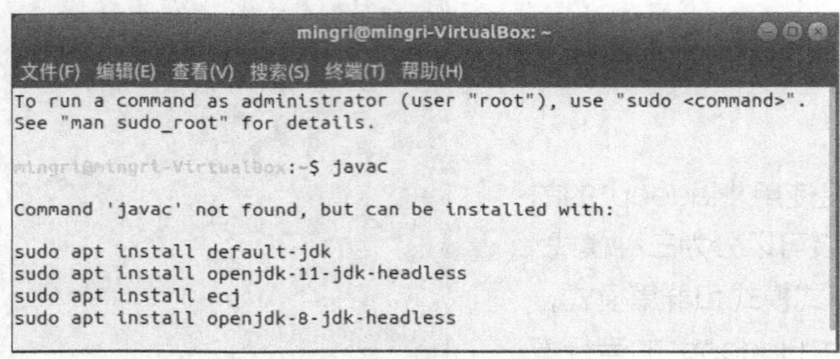

图 3.1　没有安装 JDK 的执行结果

如果上述命令返回“Command 'java' not found”或者类似的错误信息，则需要下载并安装 JDK。

3.1.2 安装 JDK

下面介绍安装 JDK 的具体步骤。

（1）下载 JDK 1.8。打开 JDK 的官方下载页面，下载 JDK 1.8 的安装包，如图 3.2 所示。

下载好的 JDK 文件名为 jdk-8u191-linux-x64.tar.gz。

（2）将下载好的 JDK 安装包放到共享文件夹中（第 2 章设置了共享文件夹，Windows 10 的共享文件夹路径为 E:\VirtualBox-Share，Ubuntu 系统中的共享文件夹名为 sf_VirtualBox-Share）。

然后在 Ubuntu 系统的 home 目录（主目录）下，新建文件夹 JDK，将 JDK 安装包复制到 JDK 文件夹中。复制好之后，在此文件夹空白处单击鼠标右键，选择“在终端打开”，打开终端，如图 3.3 所示。

（3）解压 JDK 安装包。将安装包“jdk-8u191-linux-x64.tar.gz”解压到当前文件夹，命令如下。

```
tar -zxvf jdk-8u191-linux-x64.tar.gz
```

命令及执行结果如图 3.4 所示。

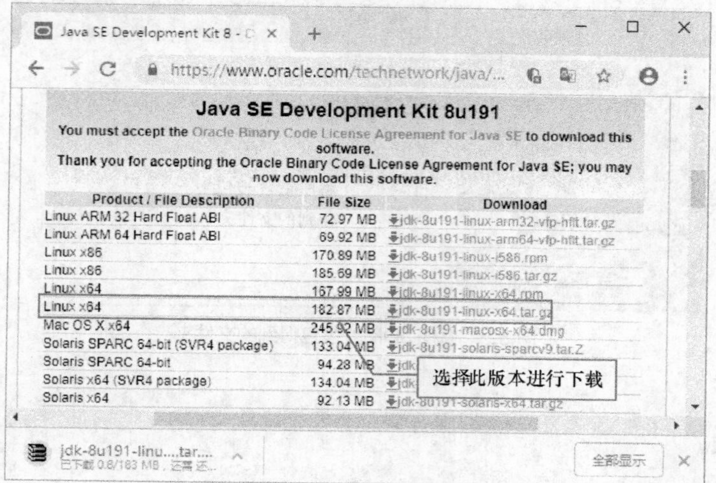

图 3.2　JDK 的下载页面

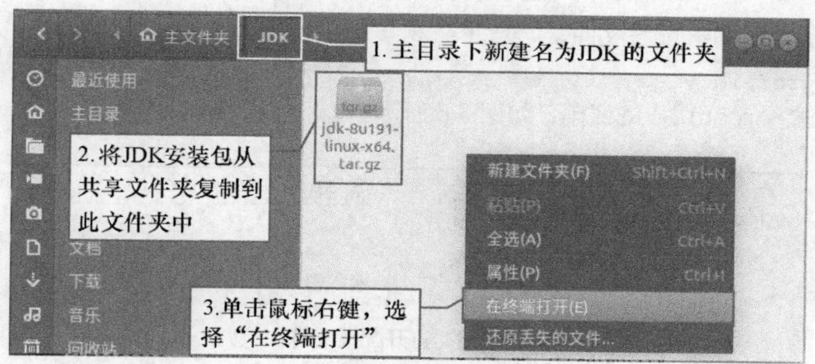

图 3.3　创建 JDK 文件夹

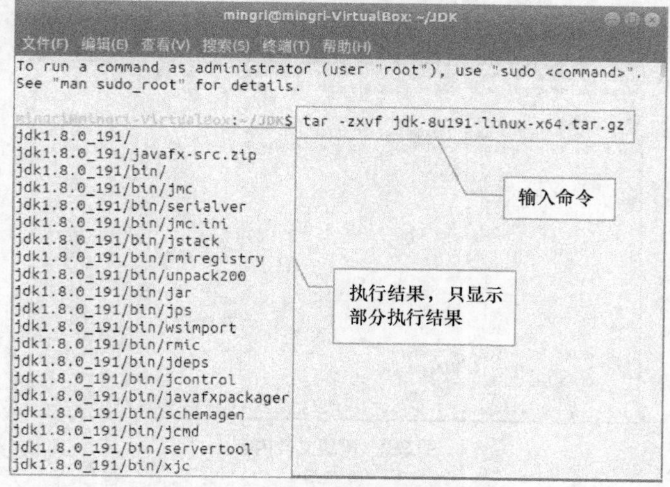

图 3.4　解压 JDK 安装包

解压完成后，在当前文件夹中，出现名为 jdk1.8.0_191 的文件夹，如图 3.5 所示。

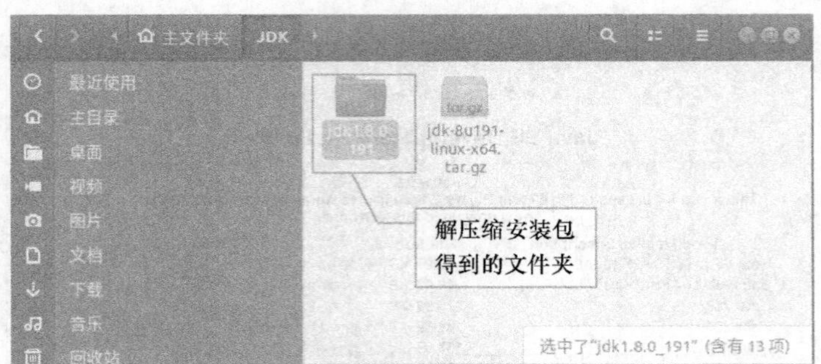

图 3.5　解压 JDK 安装包得到的文件夹

解压即安装。

（4）设置环境变量。编辑配置文件，首先需要打开配置文件，然后将环境变量添加到文件末尾。在终端输入如下命令，打开配置文件。

```
sudo vi /etc/profile
```

然后按照提示，输入 root 用户的密码，如图 3.6 所示。

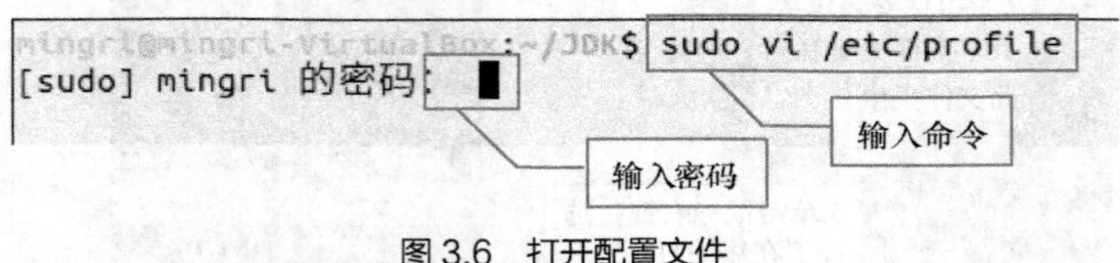

图 3.6　打开配置文件

输入密码后，按 Enter 键进入文件编辑界面，如图 3.7 所示。

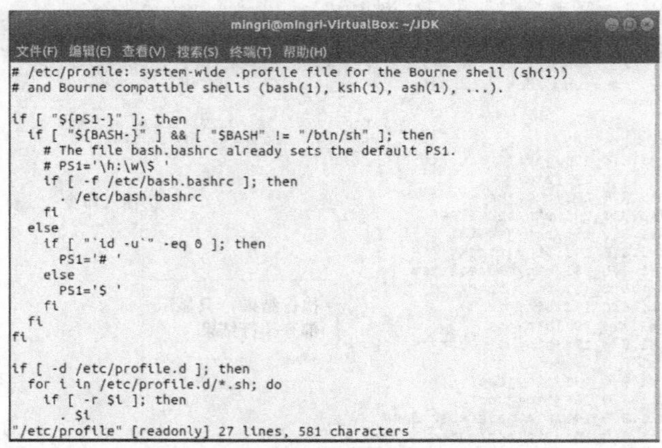

图 3.7　配置文件内容

按快捷键<Shift+G>将光标移到文件末尾，按 I 键进入编辑状态，将下面的命令输入配置文件。

```
export JAVA_HOME=/home/mingri/JDK/jdk1.8.0_191
export JRE_HOME=${JAVA_HOME}/jre
export CLASSPATH=.:${JAVA_HOME}/lib:${JRE_HOME}/lib
export PATH=${JAVA_HOME}/bin:$PATH
```

按 I 键进入编辑状态后，只能输入命令，如果想要修改，需要按 Esc 键退出编辑状态，按 Delete 键进行修改。

配置文件修改完成后，按 Esc 键退出编辑状态，输入“:wq”命令，按 Enter 键即可保存并退出。添加的命令如图 3.8 所示。

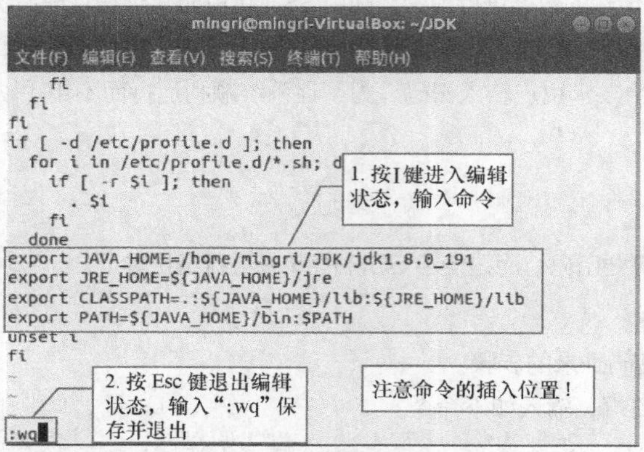

```
mingri@mingri-VirtualBox: ~/JDK
文件(F) 编辑(E) 查看(V) 搜索(S) 终端(T) 帮助(H)
    fi
  fi
fi
if [ -d /etc/profile.d ]; then
  for i in /etc/profile.d/*.sh; d
    if [ -r $i ]; then
      . $i
    fi
  done
export JAVA_HOME=/home/mingri/JDK/jdk1.8.0_191
export JRE_HOME=${JAVA_HOME}/jre
export CLASSPATH=.:${JAVA_HOME}/lib:${JRE_HOME}/lib
export PATH=${JAVA_HOME}/bin:$PATH
unset i
fi
~
~
:wq
```

1. 按I键进入编辑状态，输入命令
2. 按 Esc 键退出编辑状态，输入“:wq”保存并退出
注意命令的插入位置！

图 3.8　修改配置文件

JAVA_HOME 后面的为解压后的 JDK 文件夹，读者需要根据实际情况进行修改。

（5）重新加载配置文件，命令如下。

```
source /etc/profile
```

执行结果如图 3.9 所示。

```
mingri@mingri-VirtualBox:~/JDK$ sudo vi /etc/profile
[sudo] mingri 的密码:
mingri@mingri-VirtualBox:~/JDK$ source /etc/profile
mingri@mingri-VirtualBox:~/JDK$
```

重新加载配置文件

图 3.9　重新加载配置文件

（6）验证是否成功安装 JDK，输入如下命令查询 JDK 版本。

```
java -version
```

执行结果如图 3.10 所示。

图 3.10　显示 JDK 版本信息

图 3.10 所示的执行结果显示了 JDK 的版本信息，说明 JDK 安装成功。

3.2 配置 SSH 无密码登录

配置 SSH
无密码登录

SSH 为 Secure Shell 的缩写，即安全外壳协议，为建立在应用层基础上的安全协议。Hadoop 使用 SSH 连接，SSH 是目前较为可靠、专为远程登录其他服务器提供的安全性协议。通过 SSH 可以对所有传输的数据进行加密，利用 SSH 可以防止远程管理系统时出现信息外泄的问题。

Hadoop 是由很多台服务器组成的，当启动 Hadoop 时，NameNode 必须与 DataNode 连接并管理这些节点（DataNode），此时系统会要求用户输入密码。为了让系统顺利运行而不用手动输入密码，可以将 SSH 设置为无密码登录。

注意

无密码登录不是不需要密码，而是使用 SSH Key 来进行身份验证。

下面介绍配置 SSH 无密码登录的步骤。

（1）安装 SSH。打开终端，输入如下命令。

```
sudo apt-get install ssh
```

注意

在执行此命令之前，需要确保 Ubuntu 已经连接互联网。

命令执行后，系统会自动下载 SSH，并询问是否继续安装 SSH，输入“Y”或“y”即可继续安装，如图 3.11 所示。

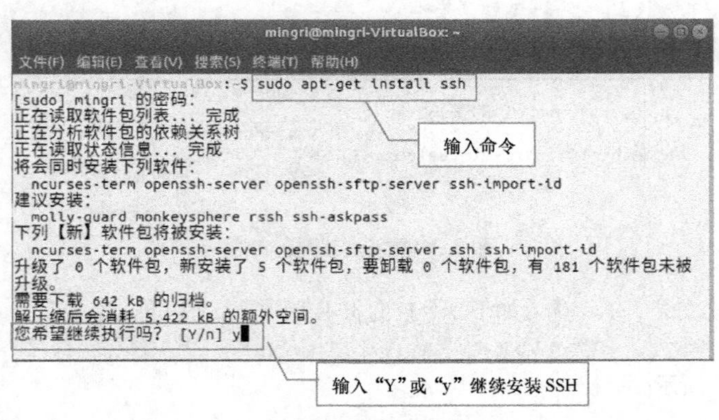

图 3.11 安装 SSH

在输入“Y”或“y”后，系统会自动安装 SSH，安装成功如图 3.12 所示。

（2）产生 SSH Key。接着输入以下命令。

```
ssh-keygen -t rsa
```

注意

ssh-keygen 后的参数区分大小写，比如“-t”与“-T”表示不同意思。

```
mingri@mingri-VirtualBox: ~
文件(F) 编辑(E) 查看(V) 搜索(S) 终端(T) 帮助(H)
2048 SHA256:ID91t9WUyANh9UWABxYfB8gI7Jh2JU3m04JRc+9t9AY root@mingri-VirtualBox
(RSA)
Creating SSH2 ECDSA key; this may take some time ...
256 SHA256:PJghlzAmsy4knE9pw1AIUfN83gS1/9CPrZRSdxDMuD8 root@mingri-VirtualBox (
ECDSA)
Creating SSH2 ED25519 key; this may take some time ...
256 SHA256:KjejuEpuObmA1eN4JnmbbW4u6TJfiKxD0bHRbxcTGfQ root@mingri-VirtualBox (
ED25519)
Created symlink /etc/systemd/system/sshd.service →/lib/systemd/system/ssh.serv
ice.
Created symlink /etc/systemd/system/multi-user.target.wants/ssh.service →/lib/
systemd/system/ssh.service.
正在设置 ssh (1:7.6p1-4ubuntu0.1) ...
正在处理用于 systemd (237-3ubuntu10.6) 的触发器 ...
正在处理用于 ureadahead (0.100.0-20) 的触发器 ...
正在处理用于 ufw (0.35-5) 的触发器 ...
mingri@mingri-VirtualBox:~$
```

图 3.12　安装 SSH 成功

其中，ssh-keygen 代表生成密钥；-t 表示生成指定类型的密钥；rsa 是 RSA 算法密钥认证。

此条命令运行后出现暂停时，按 Enter 键即可。命令运行会产生两个密钥文件，即在.ssh 文件夹（此文件夹在用户的根目录下，即/home/mingri）下创建 id_rsa 和 id_rsa.pub 两个文件，这是 SSH 的一对私钥和公钥，类似于钥匙和锁，下面要做的就是把 id_rsa.pub（公钥）放到许可证文件中去。

执行结果如图 3.13 所示。

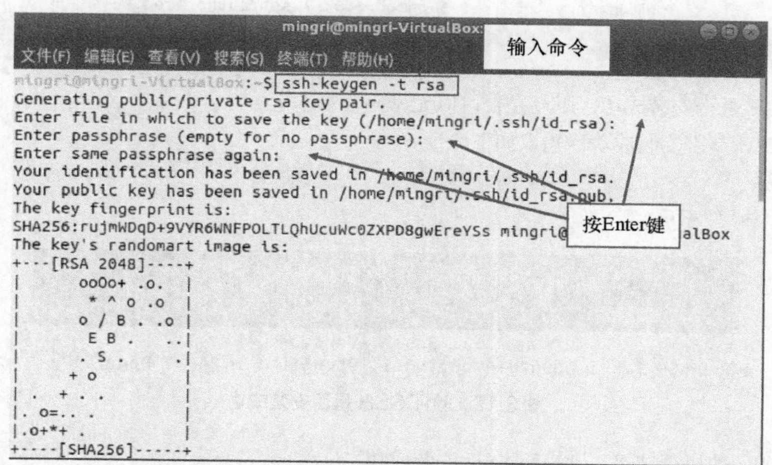

图 3.13　产生 SSH Key

使用如下命令查看产生的 SSH Key。

```
ll ~/.ssh
```

执行结果如图 3.14 所示。

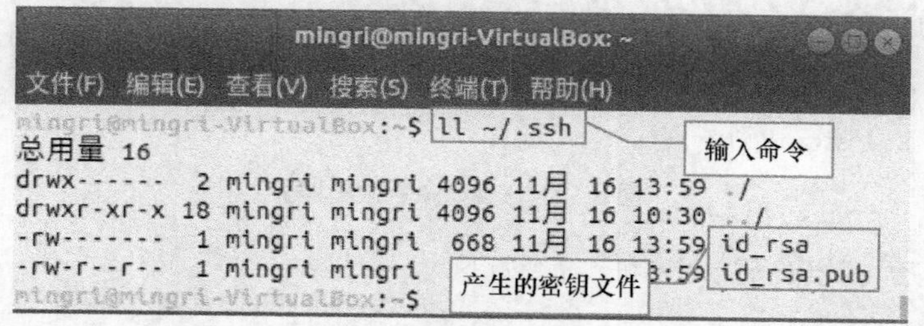

图 3.14　查看产生的 SSH Key

（3）将 id_rsa.pub（公钥）放到许可证文件（authorized_keys）中，命令如下。

```
cat ~/.ssh/id_rsa.pub >> ~/.ssh/authorized_keys
```

执行结果如图 3.15 所示。

图 3.15　将公钥放到许可证文件中

（4）更改权限，命令如下。

```
chmod 755 ~
chmod 700 ~/.ssh
chmod 600 ~/.ssh/authorized_keys
```

执行结果如图 3.16 所示。

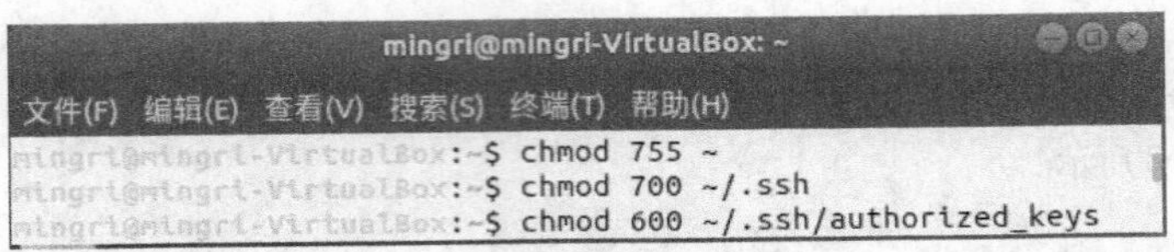

图 3.16　更改权限

（5）验证 SSH 是否安装成功，以及是否可以无密码登录本机。

首先，验证 SSH 是否安装成功，输入如下命令。

```
ssh -Version
```

执行结果如图 3.17 所示。

图 3.17　验证 SSH 是否安装成功

出现图 3.17 所示的执行结果，则表示 SSH 安装成功。

命令“ssh -Version”中的 V 是大写的，如果是小写的 v，则执行结果如图 3.18 所示，表示输入错误。

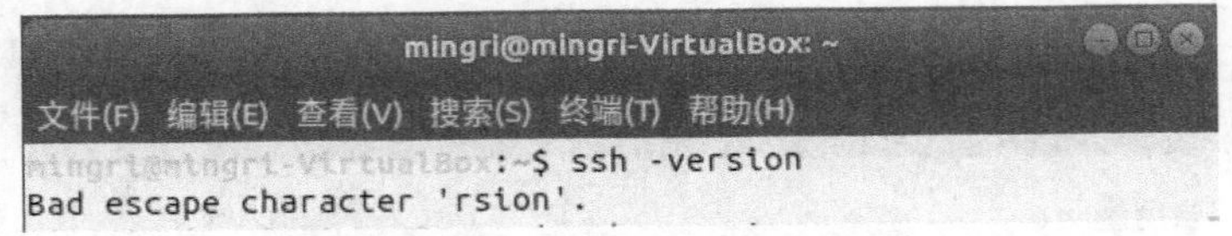

图 3.18　注意命令中的大小写

接下来，验证是否可以无密码登录本机，命令如下。

```
ssh mingri-VirtualBox
```

执行结果如图 3.19 所示。

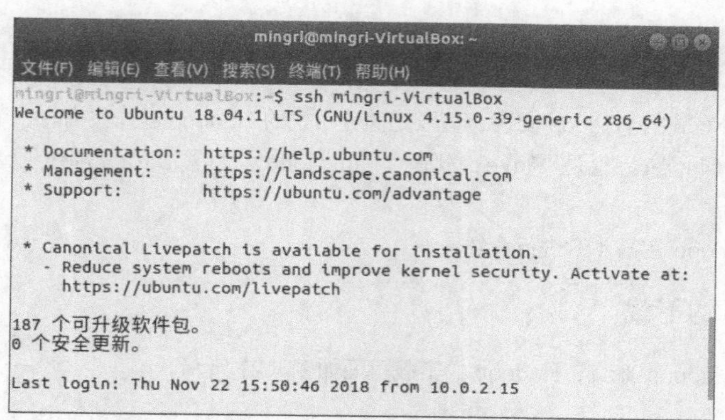

图 3.19　验证是否可以无密码登录本机

mingri-VirtualBox 为作者的主机名，读者可以使用 hostname 命令查看自己的主机名。

如图 3.19 所示，没有要求输入登录密码，则表示 SSH 已经成功实现无密码登录了。

（6）退出 SSH 连接，代码如下。

```
exit
```

执行结果如图 3.20 所示。

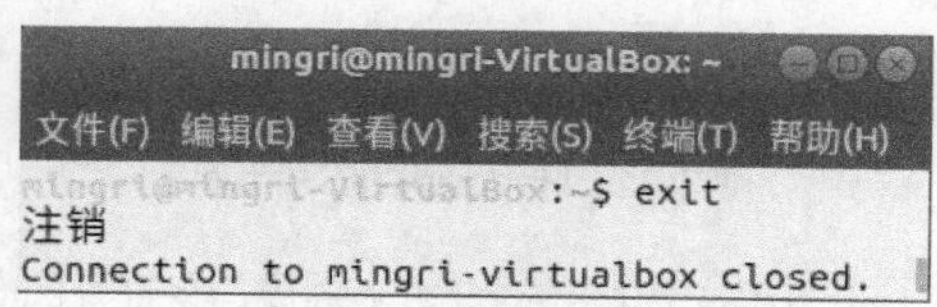

图 3.20　退出 SSH 连接

在 Hadoop 的安装过程中，是否无密码登录不是特别重要，但是如果不配置无密码登录，每次启动 Hadoop 都需要输入密码以登录到每台机器的 DataNode 上，而 Hadoop 集群动辄拥有数百或上千台计算机，因此一般都会配置 SSH 的无密码登录。

3.3　Hadoop 的下载与安装

Hadoop 的下载与安装

在介绍 Hadoop 的安装之前，先介绍一下 Hadoop 对各个节点的角色定义。

Hadoop 可以从三个角度将主机划分为两种角色。第一，最基本的划分为 Master 和 Slave，即“主”与“从”；第二，从 HDFS 的角度，将主机划分为 NameNode 和 DataNode（在分布式文件系统中，目录的管理很重要，而 NameNode 就是目录管理者）；第三，从 MapReduce 的角度，将主机划分为 JobTracker 和 TaskTracker（一个 Job 可以划分为多个 Task）。

3.3.1　Hadoop 的安装模式

Hadoop 有三种安装模式，分别为单机模式、伪分布式模式和完全分布式（集群）模式。

其中，安装单机模式的 Hadoop 无须配置，在这种模式下，Hadoop 被认为是一个单独的 Java 进程。这种模式经常被用来测试。

本章主要介绍伪分布式的 Hadoop 安装，可以把伪分布式的 Hadoop 看作只有一个节点的集群。在这个集群中，这个节点既是 Master，也是 Slave；既是 NameNode，也是 DataNode；既是 JobTracker，也是 TaskTracker。

完全分布式的 Hadoop 在第 4 章进行介绍。

3.3.2 Hadoop 的下载

本书中使用的是 Hadoop 3.1.1，Hadoop 的下载页面如图 3.21 所示。

图 3.21 Hadoop 的下载页面

在图 3.21 所示的下载页面中，单击版本 3.1.1 的 binary 链接，将打开图 3.22 所示的页面，鼠标右键单击页面中的链接，在快捷菜单中选择“链接另存为”，选择保存安装包的磁盘路径之后，单击“保存”按钮进行安装包的下载。

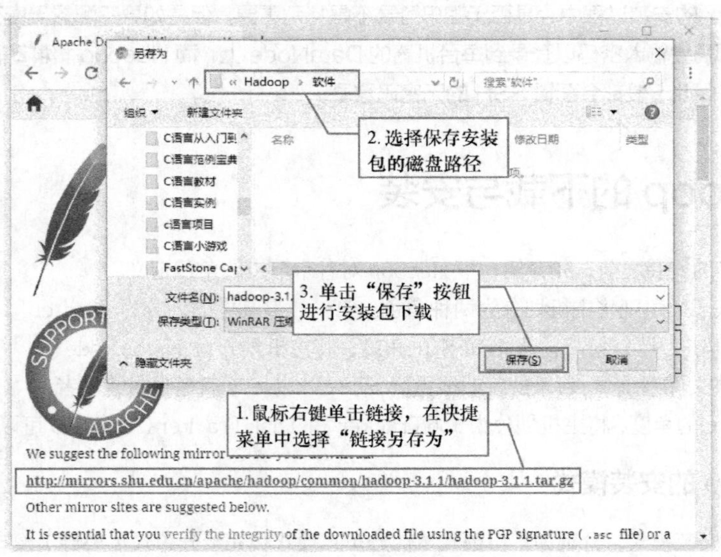

图 3.22 下载 Hadoop

将下载好的安装包 hadoop-3.1.1.tar.gz 复制到共享文件夹中，以便 Ubuntu 系统对此安装包进行下一步的操作。

3.3.3 Hadoop 的安装

Hadoop 的安装步骤如下。

（1）Hadoop 安装包解压缩。将安装包从共享文件夹复制到主目录下，打开终端，输入如下命令，将 Hadoop 安装包解压缩到当前目录下。

```
tar -zxvf hadoop-3.1.1.tar.gz
```

命令执行后，系统开始解压缩 hadoop-3.1.1.tar.gz 文件，屏幕上不断显示解压过程信息，如图 3.23 所示（由于篇幅问题，只显示部分解压信息）。解压完成后，系统将在主目录下创建 hadoop-3.1.1 子目录，此为 Hadoop 的安装目录。

```
mingri@mingri-VirtualBox: ~
文件(F) 编辑(E) 查看(V) 搜索(S) 终端(T) 帮助(H)
hadoop-3.1.1/share/doc/hadoop/hadoop-client-runtime/images/logo_maven.jpg
hadoop-3.1.1/share/doc/hadoop/hadoop-client-runtime/images/expanded.gif
hadoop-3.1.1/share/doc/hadoop/hadoop-client-runtime/project-reports.html
hadoop-3.1.1/share/doc/hadoop/hadoop-client-runtime/css/
hadoop-3.1.1/share/doc/hadoop/hadoop-client-runtime/css/maven-base.css
hadoop-3.1.1/share/doc/hadoop/hadoop-client-runtime/css/site.css
hadoop-3.1.1/share/doc/hadoop/hadoop-client-runtime/css/maven-theme.css
hadoop-3.1.1/share/doc/hadoop/hadoop-client-runtime/css/print.css
hadoop-3.1.1/share/doc/hadoop/hadoop-client-runtime/dependency-analysis.html
mingri@mingri-VirtualBox:~$
```

图 3.23 Hadoop 安装包解压缩

（2）查看一下 Hadoop 安装目录中的安装文件，输入如下命令。

```
cd hadoop-3.1.1
ls -l
```

如果显示图 3.24 所示的文件列表，则表示 Hadoop 解压成功。

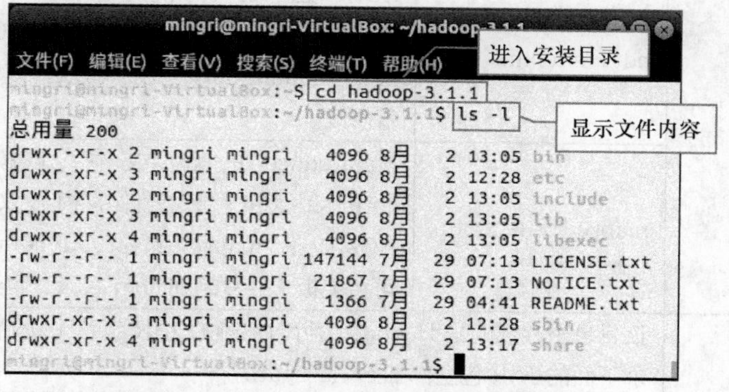

图 3.24 进入 hadoop-3.1.1 目录查看安装文件

安装文件的目录及目录下常用文件说明如表 3.1 所示。

表 3.1 目录及目录下常用文件说明

目录	文件	用途
bin：存放对 Hadoop 相关服务（HDFS，YARN）进行操作的脚本	hadoop	用于执行 Hadoop 脚本命令，被 hadoop-daemon.sh 调用执行，也可以单独执行，一切命令的核心

续表

目录	文件	用途
sbin：存放启动或停止 Hadoop 相关服务的脚本	hadoop-daemon.sh	通过执行 Hadoop 命令来启动/停止一个守护进程(daemon)；该命令会被 bin 目录下以 start 或 stop 开头的所有命令调用来，hadoop-daemons.sh 也是通过调用 hadoop-daemon.sh 来执行命令的，而 hadoop-daemon.sh 本身就是通过调用 Hadoop 命令来执行任务的
	start-all.sh	全部启动，它会调用 start-dfs.sh 及 start-mapred.sh
	start-dfs.sh	启动 NameNode、DataNode 以及 SecondaryNameNode
	start-mapred.sh	启动 MapReduce
	stop-all.sh	全部停止，它会调用 stop-dfs.sh 及 stop-mapred.sh
	stop-balancer.sh	停止 balancer
	stop-dfs.sh	停止 NameNode、DataNode 及 SecondaryNameNode
	stop-mapred.sh	停止 MapReduce
etc/hadoop：存放 Hadoop 的配置文件	core-site.xml	Hadoop 核心全局配置文件，可以在其他配置文件中引用该文件中定义的属性，如 hdfs-site.xml 及 mapred-site.xml 会引用该文件的属性； 该文件的模板文件存于$HADOOP_HOME/src/core/core-default.xml，可将模板文件复制到 conf 目录，再进行修改
	hadoop-env.sh	Hadoop 环境变量
	hdfs-site.xml	HDFS 配置文件，该模板的属性继承于 core-site.xml；该文件的模板文件存于$HADOOP_HOME/src/hdfs/hdfs-default.xml，可将模板文件复制到 conf 目录，再进行修改
	mapred-site.xml	MapReduce 的配置文件，该模板的属性继承于 core-site.xml；该文件的模板文件存于$HADOOP_HOME/src/mapred/mapredd-default.xml， 可将模板文件复制到 conf 目录，再进行修改
lib	该目录下存放的是 Hadoop 运行时依赖的 JAR 包，Hadoop 在执行时会把 lib 目录下面的 JAR 包全部加到 classpath 中	
include	对外提供的编程库头文件（具体动态库和静态库在 lib 目录中），这些头文件均是用 C++定义的，通常用于访问 HDFS 或者编写 MapReduce 程序	
logs	该目录存放的是 Hadoop 运行的日志，查看日志对寻找 Hadoop 运行错误非常有帮助	
libexec	各个服务的 Shell 配置文件所在的目录，可用于配置日志输出、启动参数（如 JVM 参数）等基本信息	
share	Hadoop 各个模块编译后的 JAR 包所在的目录	

至此，Hadoop 安装完成，但是要使用 Hadoop，还需要进行配置。

3.3.4 配置 Hadoop 前准备

下面分别通过命令查看本机的 IP 地址和主机名，并将 IP 地址和主机名写进/etc/hosts 配置文件，步骤如下。

（1）查看本机的 IP 地址，命令如下。

```
ifconfig
```

执行结果如图 3.25 所示。

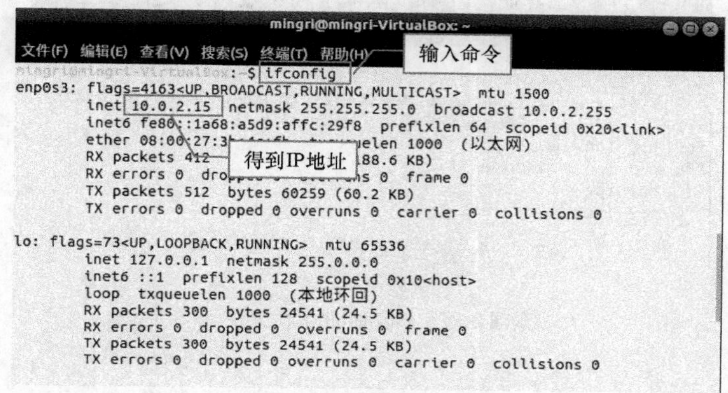

图 3.25 查看本机的 IP 地址

从图 3.25 中可知本机的 IP 地址为 10.0.2.15。

此 IP 地址为虚拟机自动分配的地址，可以自己另行设置。

（2）查看本机的主机名，命令如下。

```
hostname
```

执行结果如图 3.26 所示。

图 3.26 查看本机的主机名

从图 3.26 中可知本机的主机名为 mingri-VirtualBox。

（3）将 IP 地址和主机名写进/etc/hosts 配置文件，打开/etc/hosts 的命令如下。

```
sudo gedit /etc/hosts
```

在打开的/etc/hosts 文件中，将“127.0.1.1”改为“10.0.2.15”，如图 3.27 所示。修改完成后，单击“保存”按钮，关闭文件。

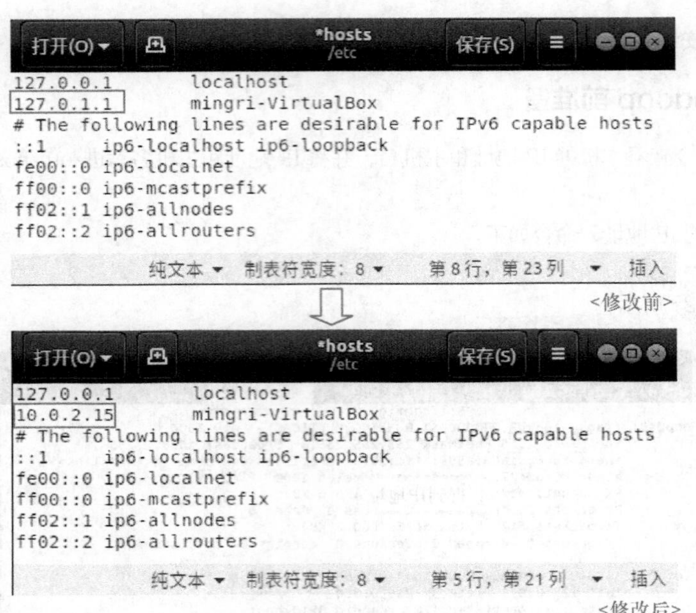

图 3.27　修改/etc/hosts 文件

3.4　Hadoop 环境配置

Hadoop 环境配置

3.4.1　设置 Hadoop 环境变量

运行 Hadoop 必须设置很多环境变量，如果每次登录时都必须重新设置，就会很烦琐，因此，可以在~/.bashre 文件中设置每次登录时自动运行一次环境变量设置，设置步骤如下。

（1）在终端输入如下命令。

```
sudo gedit ~/.bashrc
```

执行命令之后，就会打开~/.bashrc 文件，在原有代码的下方添加如下代码，如图 3.28 所示。

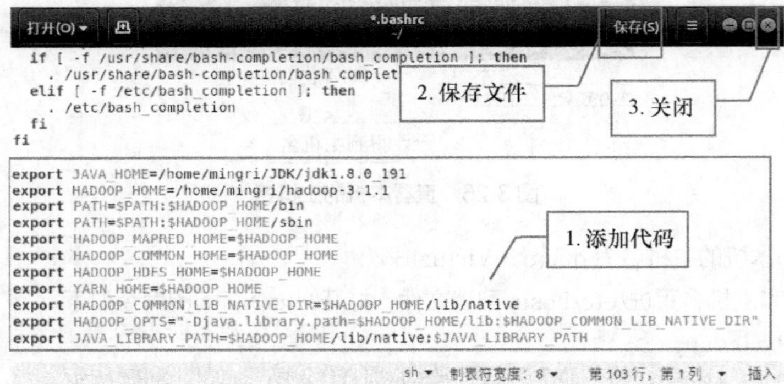

图 3.28　编辑~/.bashrc 文件

```
export JAVA_HOME=/home/mingri/JDK/jdk1.8.0_191
export HADOOP_HOME=/home/mingri/hadoop-3.1.1
export PATH=$PATH:$HADOOP_HOME/bin
```

```
export PATH=$PATH:$HADOOP_HOME/sbin
export HADOOP_MAPRED_HOME=$HADOOP_HOME
export HADOOP_COMMON_HOME=$HADOOP_HOME
export HADOOP_HDFS_HOME=$HADOOP_HOME
export YARN_HOME=$HADOOP_HOME
export HADOOP_COMMON_LIB_NATIVE_DIR=$HADOOP_HOME/lib/native
export  HADOOP_OPTS="-Djava.library.path=$HADOOP_HOME/lib  :$HADOOP_COMMON_LIB_NATIVE_DIR"
export JAVA_LIBRARY_PATH=$HADOOP_HOME/lib/native:$JAVA_LIBRARY_PATH
```

编辑好~/.bashrc 文件后，单击“保存”按钮，再关闭此文件。

下面分析一下上述代码。

设置 JDK 安装路径。

```
export JAVA_HOME=/home/mingri/JDK/jdk1.8.0_191
```

设置 Hadoop 的安装目录。

```
export HADOOP_HOME=/home/mingri/hadoop-3.1.1
```

设置 PATH。

```
export PATH=$PATH:$HADOOP_HOME/bin
export PATH=$PATH:$HADOOP_HOME/sbin
```

设置 Hadoop 其他环境变量，将这些环境变量设置为$HADOOP_HOME。

```
export HADOOP_MAPRED_HOME=$HADOOP_HOME
export HADOOP_COMMON_HOME=$HADOOP_HOME
export HADOOP_HDFS_HOME=$HADOOP_HOME
export YARN_HOME=$HADOOP_HOME
```

链接库的设置。

```
export HADOOP_COMMON_LIB_NATIVE_DIR=$HADOOP_HOME/lib/native
export HADOOP_OPTS="-Djava.library.path=$HADOOP_HOME/lib"
export JAVA_LIBRARY_PATH=$HADOOP_HOME/lib/native:$JAVA_LIBRARY_PATH
```

（2）使设置生效。在终端输入命令。

```
source ~/.bashrc
```

执行结果如图 3.29 所示。

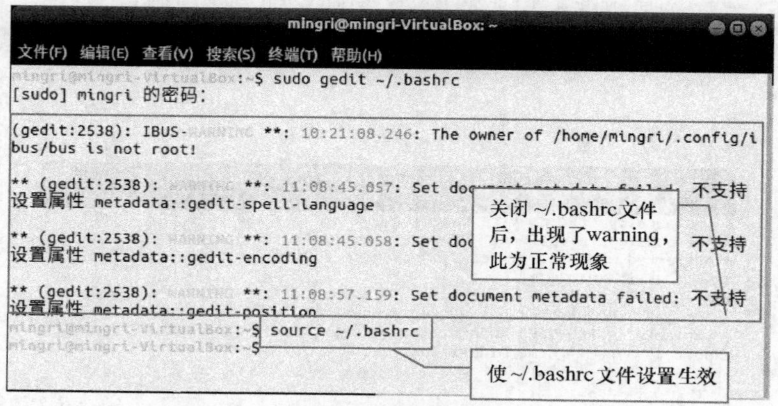

图 3.29 使设置生效

或者重启系统，也会使设置生效。

（3）使用 hadoop version 命令测试是否配置成功。

```
hadoop version
```

执行结果如图 3.30 所示。

图 3.30　Hadoop 环境配置成功

出现图 3.30 所示的结果，则说明 Hadoop 环境已经配置成功了。

3.4.2　修改 Hadoop 配置文件

接下来要进行 Hadoop 的配置设置，需要修改的配置文件有 hadoop-env.sh、core-site.xml、yarn-site.xml、mapred-site.xml 和 hdfs-site.xml。最后还要修改/etc/profile 文件。

1. 修改 hadoop-env.sh 文件

hadoop-env.sh 是 Hadoop 的配置文件，在此文件中需要设置 Java 的安装路径。

通过终端打开 hadoop-env.sh 文件，代码如下。

```
sudo gedit ./hadoop-3.1.1/etc/hadoop/hadoop-env.sh
```

hadoop-env.sh 文件打开后，找到# export JAVA_HOME 处（可以按快捷键<CTRL+F>查找），在“=”后面添加 JDK 的安装位置，并将 export 前面的#删掉，如图 3.31 所示。

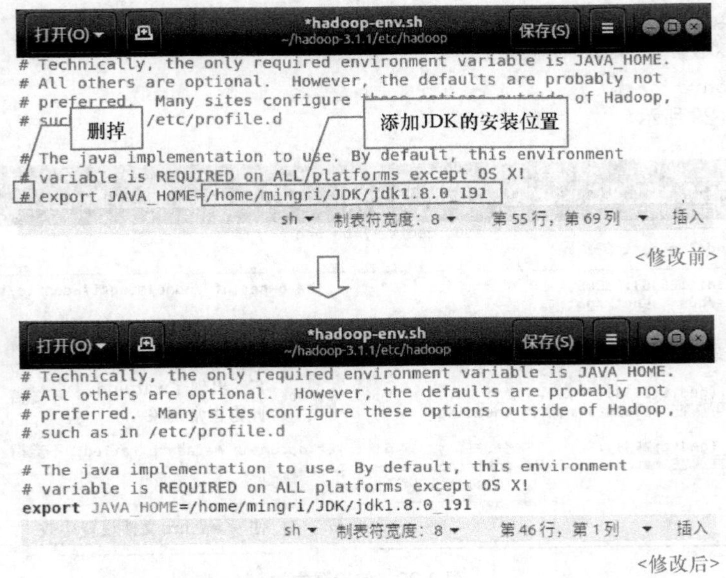

图 3.31　修改 hadoop-env.sh 文件

修改完毕后，单击“保存”按钮，关闭 hadoop-env.sh 文件。

2. 修改 core-site.xml 文件

通过终端打开 core-site.xml 文件，代码如下。

```
sudo gedit ./hadoop-3.1.1/etc/hadoop/core-site.xml
```

打开 core-site.xml 文件后，需要设置 HDFS 的默认名称、地址和端口号，将如下代码添加到<configuration>和</configuration>之间，如图 3.32 所示。

```
<!-- 配置HDFS的主节点，NameNode -->
<property>
     <name>fs.defaultFS</name>
     <value>hdfs://10.0.2.15:9000</value>
</property>

<!-- 配置HADOOP运行时产生文件的存储目录 -->
<property>
     <name>hadoop.tmp.dir</name>
     <value>/home/mingri/hadoop-3.1.1/dataNode_1_dir</value>
</property>
```

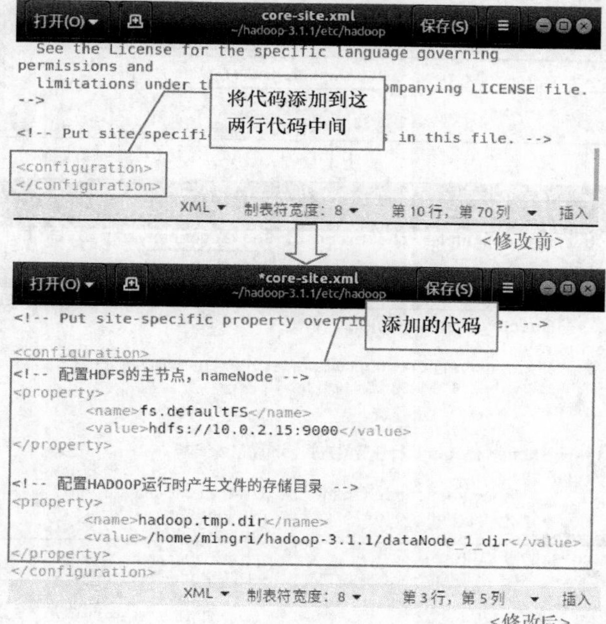

图 3.32　修改 core-site.xml 文件

（1）代码中的“10.0.2.15”为作者的虚拟机的 IP 地址，读者可以通过 ifconfig 命令查看本机的 IP 地址；

（2）XML 文件中，<!--和-->中间的内容为注释。

修改完毕后，单击“保存”按钮，关闭 core-site.xml 文件。

3. 修改 yarn-site.xml 文件

YARN 的站点配置文件是 yarn-site.xml，通过终端打开 yarn-site.xml 文件的代码如下。

```
sudo gedit ./hadoop-3.1.1/etc/hadoop/yarn-site.xml
```

yarn-site.xml 文件打开后，将如下代码添加到<configuration>和</configuration>之间，如图 3.33 所示。

```
<!--配置ReourceManager的地址-->
<property>
     <name>yarn.resourcemanager.hostname</name>
     <value>10.0.2.15</value>
</property>

<!--配置NodeManager执行任务的方式shuffle:洗牌 -->
<property>
     <name>yarn.nodemanager.aux-services</name>
     <value>mapreduce_shuffle</value>
</property>
```

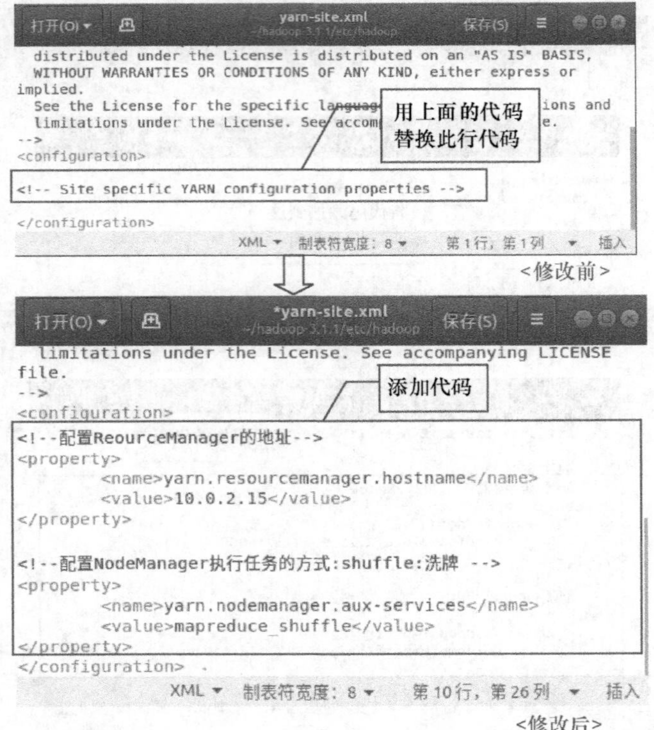

图 3.33　修改 yarn-site.xml 文件

修改完毕后，单击“保存”按钮，关闭 yarn-site.xml 文件。

如果 YARN 集群有多个节点，还需要配置 yarn.resourcemanager.address 等参数。

4. 修改 mapred-site.xml 文件

mapred-site.xml 为计算框架文件，用于监控 Map 与 Reduce 程序的 JobTracker 任务分配情况以及 TaskTracker 任务运行情况。

打开 mapred-site.xml 文件，命令如下。

```
sudo gedit ./hadoop-3.1.1/etc/hadoop/mapred-site.xml
```

mapred-site.xml 文件打开后，将如下代码添加到<configuration>和</configuration>之间，设置 mapreduce 的框架为 YARN，如图 3.34 所示。

```
<property>
    <name>mapreduce.framework.name</name>
    <value>yarn</value>
</property>
```

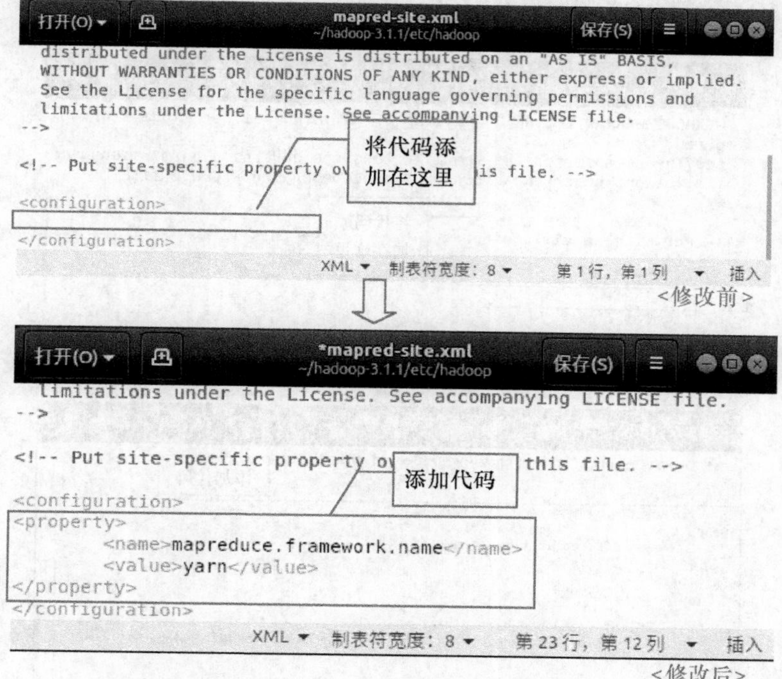

图 3.34　修改 mapred-site.xml 文件

修改完毕后，单击“保存”按钮，关闭 mapred-site.xml 文件。

5. 修改 hdfs-site.xml 文件

hdfs-site.xml 用于设置 HDFS 分布式文件系统。该文件指定与 HDFS 相关的配置信息。需要修改 HDFS 默认的块的副本属性，因为 HDFS 默认情况下每个数据块保存 3 个副本，而在伪分布式模式下运行时只有一个数据节点，所以需要将副本个数改为 1，否则 Hadoop 程序会报错。

打开 hdfs-site.xml 文件，命令如下。

```
sudo gedit ./hadoop-3.1.1/etc/hadoop/hdfs-site.xml
```

hdfs-site.xml 文件打开后，将如下代码添加到<configuration>和</configuration>之间，如图 3.35 所示。

```
<!-- 指定HDFS存储数据的副本数目，默认情况下是3份 -->
<property>
    <name>dfs.replication</name>
    <value>1</value>
</property>
<property>
    <name>dfs.namenode.name.dir</name>
    <value>file:///home/mingri/hadoop-3.1.1/hadoop_data/hdfs/namenode</value>
</property>
<property>
    <name>dfs.datanode.data.dir</name>
    <value>file:///home/mingri/hadoop-3.1.1/hadoop_data/hdfs/datanode</value>
```

```
</property>

<property>
    <name>dfs.http.address</name>
    <value>10.0.2.15:50070</value>
</property>
```

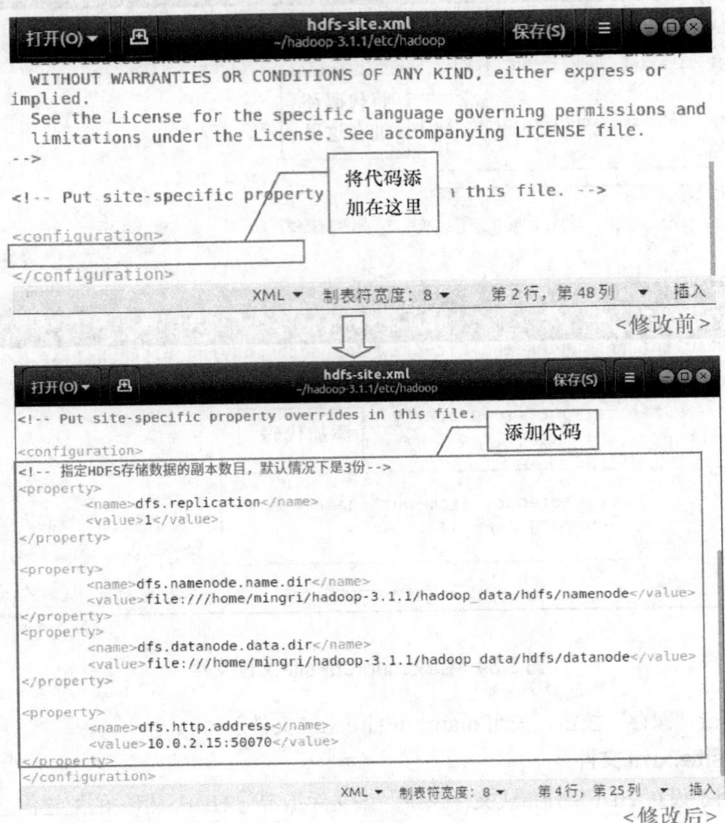

图 3.35　修改 hdfs-site.xml 文件

修改完毕后，单击“保存”按钮，关闭 hdfs-site.xml 文件。

注意：将 dfs.replication 配置成超过 3 的数是没有意义的，因为 HDFS 的最大副本数就是 3。

6．修改/etc/profile 文件

最后，再来修改/etc/profile 文件。先前在配置 JDK 环境的时候，已经修改过此文件，现在需要添加 HADOOP_HOME 和 PATH。

打开/etc/profile 文件，命令如下。

```
sudo gedit /etc/profile
```

在/etc/profile 文件末尾添加如下命令。

```
export HADOOP_HOME=./hadoop-3.1.1
```

并在 PATH 后添加“:$HADOOP_HOME/bin:$HADOOP_HOME/sbin”，如图 3.36 所示。

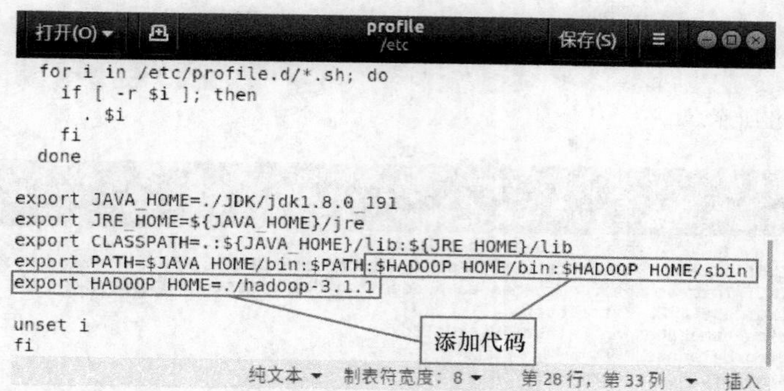

图 3.36　修改/etc/profile 文件

3.4.3　创建并格式化文件系统

在上面的小节中，hdfs-site.xml 文件指定了 NameNode 和 DataNode 的数据存储目录，但是这两个目录并没有被创建。本小节将创建 NameNode 和 DataNode 的数据存储目录，并进行格式化。

创建 NameNode 和 DataNode 的数据存储目录，命令如下。

（1）创建 NameNode 数据存储目录。

```
mkdir -p ./hadoop-3.1.1/hadoop_data/hdfs/namenode
```

（2）创建 DataNode 数据存储目录。

```
mkdir -p ./hadoop-3.1.1/hadoop_data/hdfs/datanode
```

（3）创建 Hadoop 运行时产生文件的存储目录。

```
mkdir -p ./hadoop-3.1.1/dataNode_1_dir/datanode
```

如果 NameNode 数据存储目录中已经有数据，那么可以将 HDFS 格式化，命令如下。

```
hdfs namenode -format
```

执行结果如图 3.37 所示。

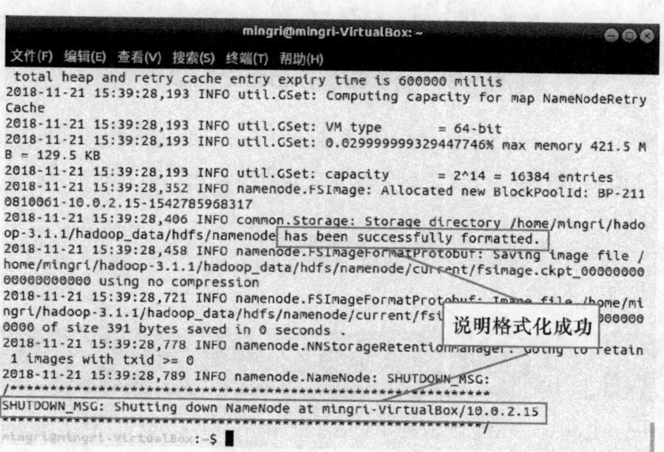

图 3.37　格式化文件系统

3.5　启动 Hadoop

前面已经完成了 Hadoop 伪分布式单节点的安装，现在开始启动 Hadoop。

使用命令 start-all.sh，来同时启动 HDFS 和 YARN，命令如下。

```
start-all.sh
```

执行结果如图 3.38 所示。

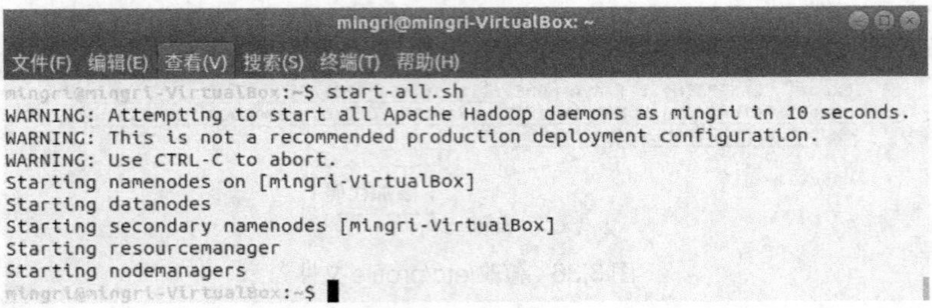

```
mingri@mingri-VirtualBox:~$ start-all.sh
WARNING: Attempting to start all Apache Hadoop daemons as mingri in 10 seconds.
WARNING: This is not a recommended production deployment configuration.
WARNING: Use CTRL-C to abort.
Starting namenodes on [mingri-VirtualBox]
Starting datanodes
Starting secondary namenodes [mingri-VirtualBox]
Starting resourcemanager
Starting nodemanagers
mingri@mingri-VirtualBox:~$
```

图 3.38　启动 Hadoop

start-all.sh 命令可以拆分为 start-dfs.sh 和 start-yarn.sh，分别用来启动 HDFS 和 YARN。在启动 Hadoop 时，用这两种方式都可以。

下面通过命令检验一下是否开启 Hadoop 全部的守护进程，命令如下。

```
jps
```

执行结果如图 3.39 所示。

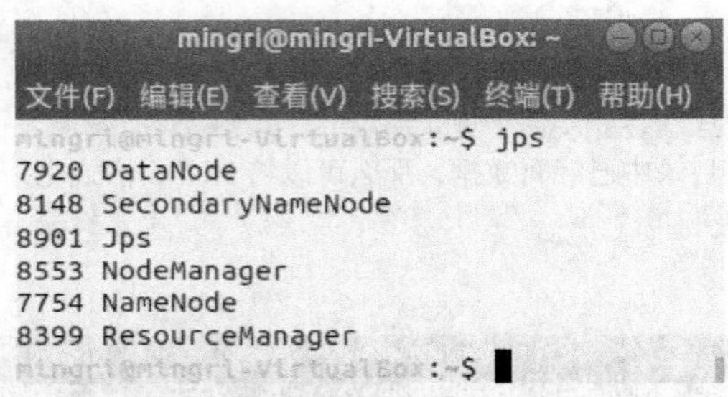

图 3.39　检验启动 Hadoop 是否成功

在图 3.39 中，DataNode、SecondaryNameNode 和 NameNode 是文件系统 HDFS 的进程，NodeManager、ResourceManager 是 YARN 的进程。只有这 5 个进程全部启动，才说明 Hadoop 启动成功了。

关闭 Hadoop 的命令如下。

```
stop-all.sh
```

执行结果如图 3.40 所示。

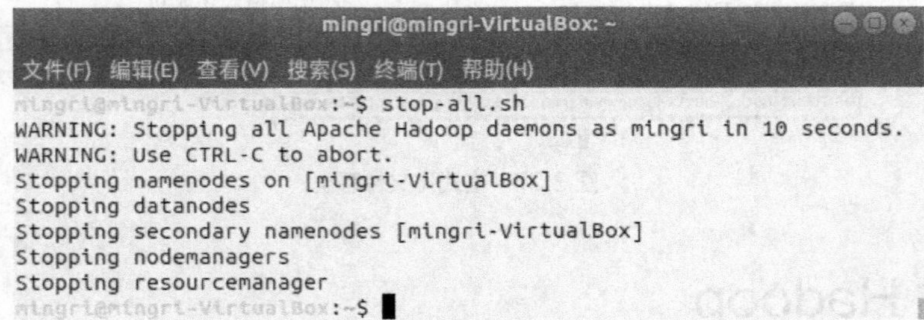

图 3.40　关闭 Hadoop

stop-all.sh 命令可以拆分为 stop-dfs.sh 和 stop-yarn.sh，分别用来关闭 HDFS 和 YARN。在关闭 Hadoop 时，用这两种方式都可以。

3.6 查看 HDFS Web 页面

查看 HDFS Web 页面和 YARN Web 页面

通过 HDFS Web 页面可以检查当前 HDFS 与 DataNode 的运行情况，打开步骤如下。

（1）打开 Firefox 浏览器，在浏览器的地址栏中输入“10.0.2.15:50070”，如图 3.41 所示。

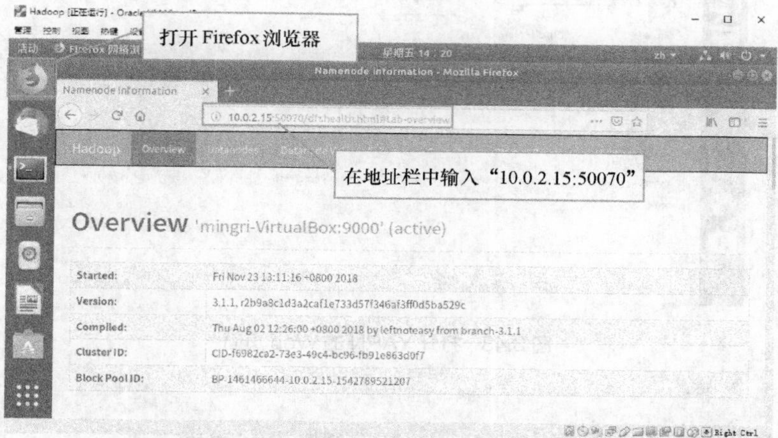

图 3.41 打开 HDFS Web 页面

10.0.2.15 为作者虚拟机的 IP 地址，读者应根据实际情况进行替换。

（2）向下滑动页面，可以看到活动节点，如图 3.42 所示。

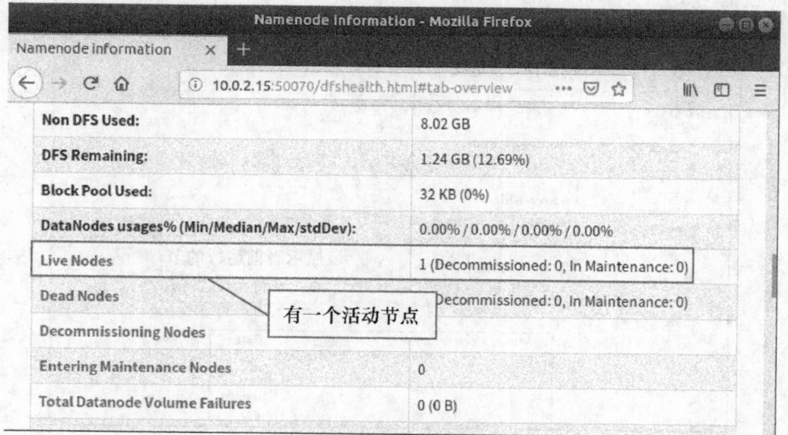

图 3.42 查看活动节点

3.7 查看 YARN Web 页面

YARN Web 页面也被称为 Hadoop ResourceManager Web 页面，在此页面中，可以查看当前 Hadoop 的状态、Node 节点、应用程序和进程的运行状态。打开 YARN Web 页面的步骤如下。

（1）打开 Firefox 浏览器，在浏览器的地址栏中输入“10.0.2.15:8088”，如图 3.43 所示。

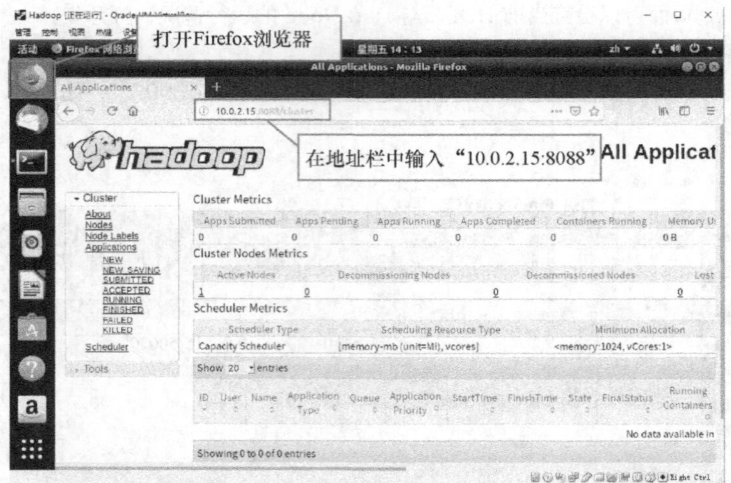

图 3.43 打开 YARN 的 Web 页面

10.0.2.15 为作者虚拟机的 IP 地址，读者应根据实际情况进行替换。

（2）单击 Nodes 链接，显示当前运行的节点。因为本章中安装的是伪分布式的 Hadoop，所以会看到当前只有一个节点，如图 3.44 所示。

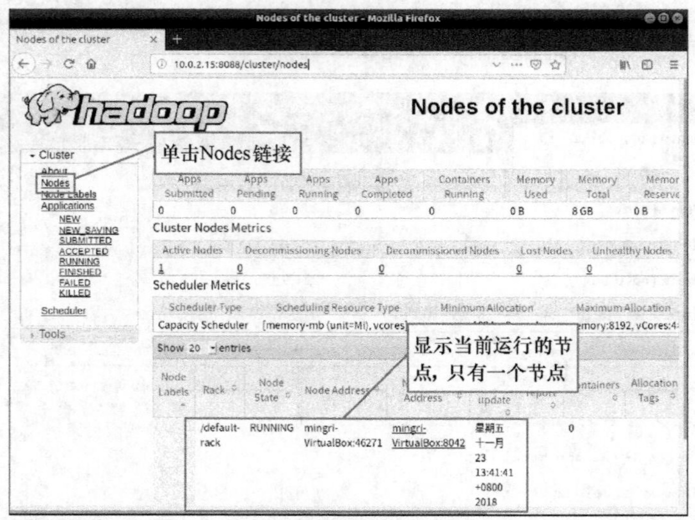

图 3.44 显示当前运行的节点

小 结

本章首先介绍了 JDK 与 SSH 的安装、环境配置；然后重点介绍了 Hadoop 的下载、安装与配置。其中，Hadoop 的安装模式为伪分布式，即 Hadoop 只管理一台主机。学习本章内容时，读者应该重点掌握如何配置 JDK、SSH 和 Hadoop。

习 题

3-1 如何检查系统是否安装 JDK?

3-2 为何配置 SSH 无密码登录?

3-3 在 Hadoop-env.sh 文件中要做出怎样的修改?

PART 04

第4章

Hadoop集群的搭建及配置

我们在上一章中安装了单节点的Hadoop，即只在一台计算机上运行的Hadoop。但是Hadoop最大的优势就是分布式集群计算，所以在生产环境下搭建的基本都是完全分布式Hadoop，即Hadoop集群。本章将介绍如何在多台计算机上安装配置Hadoop集群。

本章要点

- 集群中节点的规划及网络设置
- 设置 Master、Slave 服务器
- 复制虚拟机
- 启动和关闭 Hadoop 集群
- 验证 Hadoop 集群是否启动成功

4.1 Hadoop 集群中节点角色

Hadoop 集群中节点角色

Hadoop 集群中可以有成百上千个节点，但各个节点的角色，也就是说各节点的分工是怎样的呢？

可以从 3 个角度对 Hadoop 集群节点进行分类。

（1）基本角色划分：Hadoop 集群中有两大类角色，Master 和 Slave，即主和从。

（2）从 HDFS 的角度划分：将节点划分为一个 NameNode 和若干个 DataNode。其中 NameNode 作为主服务器，管理文件系统的命名空间和客户端对文件系统的访问操作；DataNode 管理存储的数据。

（3）从 YARN（MapReduce2）的角度划分：将节点划分为一个 Resource Manager 和若干个 Node Manager。Resource Manager 负责所有资源的监控、分配和管理；Node Manager 负责每一个节点的维护。

如果从 MapReduce 角度划分，可以将节点分为一个 JobTracker 和若干个 TaskTracker。主节点上的 JobTracker 负责调度构成一个作业的所有任务，这些任务分布在不同的从节点上。主节点监控它们的执行情况，并且重新执行之前的失败任务；从节点上的 TaskTracker 仅负责由主节点指派的任务。当一个 Job 被提交时，JobTracker 接收到提交作业和配置信息之后，就会将配置信息等分发给从节点，同时调度任务并监控 TaskTracker 的执行。

Hadoop 集群示意图如图 4.1 所示。

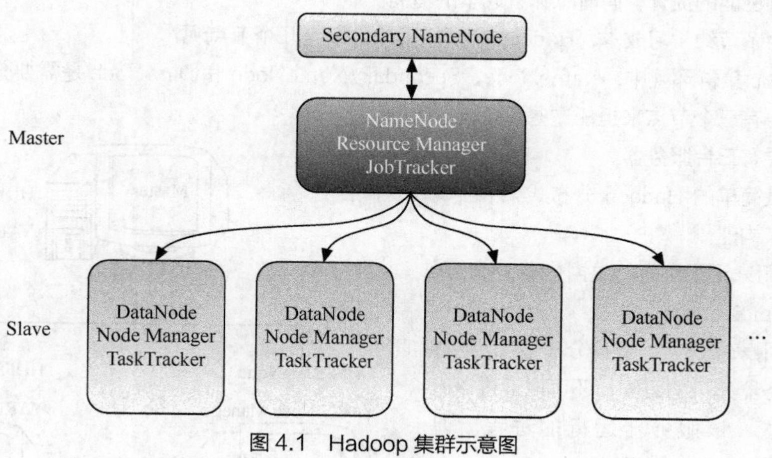

图 4.1　Hadoop 集群示意图

除了上面介绍的管理节点（主节点）NameNode 和工作节点 DataNode 以外，Hadoop 集群中还有工具节点和边缘节点。其中，工具节点主要用于运行非管理进程的其他进程，如 HMaster、Cloudera Manager、Hive Metastore 等；边缘节点用于集群中启动作业的客户端集群，边缘节点的数量取决于工作负载的类型和数量。

综上所述，Hadoop 集群的角色分配如图 4.2 所示。

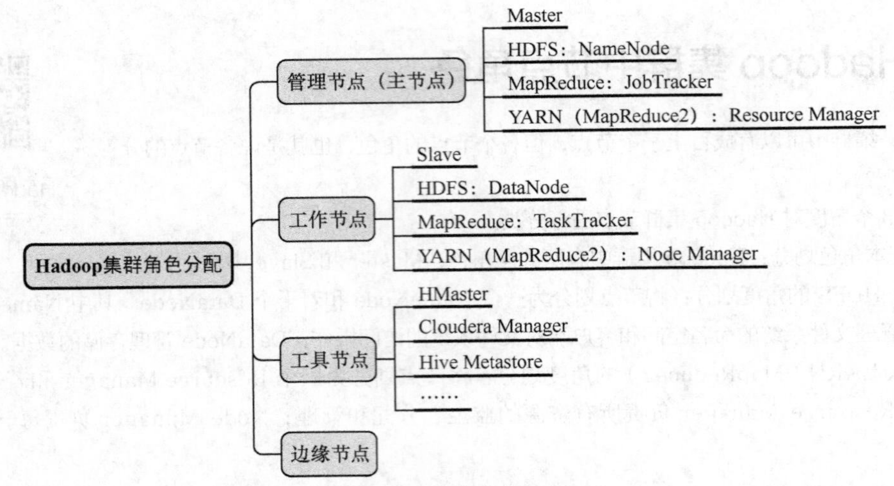

图 4.2　Hadoop 集群角色分配

4.2　设置集群前的准备工作

设置集群前的准备工作

4.2.1　集群中节点的规划

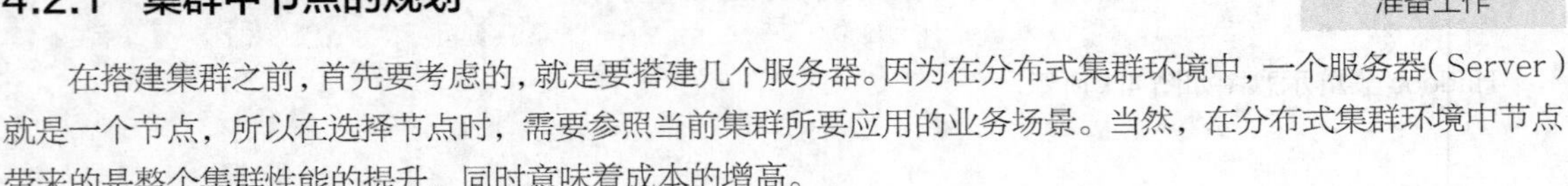

在搭建集群之前，首先要考虑的，就是要搭建几个服务器。因为在分布式集群环境中，一个服务器（Server）就是一个节点，所以在选择节点时，需要参照当前集群所要应用的业务场景。当然，在分布式集群环境中节点带来的是整个集群性能的提升，同时意味着成本的增高。

在练习中，为了节约学习成本，Hadoop 集群中最少可以有几个节点呢？

在一个 Hadoop 集群环境中，NameNode、SecondaryNameNode 和 DataNode 是需要分配在不同的节点上的，所以至少要有三个节点来担任这些角色，这也就意味至少需要有三台服务器。

所以，一个最简单的 Hadoop 分布式集群至少需要三台服务器来构建。

（1）第一台用来记录所有的数据分布情况，运行的进程就是 NameNode。

（2）第二台用来备份所有数据分布情况，这样在前面的那台服务器死机的时候，还可以通过该服务器来恢复数据，该服务器运行的进程就是 Secondary NameNode。

（3）第三台用来存储实际的数据，运行的进程就是 DataNode。

本书中的 Hadoop 集群规划如图 4.3 所示。

与图 4.3 对应的 Hadoop 集群规划说明如表 4.1 所示。

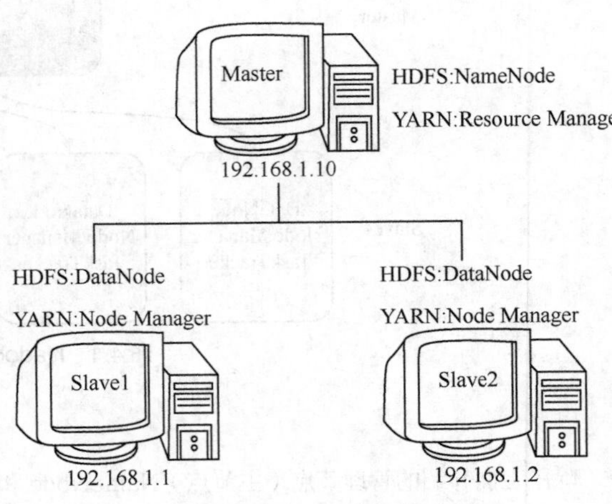

图 4.3　Hadoop 集群规划

表 4.1　Hadoop 集群规划说明

服务器名称	内部 IP	HDFS	YARN
master	192.168.1.10	NameNode	Resource Manager
slave1	192.168.1.1	DataNode	Node Manager
slave2	192.168.1.2	DataNode	Node Manager

由于要创建的集群中有 3 台服务器，因此必须有 3 台实体服务器才能建立，以发挥多台计算机并行处理的优势。

为了节约读者的学习成本，本书中使用 VirtualBox 创建 3 台虚拟机 master，slave1，slave2，使用虚拟机来模拟 Hadoop 集群。因为是虚拟主机，所以无法享受到多台计算机并行处理的优势。不过，在虚拟机上所做的配置操作，完全可以用在实体主机上。

4.2.2　设置网络

本书中设置的 Hadoop 集群中各服务器的网卡示意图如图 4.4 所示。

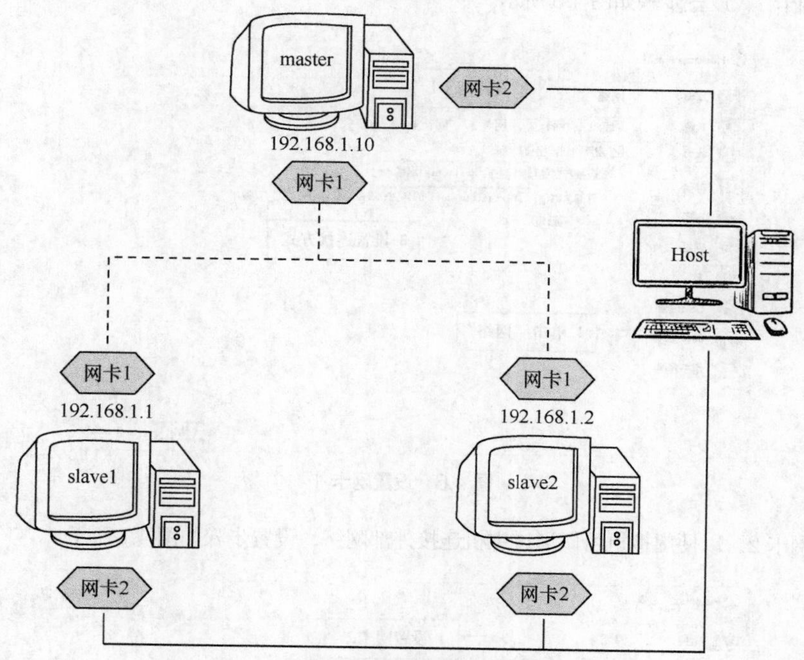

图 4.4　网卡示意图

图 4.4 中，最右侧的是主机，也就是安装 VirtualBox 的计算机，本书中的主机在 Windows 10 中安装的 VirtualBox 上创建 3 台虚拟机，分别是 master、slave1 和 slave2。每台虚拟机要设置 2 张网卡。其中，网卡 1 设置为“仅主机(Host-Only)网络”，用于创建内部网络（内部网络连接虚拟机 master、slave1、slave2 与主机）；网卡 2 设置为“桥接网卡”，可以通过主机连接外部网络。

设置网卡的步骤如下。

（1）在 VirtualBox 窗口中，打开虚拟机 Hadoop 的设置界面（虚拟机 Hadoop 即 Master 服务器），如图 4.5 所示。

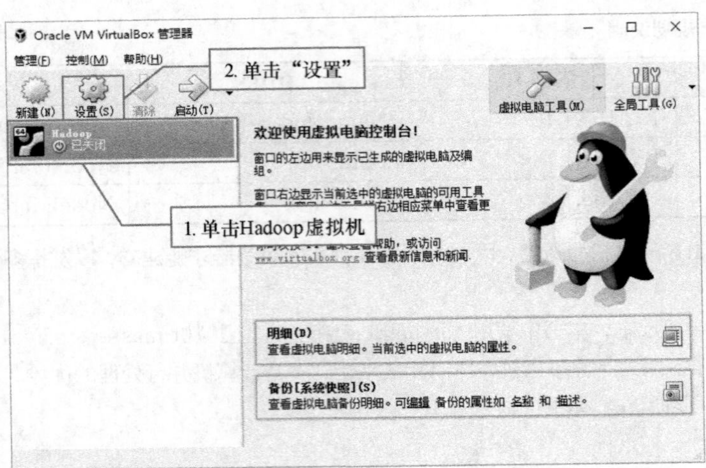

图 4.5　打开虚拟机 Hadoop 的设置界面

（2）设置网卡 1，设置步骤如图 4.6 所示。

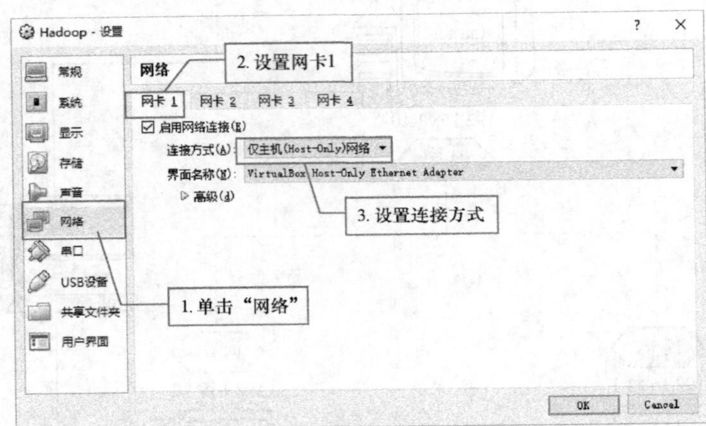

图 4.6　设置网卡 1

（3）设置网卡 2，以便虚拟机可以通过主机连接外部网络，设置步骤如图 4.7 所示。

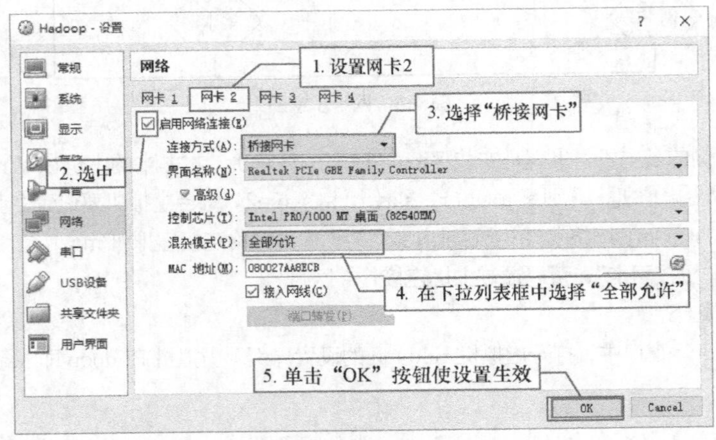

图 4.7　设置网卡 2

网络设置完成后，此虚拟机既可以连接其他虚拟机，也可以访问外部网络。

4.3　设置服务器

设置服务器

4.3.1　设置 Master 服务器

启动 Hadoop 虚拟机，此虚拟机是第 2 章中创建的，作为 Hadoop 集群中的 Master 服务器。Hadoop 虚拟机的主机名为 mingri-VirtualBox，IP 地址为 10.0.2.15，通过下面的步骤将 Master 服务器的主机名改为 master，IP 地址修改为 192.168.1.10。

1. 重命名虚拟机

Master 服务器所在的虚拟机的名称为 Hadoop，为了方便，将此虚拟机的名称改为 master，步骤如下。

（1）在 Hadoop 虚拟机名称上单击鼠标右键，在快捷菜单中选择“设置”。

（2）在“Hadoop–设置”对话框中，选择“常规”→“基本”，在“名称”后的文本框中，将“Hadoop”改为“master”，如图 4.8 所示。

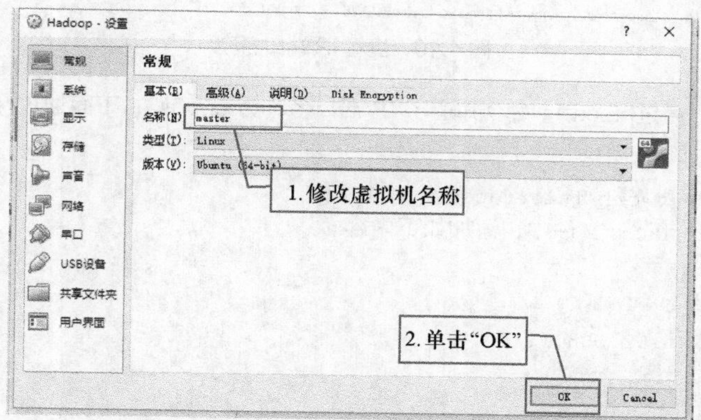

图 4.8　修改虚拟机名称

修改好的虚拟机名称如图 4.9 所示。

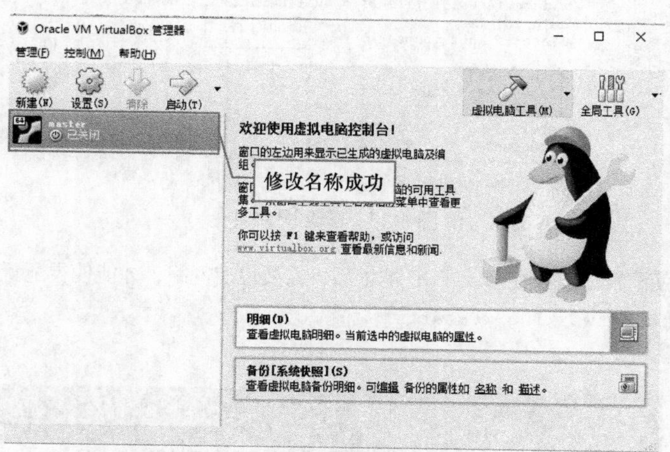

图 4.9　修改好的虚拟机名称

图 4.9 显示已经将 Master 服务器所在的虚拟机名称改为 master。

2. 修改 IP 地址

（1）查看 IP 端口名称。输入命令 ifconfig 来查看 IP 端口名称和当前的 IP 地址，代码如下。

```
ifconfig
```

结果如图 4.10 所示。

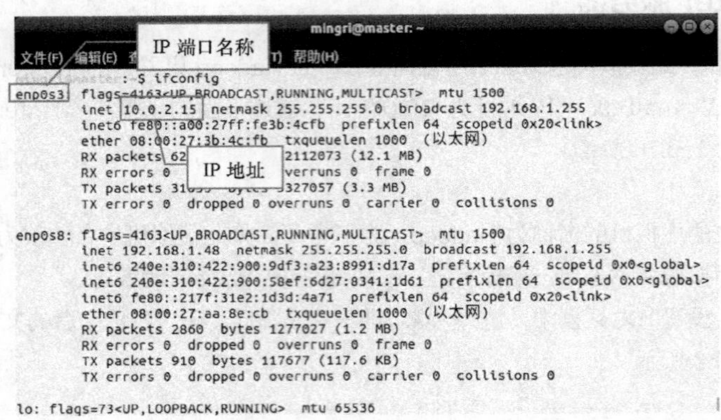

图 4.10　查看 IP 端口名称

（2）修改 IP 地址。通过 ifconfig 命令知道了 IP 端口名称为 enp0s3，下面通过/etc/network/interfaces 文件修改 IP 地址，代码如下。

```
sudo gedit /etc/network/interfaces
```

在/etc/network/interfaces 文件中，添加如下内容。

```
auto enp0s3
iface enp0s3 inet static
address          192.168.1.10
netmask       255.255.255.0
broadcast     192.168.1.255
```

设置自动启动 enp0s3 端口，并且将 IP 地址修改为 192.168.1.10，如图 4.11 所示。

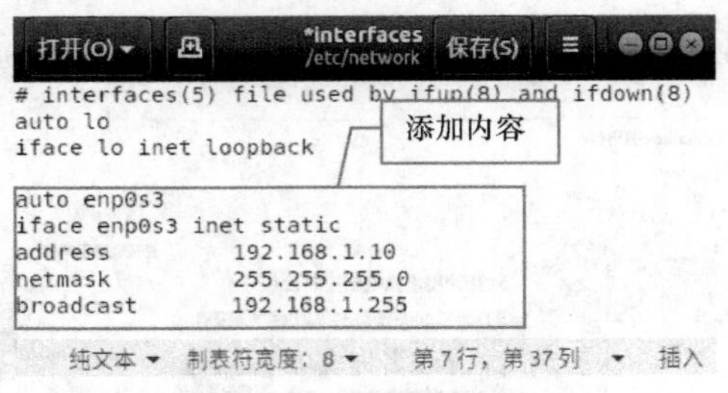

图 4.11　修改 IP 地址

（3）重启网络，使配置生效。在修改了 IP 地址后，需要重启网络，才能使得配置生效，代码如下。

```
sudo /etc/init.d/networking restart
```

执行结果如图 4.12 所示。

图 4.12　重启网络，使配置生效

（4）重启 master 虚拟机，验证 IP 地址是否修改成功。重启虚拟机之后，使用 ifconfig 命令验证 IP 地址是否修改成功，结果如图 4.13 所示。

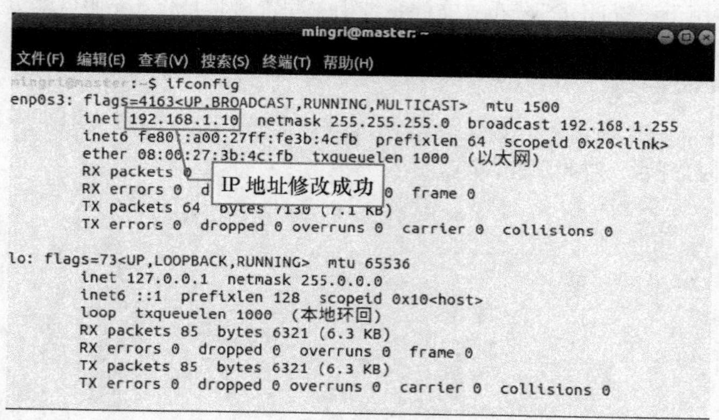

图 4.13　验证 IP 地址是否修改成功

通过图 4.13 可知，已经将 master 虚拟机的 IP 地址修改为 192.168.1.10。

3. 修改主机名

修改主机名的步骤如下。

（1）查看当前主机名，代码如下。

```
hostname
```

执行结果如图 4.14 所示。

图 4.14　查看当前主机名

（2）修改主机名，代码如下。

```
sudo gedit /etc/hostname
```

在打开的 etc/hostname 文件中，将“mingri-VirtualBox”修改为“master”，如图 4.15 所示。

图 4.15　修改主机名

（3）重启虚拟机，验证主机名是否修改成功。重启 master 虚拟机，输入 hostname 命令查看当前的主机名，结果如图 4.16 所示。

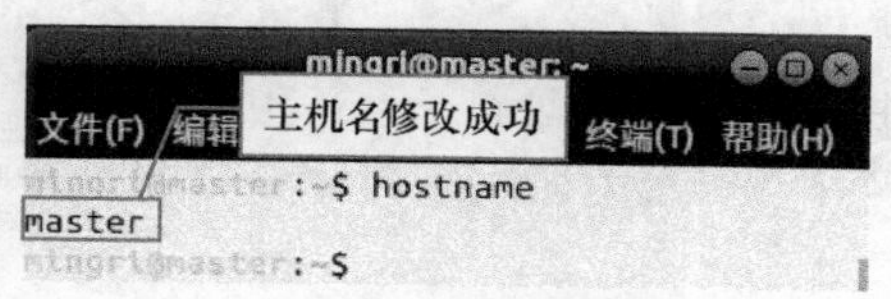

图 4.16　主机名修改成功

通过图 4.16 可知，当前的主机名已经修改为 master。

4. 修改 hdfs-site.xml 文件

hdfs-site.xml 文件用于设置 HDFS 分布式文件系统相关配置。因为 Master 服务器只是单纯的 NameNode，所以删除 DataNode 的 HDFS 设置，保留 NameNode 的 HDFS 设置。

在 master 的终端中输入命令。

```
sudo gedit./hadoop-3.1.1/etc/hadoop/hdfs-site.xml
```

hdfs-site.xml 文件打开后，对照下面代码，进行修改。

```
<configuration>
<property>
 <name>dfs.replication</name>
 <value>1</value>
</property>

<property>
 <name>dfs.namenode.name.dir</name>
 <value>file:///home/mingri/hadoop-3.1.1/hadoop_data/hdfs/namenode</value>
</property>

<property>
 <name>dfs.http.address</name>
 <value>master:50070</value>
</property>
</configuration>
```

我们在 3.4.2 小节中修改过 hdfs-site.xml 文件，在此基础上需要修改的地方如图 4.17 所示。

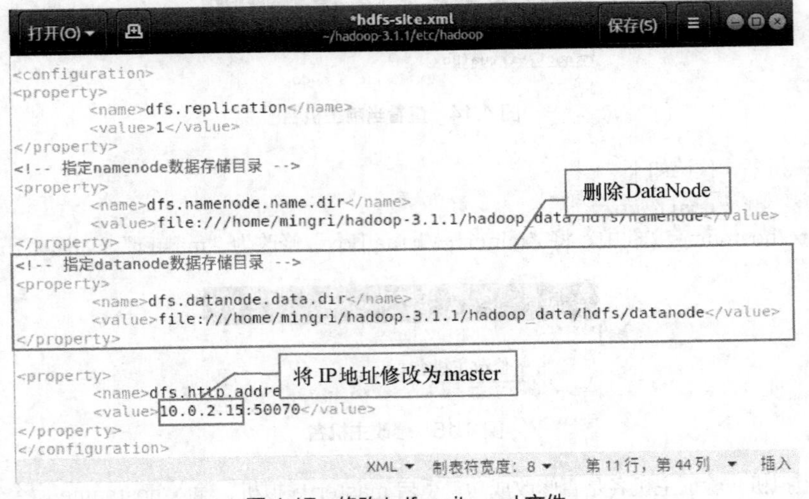

图 4.17　修改 hdfs-site.xml 文件

在配置文件中尽量使用主机名代替 IP 地址。

5. 修改 core-site.xml 文件

因为修改了 Master 服务器的 IP 地址和主机名，所以需要修改 core-site.xml 文件，将此文件中原本的 IP 地址改为主机名。

在 master 的终端中输入命令。

```
sudo gedit ./hadoop-3.1.1/etc/hadoop/core-site.xml
```

打开 core-site.xml 文件后，将原本的 IP 地址“10.0.2.15”，改为主机名“master”，如图 4.18 所示。

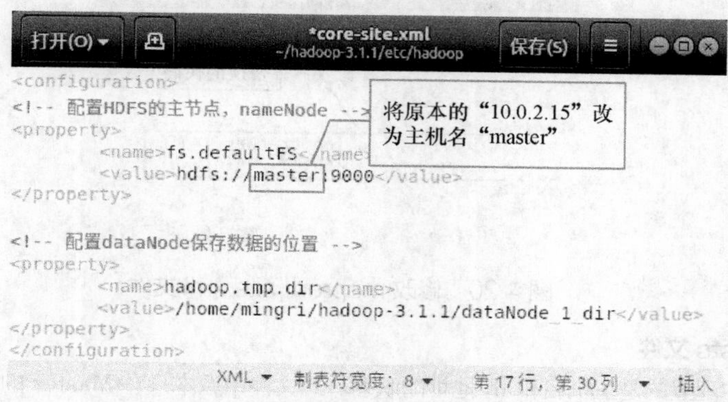

图 4.18 修改 core-site.xml 文件

文件保存之后，当使用程序存取 HDFS 时，会使用 hdfs://master:9000 来存取 HDFS。hadoop.tmp.dir 配置了 Hadoop 的临时文件的位置。

6. 修改 yarn-site.xml 文件

同样，修改 yarn-site.xml 文件中的 IP 地址，将此文件中原本的 IP 地址改为主机名。

在 master 的终端中输入命令。

```
sudo gedit ./hadoop-3.1.1/etc/hadoop/yarn-site.xml
```

yarn-site.xml 文件打开后，将原本的 IP 地址“10.0.2.15”，改为主机名“master“，如图 4.19 所示。

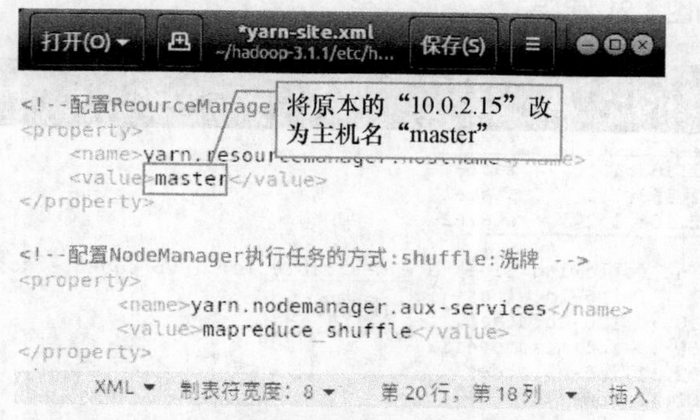

图 4.19 修改 yarn-site.xml 文件

7. 修改 mapred-site.xml 文件

mapred-site.xml 用于设置监控 Map 与 Reduce 程序的 JobTracker 任务分配情况，以及 TaskTracker 任务运行情况。

在 master 的终端中输入命令。

```
sudo gedit ./hadoop-3.1.1/etc/hadoop/mapred-site.xml
```

mapred-site.xml 文件打开后，参照下方代码对文件进行修改。

```
<property>
    <name>mapred.job.tracker</name>
    <value>master:54311</value>
</property>
```

修改完成后的 mapred-site.xml 文件内容如图 4.20 所示。

图 4.20　修改 mapred-site.xml 文件

8. 修改/etc/hosts 文件

/etc/hosts 文件中配置的是主机名和 IP 地址的映射。此文件中原本只有 Master 的主机名和 IP 地址，但是通过前面的步骤，已经对 Master 的主机名和 IP 地址都进行了修改。所以在此文件中，需要修改 Master 的主机名和 IP 地址，并将 Slave 的主机名和 IP 地址添加进去。

打开/etc/hosts 文件，命令如下。

```
sudo gedit /etc/hosts
```

读者根据自己所搭建集群的实际情况进行编辑。例如，本书有一个 Master 节点 master、两个 Slave 节点 slave1 和 slave2，需要将此三个节点的主机名和 IP 地址添加到文件中，则输入如下代码。

```
192.168.1.10  master
192.168.1.1   slave1
192.168.1.2   slave2
```

/etc/hosts 文件内容如图 4.21 所示。

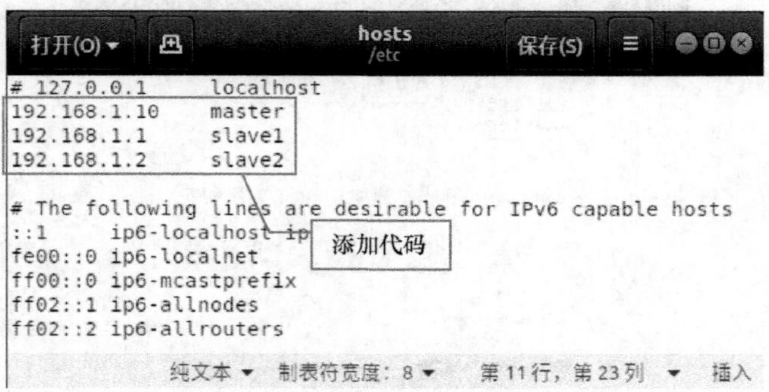

图 4.21　/etc/hosts 文件内容

9. 编辑 masters 文件

masters 文件用于告诉 Hadoop 系统，哪一台服务器是 NameNode。

在 master 的终端中输入下列命令，打开 masters 文件。

```
sudo gedit ./hadoop-3.1.1/etc/hadoop/masters
```

masters 文件打开后，里面并没有内容，将 Master 服务器的主机名 master 写进文件，如图 4.22 所示。

图 4.22　编辑 masters 文件

10. 编辑 workers 文件

workers 文件列出了 Hadoop 集群的 Slave 节点。该文件十分重要，因为在启动 Hadoop 的时候，系统会根据当前 workers 文件中 Slave 节点名称列表启动集群，不在列表中的 Slave 节点便不会被视为计算节点。

在第 3 版 Hadoop 之前，需要编辑的是 slaves 文件，在 slaves 文件中，添加 Slave 节点。本书安装的 Hadoop 版本为 Hadoop 3.1.1，为 Hadoop 的第 3 版，所以编辑的是 workers 文件，此为易错点！不修改 workers 文件的话，启动的 Hadoop 依然是伪分布式模式，即 master 节点上既运行 NameNode 又运行 DataNode。

打开 workers 文件，命令如下。

```
sudo gedit ./hadoop-3.1.1/etc/hadoop/workers
```

workers 文件打开后，将文件原本的内容 localhost 删掉，读者根据自己所搭建集群的实际情况进行编辑。例如，本书中两个 Slave 服务器的主机名分别为 slave1 和 slave2，所以应输入如下代码。

```
slave1
slave2
```

workers 文件内容如图 4.23 所示。

图 4.23　workers 文件内容

重新启动 master 虚拟机，使得上面的设置生效。

11. 删除临时文件夹

core-site.xml 文件中设置了临时文件夹./hadoop-3.1.1/dataNode_1_dir，需要将此文件夹删除，同时删除./hadoop-3.1.1/logs 文件夹，以免启动 Hadoop 时出错。

最简单的删除方法为：在 Hadoop 文件夹中找到 dataNode_1_dir 和 logs，选中并按 Delete 键。

4.3.2 复制虚拟机

目前 Master 服务器已经设置了集群的共同部分，为了节省安装时间，复制 master 到 slave1、slave2。

如果不想使用复制虚拟机的方法，也可以重复第 2 章和第 3 章的步骤来创建虚拟机 slave1、slave2。

在复制 master 到 slave1 与 slave2 之前，需要关闭 master 虚拟机。

（1）复制 master 到 slave1。打开 VirtualBox，用鼠标右键单击 master 虚拟机，在弹出的快捷菜单中选择“复制”，如图 4.24 所示。

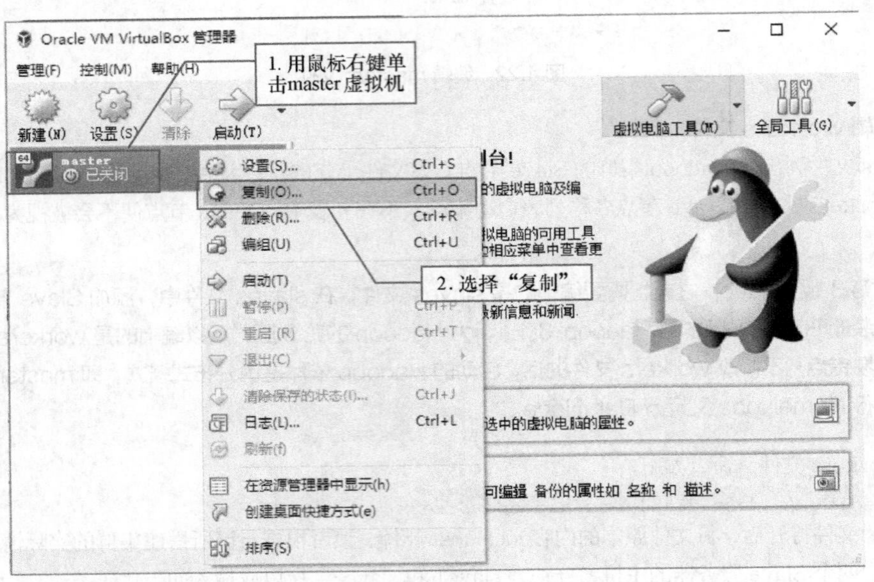

图 4.24　复制 master 到 slave1

（2）设置新虚拟机名称。在图 4.25 所示的对话框中输入新虚拟机的名称 slave1。然后单击“下一步”按钮。

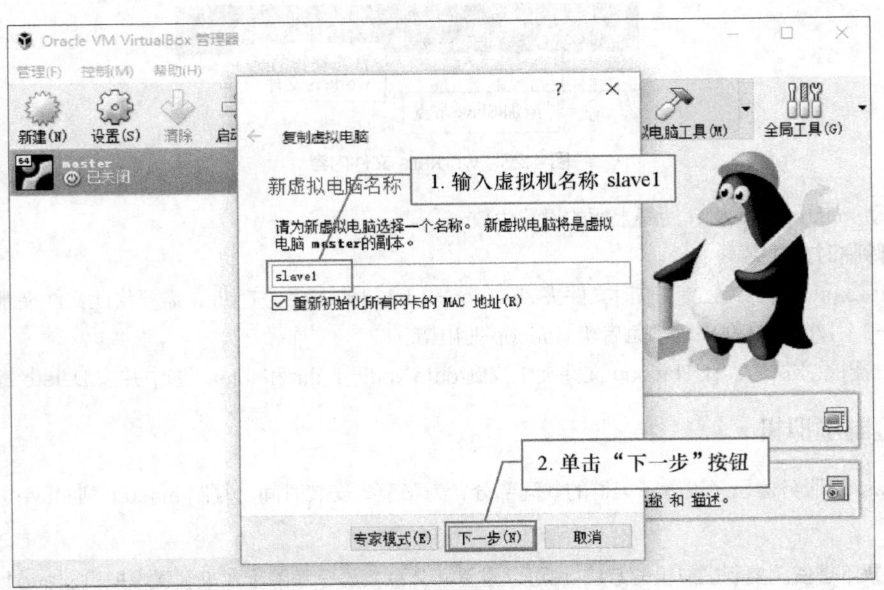

图 4.25　设置虚拟机名称

（3）设置复制类型。在图 4.26 所示的对话框中选中“完全复制”，然后单击“复制”按钮。随后出现图 4.27 所示的对话框，等待复制完成即可。

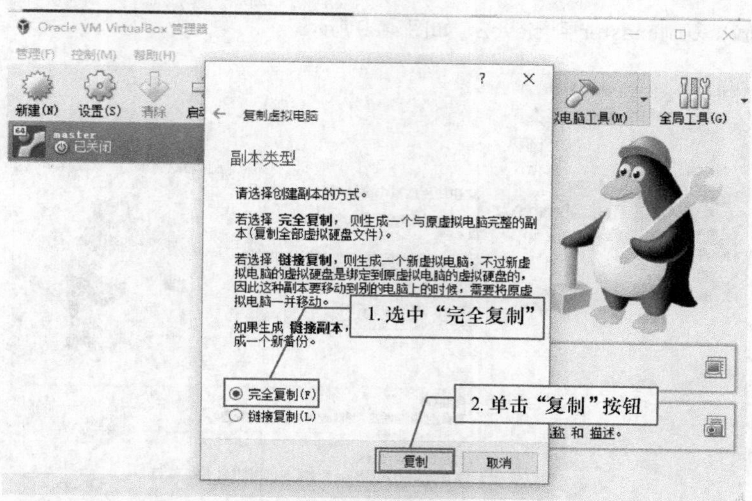

图 4.26　设置复制类型

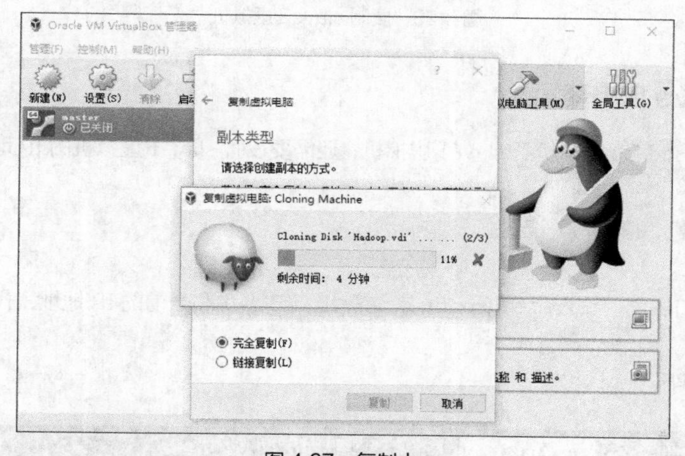

图 4.27　复制中

（4）复制完成。复制完成后，VirtualBox 窗口中出现 slave1 虚拟机，如图 4.28 所示。

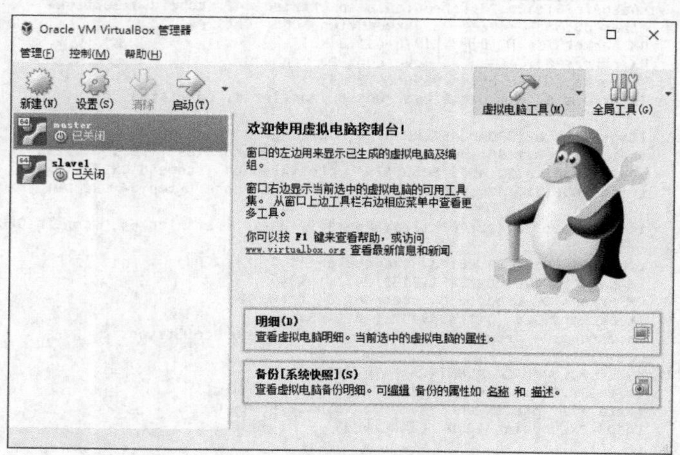

图 4.28　复制完成

按照相同的步骤，复制 master 到 slave2，如图 4.29 所示。

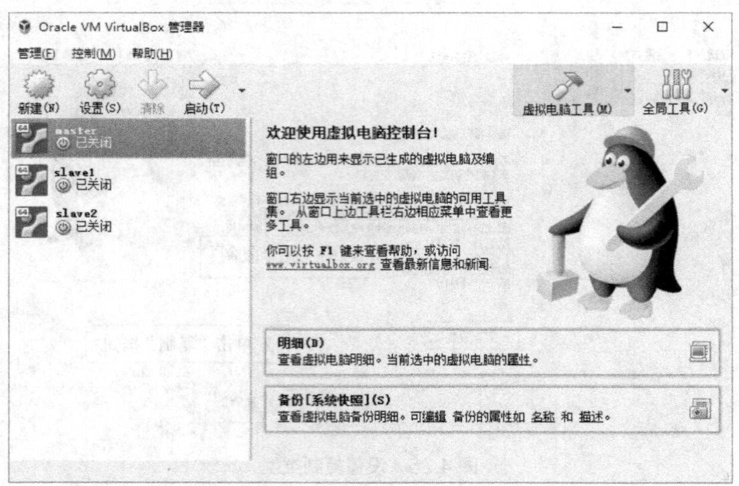

图 4.29　复制 slave2 虚拟机

4.3.3　设置 Slave 服务器

上一小节复制了 Hadoop 虚拟机到 slave1 虚拟机，还需要设置 slave1 虚拟机的 IP 地址和主机名，下面进行介绍。

启动 slave1 虚拟机，修改相关配置。

1. 修改 IP 地址

（1）查看 IP 端口名称。输入命令 ifconfig 来查看 IP 端口名称和当前的 IP 地址，代码如下。

```
ifconfig
```

结果如图 4.30 所示。

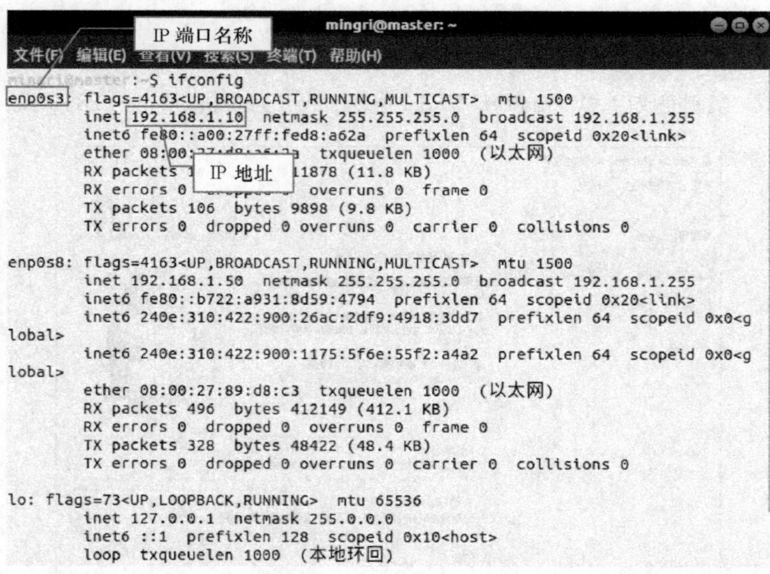

图 4.30　查看 IP 端口名称

（2）修改 IP 地址。通过 ifconfig 命令知道了 IP 端口名称为 enp0s3，下面通过/etc/network/interfaces 文件修改 IP 地址，代码如下。

```
sudo gedit /etc/network/interfaces
```

在/etc/network/interfaces 文件中，添加如下内容。

```
auto enp0s3
iface enp0s3 inet static
address        192.168.1.1
netmask        255.255.255.0
broadcast      192.168.1.255
```

设置自动启动 enp0s3 端口，并且将 IP 地址修改为 192.168.1.1，如图 4.31 所示。

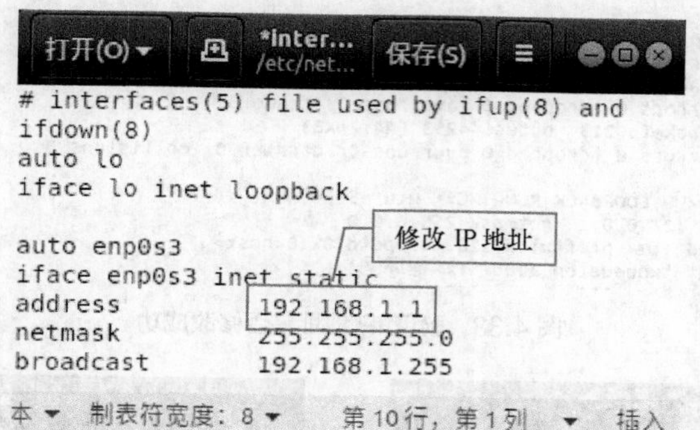

图 4.31　修改 IP 地址

（3）重启网络，使配置生效。在修改了 IP 地址后，需要重启网络，才能使配置生效，代码如下。

```
sudo /etc/init.d/networking restart
```

执行结果如图 4.32 所示。

图 4.32　重启网络，使配置生效

（4）重启 slave1 虚拟机，验证 IP 地址是否修改成功。重启虚拟机之后，使用 ifconfig 命令验证 IP 地址是否修改成功，结果如图 4.33 所示。

通过图 4.33 可知，已经将 slave1 虚拟机的 IP 地址修改为 192.168.1.1。按照同样的方法，将虚拟机 slave2 的 IP 地址修改为 192.168.1.2。

2. 修改主机名

修改主机名的步骤如下。

（1）查看当前主机名，代码如下。

```
hostname
```

执行结果如图 4.34 所示。

（2）修改主机名。从图 4.34 中可以看到，当前的主机名为 master，下面需要将主机名修改为 slave1，代码如下。

```
sudo gedit /etc/hostname
```

在打开的 etc/hostname 文件中，将“master”修改为“slave1”，如图 4.35 所示。

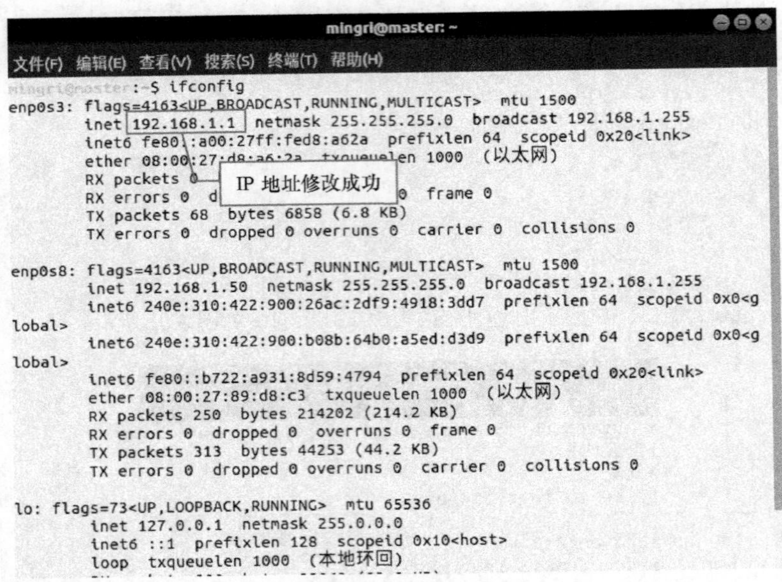

图 4.33　验证 IP 地址是否修改成功

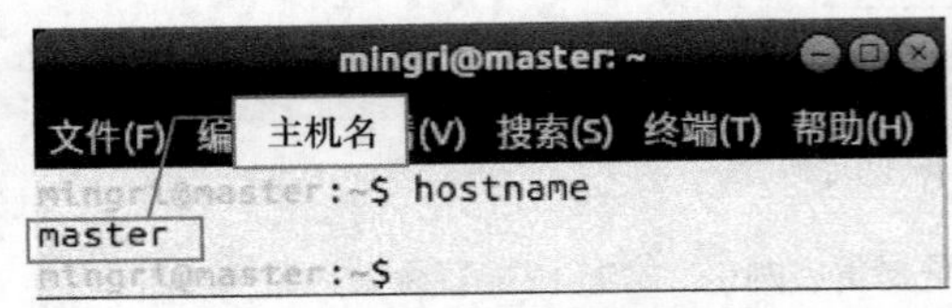

图 4.34　查看当前主机名

图 4.35　修改主机名

（3）重启虚拟机，验证主机名是否修改成功。重启 slave1 虚拟机之后，输入 hostname 命令查看当前的主机名，结果如图 4.36 所示。

图 4.36　主机名修改成功

通过图 4.36 可知，当前的主机名已经修改为 slave1。按照同样的步骤将虚拟机 slave2 的主机名修改为 slave2。

3. 修改 hdfs-site.xml 文件

hdfs-site.xml 文件用于 HDFS 分布式文件系统相关配置的设置。因为 Slave 服务器只是单纯的 DataNode，所以保留 DataNode 的 HDFS 设置。

在 slave1 的终端中输入如下命令。

```
sudo gedit ./hadoop-3.1.1/etc/hadoop/hdfs-site.xml
```

将 hdfs-site.xml 文件内容修改成图 4.37 所示内容。

按照同样的方法，修改 slave2 虚拟机的 hdfs-site.xml 文件。

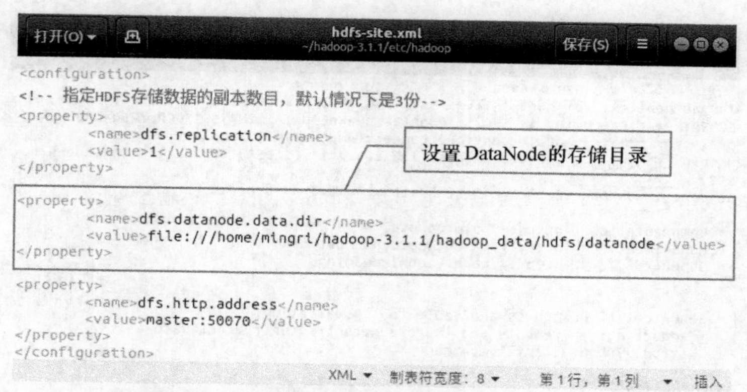


```
<configuration>
<!-- 指定HDFS存储数据的副本数目，默认情况下是3份-->
<property>
        <name>dfs.replication</name>
        <value>1</value>
</property>
<property>
        <name>dfs.datanode.data.dir</name>
        <value>file:///home/mingri/hadoop-3.1.1/hadoop_data/hdfs/datanode</value>
</property>
<property>
        <name>dfs.http.address</name>
        <value>master:50070</value>
</property>
</configuration>
```

图 4.37　修改 hdfs-site.xml 文件

4.3.4　设置 Master 服务器到 Slave 服务器的 SSH 无密码登录

在设置好了 Master 服务器与 Slave 服务器之后，接下来需要验证 Master 是否可以通过 SSH 无密码连接 Slave。步骤如下。

（1）启动 master、slave1 与 slave2，如图 4.38 所示。

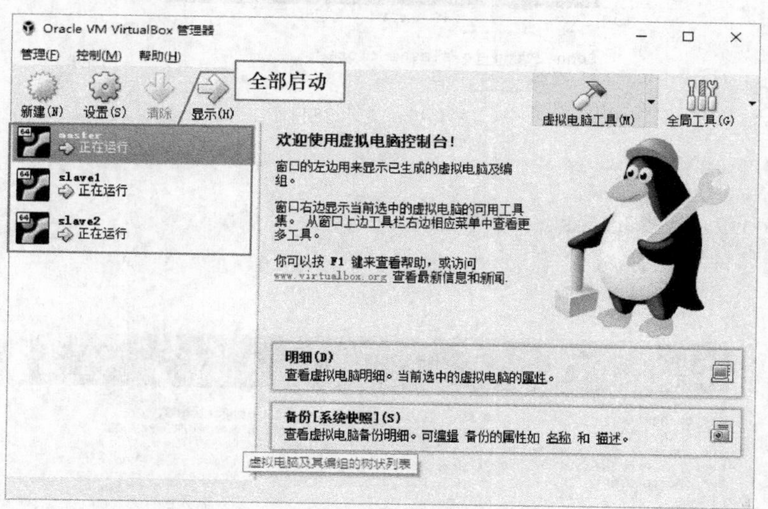

图 4.38　启动服务器

三个服务器全部启动，下面以 master 节点的终端通过 SSH 连接 slave1 节点为例进行讲解。

（2）连接到 slave1 节点。在 master 终端中输入如下命令。

```
ssh slave1
```

命令执行后，输入“yes”，就会连接 slave1，如图 4.39 所示。

在图 4.39 中，命令提示符原本是 mingri@master，连接 slave1 之后变成了 mingri@slave1，表示已经成功连接 slave1。

关闭 SSH，使用命令 exit，如图 4.40 所示。

可以看到，在中断了 master 与 slave1 的连接之后，命令提示符由 mingri@slave1 变成了 mingri@master，表示连接中断，回到了 master 虚拟机。

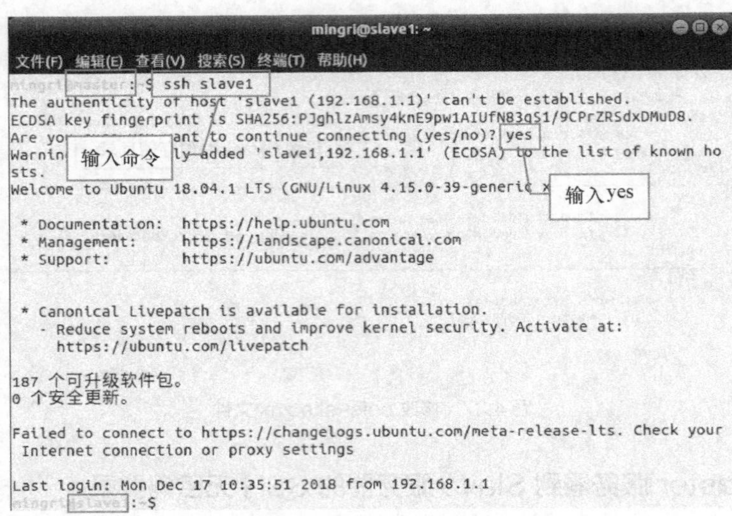

图 4.39　连接 slave1

图 4.40　关闭 SSH

同样，master 也能够连接 slave2，如图 4.41 所示。

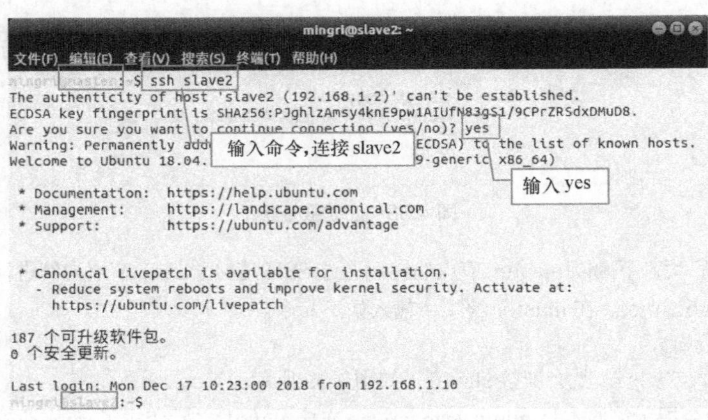

图 4.41　连接 slave2

4.3.5　格式化文件系统

格式化文件系统的内容在第 3 章中介绍过，在设置好了 Master 服务器和 Slave 服务器之后，由于需要部署 HDFS 文件系统，所以需要进行格式化。

在 Master 服务器的终端中，输入如下命令。

```
hdfs namenode -format
```

执行结果如图 4.42 所示。

```
mingri@master: ~
文件(F) 编辑(E) 查看(V) 搜索(S) 终端(T) 帮助(H)
ed
2018-12-21 16:06:24,470 INFO namenode.FSNamesystem: Retry cache will use 0.03 of tot
al heap and retry cache entry expiry time is 600000 millis
2018-12-21 16:06:24,473 INFO util.GSet: Computing capacity for map NameNodeRetryCach
e
2018-12-21 16:06:24,474 INFO util.GSet: VM type       = 64-bit
2018-12-21 16:06:24,474 INFO util.GSet: 0.029999999329447746% max memory 421.5 MB =
129.5 KB
2018-12-21 16:06:24,474 INFO util.GSet: capacity      = 2^14 = 16384 entries
2018-12-21 16:06:24,526 INFO namenode.FSImage: Allocated new BlockPoolId: BP-4647178
14-192.168.1.10-1545379584518
2018-12-21 16:06:24,558 INFO common.Storage: Storage directory /home/mingri/hadoop-3
.1.1/hadoop_data/hdfs/namenode has been successfully formatted.
2018-12-21 16:06:24,595 INFO namenode.FSImageFormatProtobuf: Saving image file /home
/mingri/hadoop-3.1.1/hadoop_data/hdfs/namenode/current/fsimage.ckpt_0000000000000000
000 using no compression
2018-12-21 16:06:24,717 INFO namenode.FSImageFormatPr[格式化成功]file /home/mingri
/hadoop-3.1.1/hadoop_data/hdfs/namenode/current/fsimag[...]0000000000000 of
size 391 bytes saved in 0 seconds .
2018-12-21 16:06:24,752 INFO namenode.NNStorageRetentionManager: Going to retain 1 i
mages with txid >= 0
2018-12-21 16:06:24,770 INFO namenode.NameNode: SHUTDOWN_MSG:
/************************************************************
SHUTDOWN_MSG: Shutting down NameNode at master/192.168.1.10
************************************************************/
```

图 4.42 格式化文件系统

出现图 4.42 所示的信息，则说明格式化成功。

4.4 启动和关闭 Hadoop 集群

启动和关闭
Hadoop 集群

4.4.1 启动和关闭 Hadoop 集群

1. 启动 Hadoop 集群

启动 Hadoop 集群的命令可以分为 start-dfs.sh 和 start-yarn.sh，分别用以启动 HDFS 文件系统和 YARN。也可以直接使用 start-all.sh 命令。

下面通过 start-all.sh 命令启动 Hadoop 集群，执行结果如图 4.43 所示。

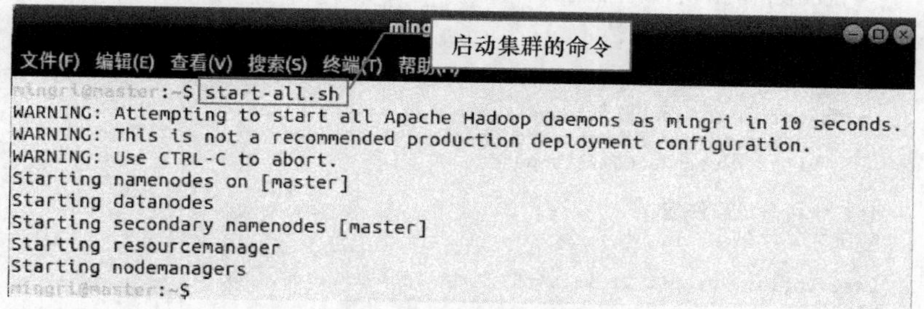

图 4.43 启动 Hadoop 集群

首次启动 Hadoop 时，需要进行格式化，下次启动时，则无须进行格式化，直接使用命令 start-all.sh 即可。

2. 关闭 Hadoop 集群

关闭 Hadoop 集群的命令为 stop-all.sh，执行结果如图 4.44 所示。

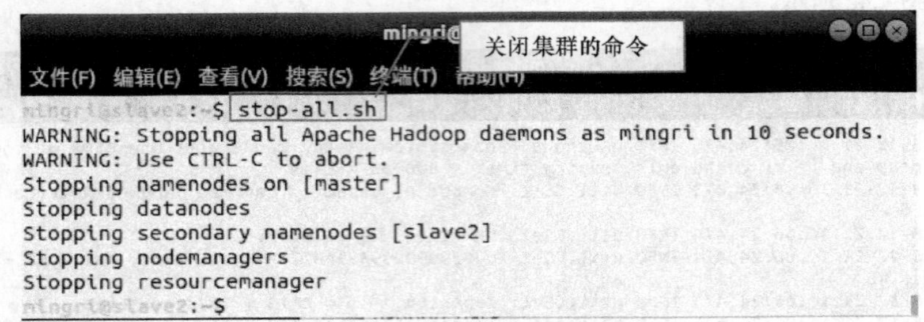

图 4.44　关闭 Hadoop 集群

4.4.2　验证 Hadoop 集群是否启动成功

可以通过 jps 命令查看 Hadoop 是否启动成功。

首先查看 Master 服务器，在 Master 服务器执行 jps 命令后，如果显示的结果是图 4.45 所示的四个进程的名称：ResourceManager、NameNode、Jps 和 SecondaryNameNode，则表示 Master 服务器启动成功。

图 4.45　Master 服务器上已启动的进程

下面查看 Slave 服务器的 Hadoop 是否启动成功。

通过 SSH 连接 slave1，然后查看 slave1 已启动的进程，结果如图 4.46 所示。

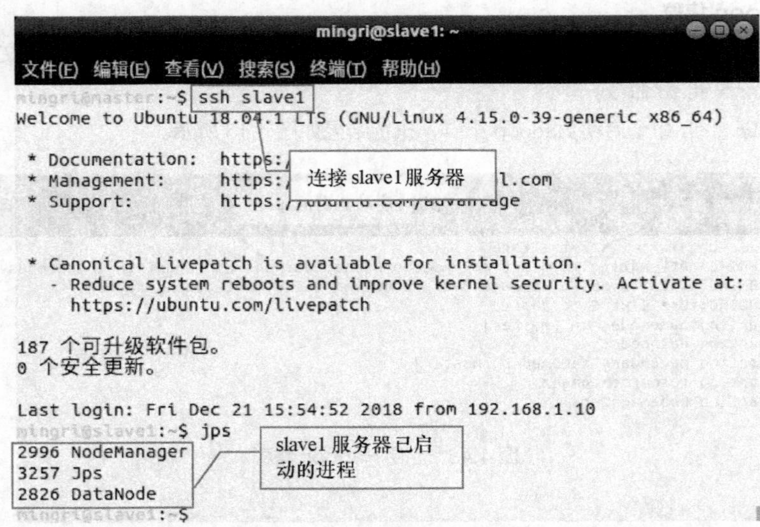

图 4.46　连接 slave1 服务器并查看已启动进程

从图 4.46 中可知，slave1 服务器开启了三个进程：NodeManager、Jps 和 DataNode，表明 slave1 服务器启动成功。

接下来再检查一下 slave2。首先使用 exit 命令断开 mater 与 slave1 的连接，然后连接 slave2，再使用 jps 命令查看已启动的进程，结果如图 4.47 所示。

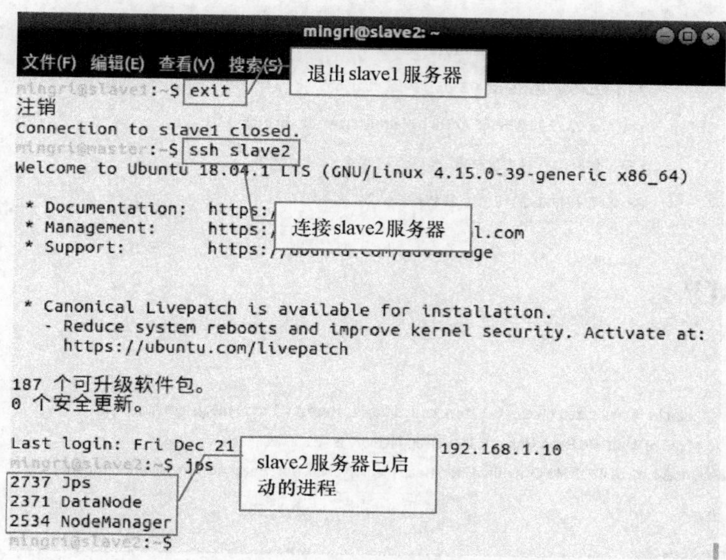

图 4.47 连接 slave2 服务器并查看已启动进程

从图 4.47 中可知，slave2 服务器同样开启了三个进程：NodeManager、Jps 和 DataNode，表明 slave2 服务器启动成功。

4.5 查看 Hadoop 集群的基本信息

查看 Hadoop 集群的基本信息

4.5.1 查看集群的 HDFS 信息

用户可以通过 HDFS 监控页面检查当前的 HDFS 与 DataNode 的运行情况。

打开 Master 节点的 Firefox 浏览器，在地址栏中输入“http://master:50070”，按 Enter 键即可看到 HDFS 的监控页面，如图 4.48 所示。

该页面提供了如下信息。

（1）Overview 记录了 NameNode 的启动时间、版本号、编译版本等基本信息。

（2）Summary 是集群信息，提供了当前集群环境的一些有用信息。从图 4.48 中可知所有 DataNode 节点的基本存储信息，如硬盘大小以及有多少被 HDFS 使用等，其中还标注了当前集群环境中 DataNode 的信息，对活动状态的 DataNode 也专门做了标记。

（3）NameNode Storage 提供了 NameNode 的信息，最后的 State 表示此节点为活动节点，可正常提供服务。

单击“Datanodes”，可以查看当前启动的 DataNode 个数，如图 4.49 所示。

Hadoop Overview Datanodes Datanode Volume Failures Snapshot Startup Progress Utilities

Overview 'master:9000' (active)

Started:	Mon Dec 24 14:35:20 +0800 2018
Version:	3.1.1, r2b9a8c1d3a2caf1e733d57f346af3ff0d5ba529c
Compiled:	Thu Aug 02 12:26:00 +0800 2018 by leftnoteasy from branch-3.1.1
Cluster ID:	CID-2bbf877b-f9f4-495c-aa87-ec17c5680d94
Block Pool ID:	BP-464717814-192.168.1.10-1545379584518

Summary

Security is off.

Safemode is off.

1 files and directories, 0 blocks (0 replicated blocks, 0 erasure coded block groups) = 1 total filesystem object(s).

Heap Memory used 26.41 MB of 41.29 MB Heap Memory. Max Heap Memory is 421.5 MB.

Non Heap Memory used 46.34 MB of 47.19 MB Commited Non Heap Memory. Max Non Heap Memory is <unbounded>.

Configured Capacity:	19.56 GB
Configured Remote Capacity:	0 B
DFS Used:	64 KB (0%)
Non DFS Used:	15.6 GB
DFS Remaining:	2.93 GB (14.96%)
Block Pool Used:	64 KB (0%)
DataNodes usages% (Min/Median/Max/stdDev):	0.00% / 0.00% / 0.00% / 0.00%
Live Nodes	2 (Decommissioned: 0, In Maintenance: 0)
Dead Nodes	0 (Decommissioned: 0, In Maintenance: 0)
Decommissioning Nodes	0
Entering Maintenance Nodes	0
Total Datanode Volume Failures	0 (0 B)
Number of Under-Replicated Blocks	0
Number of Blocks Pending Deletion	0
Block Deletion Start Time	Mon Dec 24 14:35:20 +0800 2018
Last Checkpoint Time	Mon Dec 24 14:35:27 +0800 2018

两个 live 节点

NameNode Storage

Storage Directory	Type	State
/home/mingri/hadoop-3.1.1/hadoop_data/hdfs/namenode	IMAGE_AND_EDITS	Active

图 4.48　HDFS 监控页面

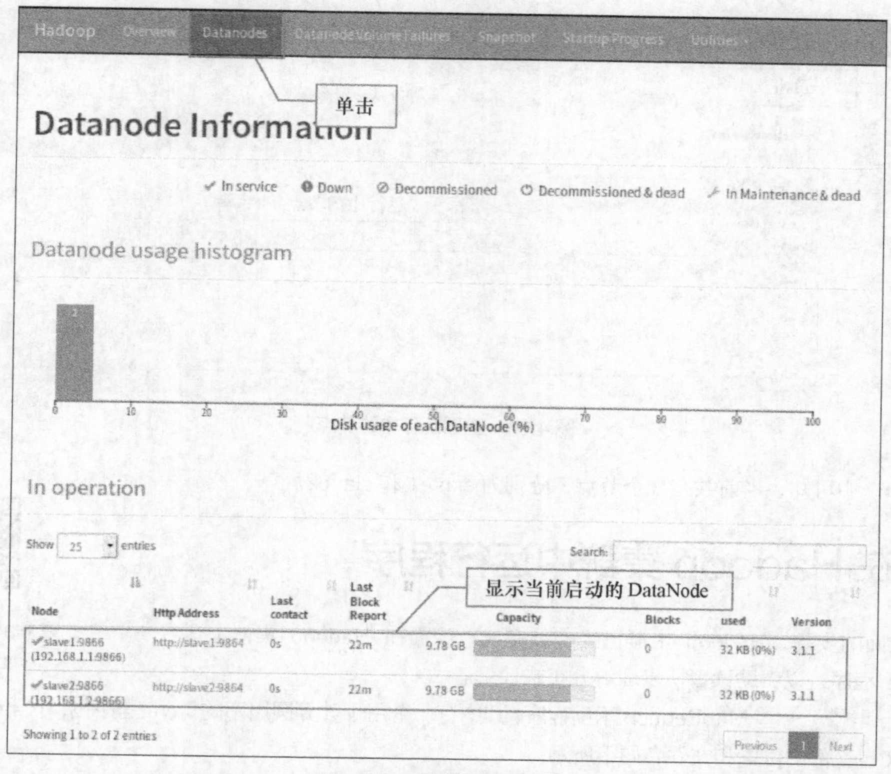

图 4.49　查看 DataNode

从图 4.49 中可以看到 DataNode 节点有 slave1 和 slave2。

4.5.2　查看集群的 YARN 信息

通过地址 http://master:8088，可以查看到 YARN 的监控页面。

打开 Master 节点的 Firefox 浏览器，在地址栏中输入“http://master: 8088”，按 Enter 键即可看到 YARN 的监控页面，如图 4.50 所示。

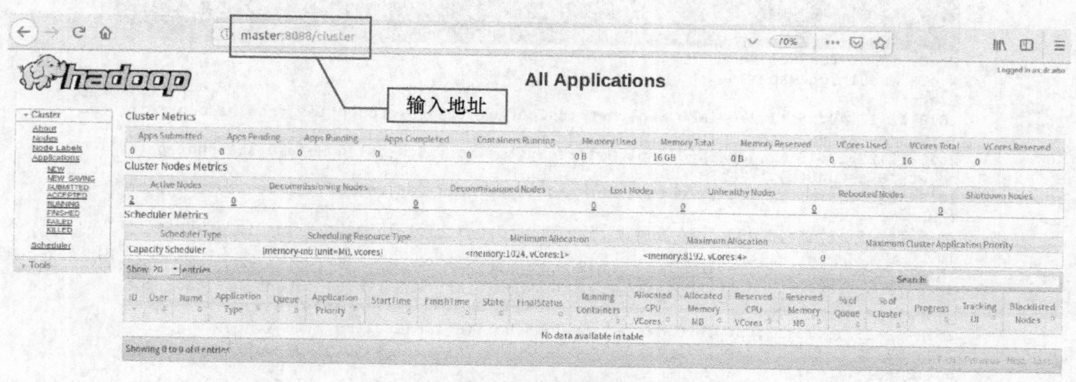

图 4.50　YARN 的监控页面

下面通过此页面查看运行中的节点。单击“Nodes”，显示运行中的节点，如图 4.51 所示。

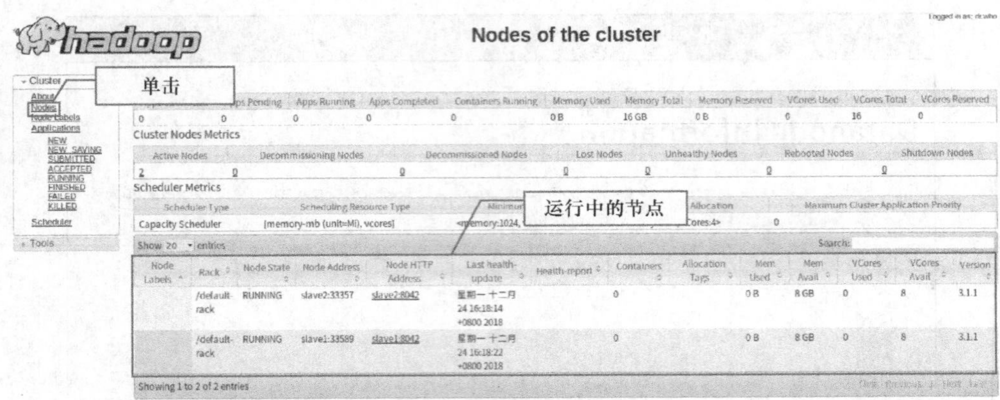

图 4.51　查看运行中的节点

从图 4.51 中可知，当前共有 2 个节点，分别为 slave1 和 slave2。

在 Hadoop 集群中运行程序

4.6　在 Hadoop 集群中运行程序

通过上面的步骤，Hadoop 集群已经安装完成。下面在 Hadoop 集群上运行一个 MapReduce 程序，以帮助读者初步理解分布式计算。

Hadoop 自带了一些 MapReduce 示例程序，其中有一个用于计算圆周率的 Java 程序包，下面运行此程序。该 JAR 包文件的位置和文件名如下所示。

```
./hadoop-3.1.1/share/hadoop/mapreduce/hadoop-mapreduce-examples-3.1.1.jar
```

在 Master 的终端输入如下命令。

```
hadoop jar ./hadoop-3.1.1/share/hadoop/mapreduce/hadoop-mapreduce-examples-3.1.1.jar pi 10 10
```

其中，pi 是类名，后面的两个 10 都是运行参数，第一个 10 表示 Map 次数，第二个 10 表示随机生成点的次数。

执行过程中出现图 4.52 所示的信息，则表明程序正常运行。

```
mingri@master: ~
文件(F) 编辑(E) 查看(V) 搜索(S) 终端(T) 帮助(H)
Wrote input for Map #8
Wrote input for Map #9
Starting Job
2018-12-25 13:15:12,279 INFO impl.MetricsConfig: loaded properties from hadoop-metrics2.properties
2018-12-25 13:15:12,486 INFO impl.MetricsSystemImpl: Scheduled Metric snapshot period at 10 second(s).
2018-12-25 13:15:12,486 INFO impl.MetricsSystemImpl: JobTracker metrics system started
2018-12-25 13:15:13,430 INFO input.FileInputFormat: Total input files to process : 10
2018-12-25 13:15:13,468 INFO mapreduce.JobSubmitter: number of splits:10
2018-12-25 13:15:13,990 INFO mapreduce.JobSubmitter: Submitting tokens for job: job_local554243772_0001
2018-12-25 13:15:13,991 INFO mapreduce.JobSubmitter: Executing with tokens: []
2018-12-25 13:15:14,254 INFO mapreduce.Job: The url to track the job: http://localhost:8080/
2018-12-25 13:15:14,259 INFO mapreduce.Job: Running job: job_local554243772_0001
2018-12-25 13:15:14,270 INFO mapred.LocalJobRunner: OutputCommitter set in config null
2018-12-25 13:15:14,303 INFO output.FileOutputCommitter: File Output Committer Algorithm version is 2
```

图 4.52　运行 hadoop-mapreduce-examples-3.1.1.jar 程序

程序执行结果如图 4.53 所示，可以看到，计算出来的 pi 值约等于 3.2。

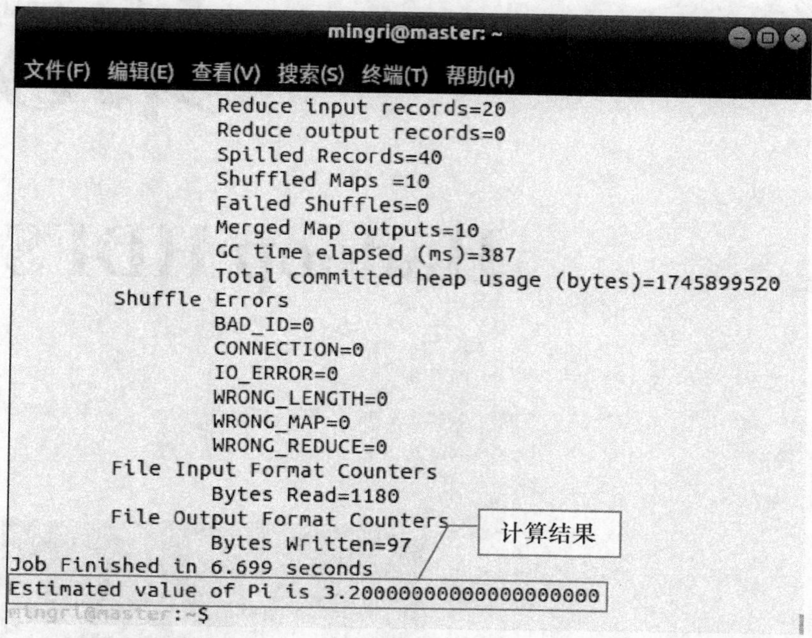

图 4.53　hadoop-mapreduce-examples-3.1.1.jar 程序的执行结果

执行 Hadoop MapReduce 程序，是验证 Hadoop 系统是否正常启动的最后一个环节。即使通过 jps 和 Web 方式验证了 Hadoop 集群系统已经启动，并且能够查看到状态信息，也不一定意味着系统可以正常工作。例如，当防火墙没有关闭时，MapReduce 程序不会成功执行。

小结

本章介绍了如何搭建 Hadoop 的集群，集群的搭建过程比较复杂，是本章的重点。集群搭建的关键步骤为：节点规划→设置网络→修改配置文件（难点！重点！）→复制虚拟机→格式化文件系统（第一次启动 Hadoop 时）→启动/关闭 Hadoop 集群。本章也介绍了通过 jps、Web 和执行 MapReduce 程序这三种方式验证 Hadoop 集群系统是否启动成功。

习题

4-1　如何格式化文件系统？

4-2　如何启动 Hadoop 集群？

4-3　如何关闭 Hadoop 集群？

PART05

第5章

Hadoop HDFS命令

与Linux命令类似，Hadoop集群中也有一些命令可便捷地操作文件或是目录，本章就来介绍这些HDFS命令。

本章要点

- HDFS命令的使用
- 创建与查看HDFS目录
- 本地计算机与HDFS之间的交互
- 复制与删除HDFS文件
- 查看HDFS文件内容

5.1 HDFS 常用命令总览

HDFS 常用命令总览

可以利用 HDFS 命令对 HDFS 进行操作。

HDFS 有很多用户接口，其中命令行是最基本的，也是所有开发者必须熟悉的。所有命令行均由 bin/hadoop 脚本引发，不指定参数运行 Hadoop 脚本将显示所有命令的描述。若要完全了解 Hadoop 命令，可输入“hadoop fs–help”查看所有命令的帮助文件。

HDFS 命令的格式如下。

```
hadoop fs -命令
```

下面介绍一些常用的 HDFS 命令，如表 5.1 所示。

表 5.1　常用 HDFS 命令

命　令	说　　明
hadoop fs –mkdir	创建 HDFS 目录
hadoop fs –ls	列出 HDFS 目录
hadoop fs –copyFromLocal	复制本地（local）文件到 HDFS
hadoop fs –put	复制本地（local）文件到 HDFS
hadoop fs –cat	列出 HDFS 目录下的文件内容
hadoop fs –copyToLocal	将 HDFS 上的文件复制到本地（local）
hadoop fs –get	将 HDFS 上的文件复制到本地（local）
hadoop fs –cp	复制 HDFS 文件
hadoop fs –rm	删除 HDFS 文件

5.2 创建与查看 HDFS 目录

创建与查看 HDFS 目录

5.2.1 创建 HDFS 目录

1. 创建 HDFS 目录

创建 HDFS 目录的命令如下。

```
hadoop fs -mkdir
```

在 Hadoop 上创建目录与在 Linux 上创建目录类似，根目录用“/”表示。

例如，创建 test 目录，打开 Master 节点的终端，输入如下命令。

```
hadoop fs -mkdir /test
```

例如，在 test 目录下创建 mingri 子目录，命令如下。

```
hadoop fs -mkdir /test/mingri
```

例如，在 mingri 目录下创建 demo 子目录，命令如下。

```
hadoop fs -mkdir /test/mingri/demo
```

执行结果如图 5.1 所示。

在使用 HDFS 命令之前，必须先启动 Hadoop 集群，且命令执行在 Master 节点的终端上。

在创建/test/mingri 目录之前，必须先创建 test 目录，不能直接使用 hadoop fs -mkdir /test/mingri 命令创建 mingri 目录。

```
mingri@master: ~
文件(F) 编辑(E) 查看(V) 搜索(S) 终端(T) 帮助(H)
mingri@master:~$ hadoop fs -mkdir /test
mingri@master:~$ hadoop fs -mkdir /test/mingri
mingri@master:~$ hadoop fs -mkdir /test/mingri/demo
mingri@master:~$
```

图 5.1　创建 HDFS 目录

2. 创建多级 HDFS 目录

当创建目录时，如果要逐级地创建也很麻烦，所以 HDFS 提供了-p 选项，可以帮助用户一次创建多级目录。

例如，创建多级目录/dir1/dir2/dir3 的命令如下。

```
hadoop fs -mkdir -p /dir1/dir2/dir3
```

执行结果如图 5.2 所示。

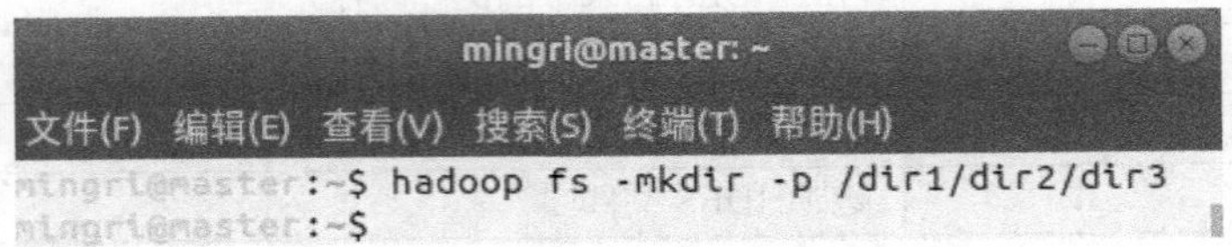

图 5.2　创建多级 HDFS 目录

当在 hadoop fs -mkdir 命令后使用-p 选项时，多级目录可以不事先创建。例如，hadoop fs -mkdir -p /dir1/dir2/dir3，dir1 目录可以不存在。

5.2.2　查看 HDFS 目录

与 Linux 的 ls 命令类似，Hadoop 也有查看文件列表的命令，命令如下。

```
hadoop fs -ls <args>
```

其中，<args>为可选参数。下面介绍查看命令的常见用法。

1. 查看目录

查看上面创建的 test 目录，命令如下。

```
hadoop fs -ls /test
```

执行结果如图 5.3 所示。

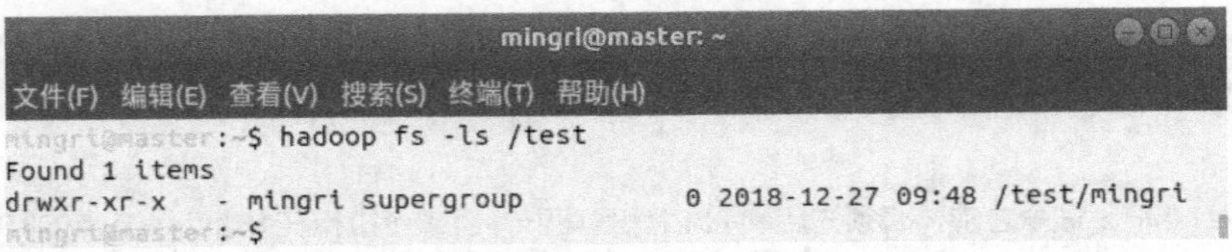

```
mingri@master: ~
文件(F) 编辑(E) 查看(V) 搜索(S) 终端(T) 帮助(H)
mingri@master:~$ hadoop fs -ls /test
Found 1 items
drwxr-xr-x   - mingri supergroup          0 2018-12-27 09:48 /test/mingri
mingri@master:~$
```

图 5.3　查看 HDFS 目录

通过图 5.3 所示的执行结果可以看到 test 目录下的子目录和文件，如子目录 mingri。

2. 查看根目录

根目录是用“/”表示的，查看根目录的命令如下。

```
hadoop fs -ls /
```

执行结果如图 5.4 所示。

图 5.4　查看根目录

上述命令用来显示根目录下的子目录和文件。5.2.1 小节创建了 dir1 和 test 目录，除了用户自己创建的目录以外，系统在安装的时候也已经创建了 user 目录，user 目录与用户自己创建的目录具有相同的权限。

3. 查看所有子目录

参数-R 可用于查看所有 HDFS 子目录，R 代表递归（Recursive），命令如下。

```
hadoop fs -ls -R /
```

执行结果如图 5.5 所示。

```
mingri@master: ~
文件(F) 编辑(E) 查看(V) 搜索(S) 终端(T) 帮助(H)
mingri@master:~$ hadoop fs -ls -R /
drwxr-xr-x   - mingri supergroup          0 2018-12-28 09:25 /dir1
drwxr-xr-x   - mingri supergroup          0 2018-12-28 09:25 /dir1/dir2
drwxr-xr-x   - mingri supergroup          0 2018-12-28 09:25 /dir1/dir2/dir3
drwxr-xr-x   - mingri supergroup          0 2018-12-27 09:48 /test
drwxr-xr-x   - mingri supergroup          0 2018-12-27 09:48 /test/mingri
drwxr-xr-x   - mingri supergroup          0 2018-12-27 09:48 /test/mingri/demo
drwxr-xr-x   - mingri supergroup          0 2018-12-25 13:15 /user
drwxr-xr-x   - mingri supergroup          0 2018-12-25 13:15 /user/mingri
mingri@master:~$
```

图 5.5　查看所有子目录

使用 hadoop fs -ls -R /命令，可以一次性列出所有 HDFS 子目录。

5.3　本地计算机和 HDFS 之间的文件复制

本地计算机和 HDFS 之间的文件复制

5.3.1　从本地计算机复制文件到 HDFS

1. 复制文件

从本地计算机（Linux 虚拟机）复制文件到 HDFS，也可称为上传文件到 HDFS。

有两种命令可以使用，一种是 hadoop fs -put，另一种是 hadoop fs –copyFromLocal。

在 Master 节点的终端输入如下命令。

```
hadoop fs -put /home/mingri/readme.txt /test/readme.txt
```

执行结果如图 5.6 所示。

图 5.6　将本地的 readme.txt 文件上传到 HDFS

本段代码可以实现将本地 Linux 用户 mingri 的文件/home/mingri/readme.txt 上传到 HDFS 的/test 下，文件名保持为 readme.txt。也可以在复制的时候重命名文件，或不写复制的文件名，直接写要复制到的路径以下代码表示文件名保存不变。

```
hadoop fs -put /home/mingri/readme.txt /test
```

在上传文件时，/home/mingri/readme.txt 文件必须存在。

查看复制的文件，命令如下。

```
hadoop fs -ls /test
```

执行结果如图 5.7 所示。

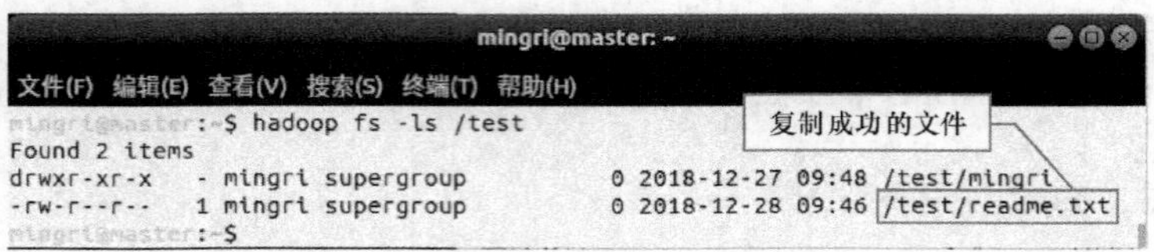

图 5.7　查看复制到 HDFS 的文件

使用 hadoop fs -copyFromLocal /home/mingri/readme.txt /test/readme.txt 也可实现上传文件的功能。

2. 强制复制文件

当复制本地文件至 HDFS 目录时，如果文件已经存在，系统会提示“File exists”，即文件已经存在，将不会复制，如图 5.8 所示。

图 5.8　文件已存在，不能复制

当文件已经存在时，可以使用-f（强制）选项，进行强制复制，命令如下。

```
hadoop fs -put -f /home/mingri/readme.txt /test/readme.txt
```

强制复制本地文件/home/mingri/readme.txt 到 HDFS 目录/test/readme.txt，执行结果如图 5.9 所示。

图 5.9　强制复制文件到 HDFS

3. 复制多个文件

可以一次复制多个本地文件到 HDFS 目录，在下面的例子中，将实现复制/home/mingri/ aaa.dat 和/home/mingri/bbb.dat 这两个文件到/test 目录。

```
hadoop fs -put /home/mingri/aaa.dat /home/mingri/bbb.dat /test
```

执行结果如图 5.10 所示。

图 5.10　复制多个文件

从图 5.10 中可以看到，在/test 目录中，多了已复制成功的 aaa.bat 和 bbb.bat 文件。

4．复制目录

除了可以复制文件外，还可以复制目录。

例如，将本地的目录./ hadoop-3.1.1/etc 复制到 HDFS 目录/test，命令如下。

```
hadoop fs -put ./hadoop-3.1.1/etc /test
```

执行结果如图 5.11 所示。

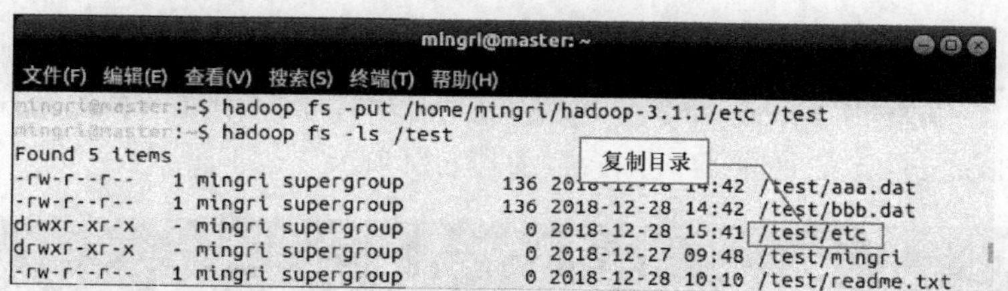

图 5.11　复制目录

从图 5.11 中，只看到了 etc 的目录名称，还可以使用以下命令，来列出 HDFS 目录/test/etc 下的所有文件。

```
hadoop fs -ls -R /test/etc
```

执行结果如图 5.12 所示。

```
mingri@master: ~
文件(F) 编辑(E) 查看(V) 搜索(S) 终端(T) 帮助(H)
mingri@master:~$ hadoop fs -ls -R /test/etc
drwxr-xr-x   - mingri supergroup          0 2018-12-28 15:41 /test/etc/hadoop
-rw-r--r--   1 mingri supergroup       8260 2018-12-28 15:41 /test/etc/hadoop/capacity-scheduler.xml
-rw-r--r--   1 mingri supergroup       1335 2018-12-28 15:41 /test/etc/hadoop/configuration.xsl
-rw-r--r--   1 mingri supergroup       1867 2018-12-28 15:41 /test/etc/hadoop/container-executor.cfg
-rw-r--r--   1 mingri supergroup       1057 2018-12-28 15:41 /test/etc/hadoop/core-site.xml
-rw-r--r--   1 mingri su                        -28 15:41 /test/etc/hadoop/hadoop-env.cmd
-rw-r--r--   1 mingri su                        -28 15:41 /test/etc/hadoop/hadoop-env.sh
-rw-r--r--   1 mingri supergroup                -28 15:41 /test/etc/hadoop/hadoop-metrics2.properties
-rw-r--r--   1 mingri supergroup      10431 2018-12-28 15:41 /test/etc/hadoop/hadoop-policy.xml
-rw-r--r--   1 mingri supergroup       3414 2018-12-28 15:41 /test/etc/hadoop/hadoop-user-functions.sh.example
-rw-r--r--   1 mingri supergroup       1135 2018-12-28 15:41 /test/etc/hadoop/hdfs-site.xml
-rw-r--r--   1 mingri supergroup       1484 2018-12-28 15:41 /test/etc/hadoop/httpfs-env.sh
-rw-r--r--   1 mingri supergroup       1657 2018-12-28 15:41 /test/etc/hadoop/httpfs-log4j.properties
-rw-r--r--   1 mingri supergroup         21 2018-12-28 15:41 /test/etc/hadoop/httpfs-signature.secret
-rw-r--r--   1 mingri supergroup        620 2018-12-28 15:41 /test/etc/hadoop/httpfs-site.xml
-rw-r--r--   1 mingri supergroup       3518 2018-12-28 15:41 /test/etc/hadoop/kms-acls.xml
-rw-r--r--   1 mingri supergroup       1351 2018-12-28 15:41 /test/etc/hadoop/kms-env.sh
-rw-r--r--   1 mingri supergroup       1747 2018-12-28 15:41 /test/etc/hadoop/kms-log4j.properties
-rw-r--r--   1 mingri supergroup        682 2018-12-28 15:41 /test/etc/hadoop/kms-site.xml
-rw-r--r--   1 mingri supergroup      13326 2018-12-28 15:41 /test/etc/hadoop/log4j.properties
-rw-r--r--   1 mingri supergroup        951 2018-12-28 15:41 /test/etc/hadoop/mapred-env.cmd
-rw-r--r--   1 mingri supergroup       1764 2018-12-28 15:41 /test/etc/hadoop/mapred-env.sh
-rw-r--r--   1 mingri supergroup       4113 2018-12-28 15:41 /test/etc/hadoop/mapred-queues.xml.template
-rw-r--r--   1 mingri supergroup        842 2018-12-28 15:41 /test/etc/hadoop/mapred-site.xml
-rw-r--r--   1 mingri supergroup          7 2018-12-28 15:41 /test/etc/hadoop/masters
drwxr-xr-x   - mingri supergroup          0 2018-12-28 15:41 /test/etc/hadoop/shellprofile.d
-rw-r--r--   1 mingri supergroup       3880 2018-12-28 15:41 /test/etc/hadoop/shellprofile.d/example.sh
-rw-r--r--   1 mingri supergroup         15 2018-12-28 15:41 /test/etc/hadoop/slaves
-rw-r--r--   1 mingri supergroup       2316 2018-12-28 15:41 /test/etc/hadoop/ssl-client.xml.example
-rw-r--r--   1 mingri supergroup       2697 2018-12-28 15:41 /test/etc/hadoop/ssl-server.xml.example
-rw-r--r--   1 mingri supergroup       2642 2018-12-28 15:41 /test/etc/hadoop/user_ec_policies.xml.template
-rw-r--r--   1 mingri supergroup         14 2018-12-28 15:41 /test/etc/hadoop/workers
-rw-r--r--   1 mingri supergroup       2250 2018-12-28 15:41 /test/etc/hadoop/yarn-env.cmd
-rw-r--r--   1 mingri supergroup       6056 2018-12-28 15:41 /test/etc/hadoop/yarn-env.sh
-rw-r--r--   1 mingri supergroup       1089 2018-12-28 15:41 /test/etc/hadoop/yarn-site.xml
-rw-r--r--   1 mingri supergroup       2591 2018-12-28 15:41 /test/etc/hadoop/yarnservice-log4j.properties
```

etc 目录下的所有文件

图 5.12　查看 etc 目录下的所有文件

5. 复制并输入

在复制目录时使用的是-put 选项，还可以使用-copyFromLocal 选项。两者的不同之处是-put 选项接受 stdin（标准输入）。下面看两个使用-put 选项接受 stdin 的例子。

（1）将原本显示在屏幕上的内容存储到 HDFS 的文件中，命令如下。

```
echo abc | hadoop fs -put - /test/echoin.txt
```

其中 echo abc 原本是要指定显示在屏幕上的内容 abc，现在通过符号“|”（pipe 管道）传递给 hadoop 命令，并且存储到 HDFS 目录下的文件 echoin.txt 中。

列出/test/echoin.txt 文件的内容，执行结果如图 5.13 所示。

图 5.13　显示文件内容

（2）将本地目录的列表存储到 HDFS 的文件中，命令如下。

```
ls ./hadoop-3.1.1/etc/hadoop | hadoop fs -put - /test/hadoopetc.txt
```

其中 ls ./hadoop-3.1.1/etc/hadoop 命令会把本地目录./hadoop-3.1.1/etc/hadoop 的列表显示在屏幕上，但是通过后面的“|”传递给了 hadoop 命令，所以最后会存储到 HDFS 目录下的 hadooplist.txt 文件中。

列出/test/hadoopetc.txt 文件的内容，执行结果如图 5.14 所示。

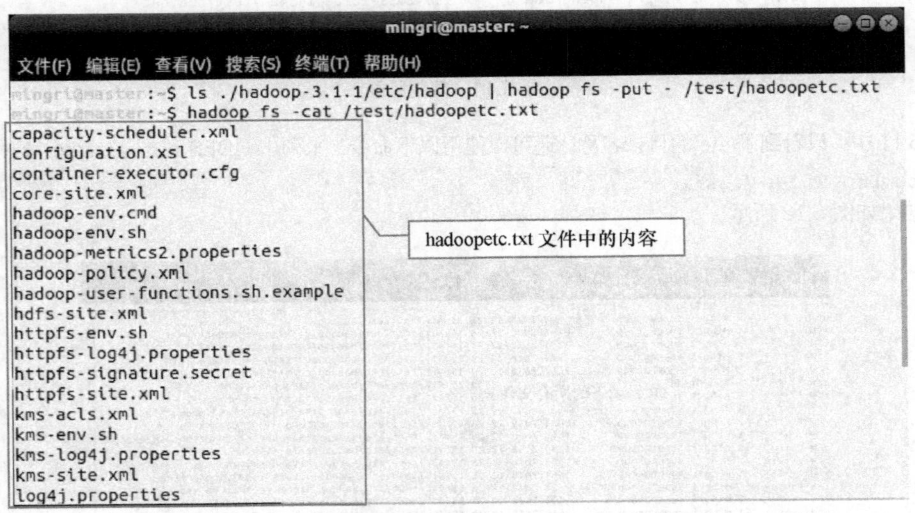

图 5.14　将本地目录的列表存储到 HDFS 的文件中

图 5.14 所示的文件内容是 ls ./hadoop-3.1.1/etc/hadoop 命令所产生的本地目录列表。

5.3.2　将 HDFS 上的文件复制到本地计算机

将 HDFS 上的文件复制到本地计算机也称为文件下载。

有两种命令可以实现，一种是 hadoop fs -get，另一种是 hadoop fs -copyToLocal，两种的用法相同，语法如下。

```
hadoop fs -get HDFS路径 本地路径
```

使用此命令可以实现将 HDFS 的文件或者目录复制到本地计算机，下面分别介绍。

（1）将 HDFS 的文件复制到本地计算机。首先在本地计算机上创建 localtest 测试目录，命令如下。

```
mkdir localtest
```

然后将 HDFS 的文件/test/hadoopetc.txt 复制到本地计算机的测试目录./localtest 中，命令如下。

```
hadoop fs -get /test/hadoopetc.txt ./localtest
```

最后查看本地 localtest 测试目录内文件，命令如下。

```
ls ./localtest
```

执行结果如图 5.15 所示。

图 5.15　将 HDFS 的文件复制到本地计算机

在复制 HDFS 上的文件到本地的时候，此文件必须存在，否则会出现图 5.16 所示的错误。

```
mingri@master: ~
文件(F) 编辑(E) 查看(V) 搜索(S) 终端(T) 帮助(H)
mingri@master:~$ hadoop fs -get /test/abcdef.txt ./localtest
get: `/test/abcdef.txt': No such file or directory
mingri@master:~$
```

图 5.16　要复制的文件不存在，所以命令出错

另外，可以在复制文件的时候，重命名文件。例如，将 HDFS 的文件/test/hadoopetc.txt，复制到本地的./localtest，同时将文件名修改为 mrkj.txt，命令如下。

```
hadoop fs -get /test/hadoopetc.txt ./localtest/mrkj.txt
ls ./localtest
```

执行结果如图 5.17 所示。

图 5.17　复制文件的同时重命名文件

（2）将 HDFS 的目录复制到本地计算机。除了可以复制 HDFS 的文件到本地计算机外，还可以复制目录。例如，将 HDFS 上的目录/test/etc，复制到本地目录./localtest 中，代码如下。

```
hadoop fs -get /test/etc ./localtest
```

然后查看./localtest 目录中的文件和目录，执行结果如图 5.18 所示。

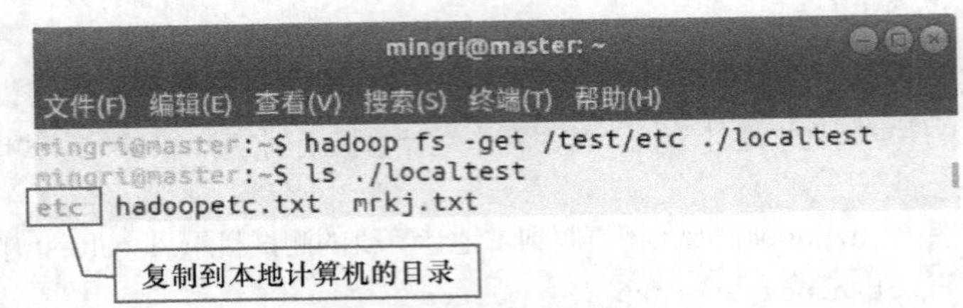

图 5.18　将 HDFS 的目录复制到本地计算机

hadoop fs -copyToLocal 命令的用法与 hadoop fs -get 一致，命令如下。

```
hadoop fs -copyToLocal /test/readme.txt ./localtest/localreadme.txt
```

然后查看./localtest 目录中的文件和目录，执行结果如图 5.19 所示。

```
mingri@master: ~
文件(F) 编辑(E) 查看(V) 搜索(S) 终端(T) 帮助(H)
mingri@master:~$ hadoop fs -copyToLocal /test/readme.txt ./localtest/localreadme.txt
mingri@master:~$ ls ./localtest
etc  hadoopetc.txt  localreadme.txt  mrkj.txt
mingri@master:~$
```

复制到本地计算机的文件

图 5.19　使用-copyToLocal 选项复制文件到本地计算机

5.4　复制与删除 HDFS 文件

复制与删除 HDFS 文件

1. 复制 HDFS 文件

复制 HDFS 文件，指的是在 HDFS 中复制文件或目录到另一个 HDFS 目录。

复制文件的命令为 hadoop fs -cp，下面介绍此命令的具体使用方法。

首先，在 HDFS 上创建测试目录，命令如下。

```
hadoop fs -mkdir /test/temp
```

然后，复制 HDFS 文件到测试目录，命令如下。

```
hadoop fs -cp /test/readme.txt /test/temp
```

将 HDFS 文件/test/readme.txt 复制到 HDFS 测试目录/test/temp 下。

最后，查看测试目录中是否有复制的文件，命令如下。

```
hadoop fs -ls /test/temp
```

执行结果如图 5.20 所示。

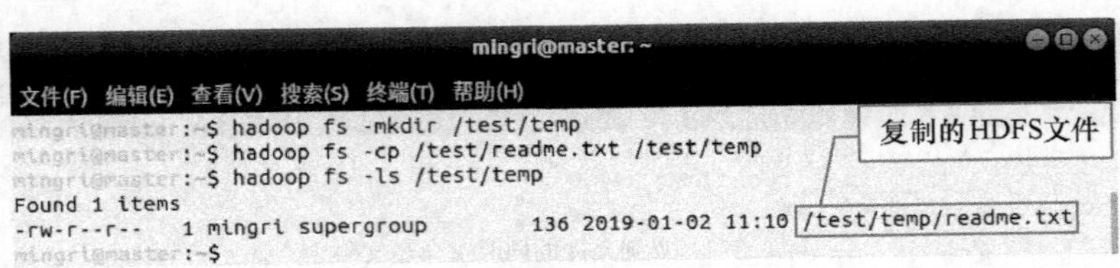

图 5.20　复制 HDFS 文件

2. 删除 HDFS 文件

删除文件的命令为 hadoop fs -rm。

例如，删除/test/temp/readme.txt 文件的命令如下。

```
hadoop fs -rm /test/temp/readme.txt
```

执行结果如图 5.21 所示。

图 5.21 删除 HDFS 文件

删除 HDFS 目录的命令为 hadoop fs -rm -R，如果没有-R，则不能删除目录。例如，删除 HDFS 目录/test/temp 的命令如下。

```
hadoop fs -rm -R /test/temp
```

执行结果如图 5.22 所示。

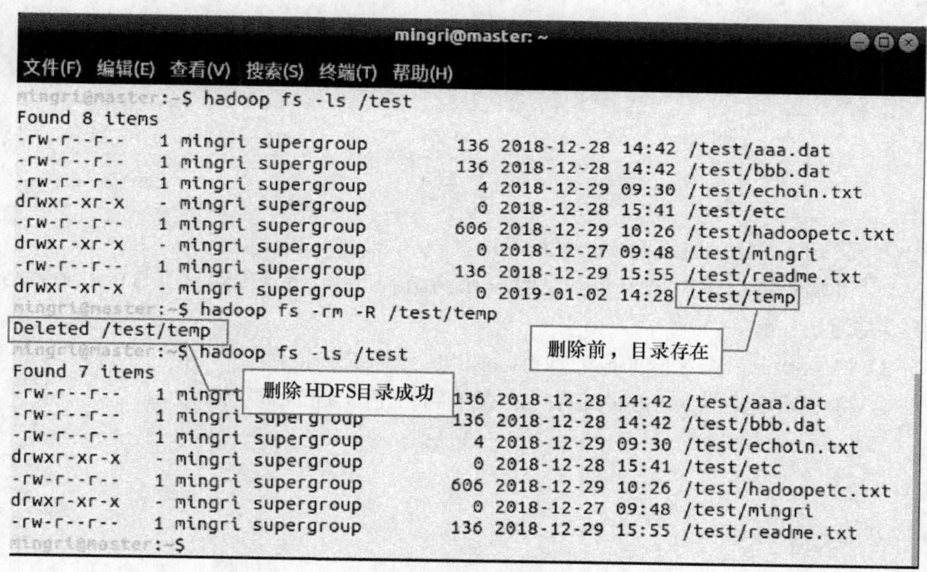

图 5.22 删除 HDFS 目录

从图 5.22 中可以看到，在删除目录的前后都查看了/test 目录，通过删除目录命令，删除了目录/ test/temp。

5.5 查看 HDFS 文件内容

查看 HDFS
文件内容

可以使用 hadoop fs -test、hadoop fs -cat、hadoop fs -tail 等含不同参数的命令查看 HDFS 集群中的文件内容。但是，只有文本文件的内容可以查看，其他类型的文件则显示乱码。

例如，查看/test/readme.txt 文件，命令如下。

```
hadoop fs -cat /test/readme.txt
```

执行结果如图 5.23 所示。

图 5.23　查看 HDFS 文件内容

小 结

本章介绍了 HDFS 的常用命令，HDFS 命令与 Linux 命令有些类似，这些命令在后续章节中都会使用。

习 题

5-1　在 HDFS 上创建目录/demo/test/01。

5-2　将本地 Linux 用户 mingri 的文件/home/mingri/test.txt 上传到 HDFS 的/demo/test，文件名保持为 test.txt。

5-3　将“apple”输入 HDFS 的/demo/test/test.txt 文件。

5-4　将 HDFS 文件/demo/test/test.txt 复制到 HDFS 测试目录/test/temp。

PART06

第6章

MapReduce编程入门

本章将介绍Hadoop的分布式计算框架——MapReduce，它不仅支持交互式应用、基于程序的应用，而且还是Hive等组件的基础。

本章要点

- 理解MapReduce编程思想
- 安装并配置Eclipse
- 理解MapReduce程序在Eclipse中的执行流程

6.1 认识 MapReduce

认识 MapReduce

MapReduce 借鉴了“分而治之”的思想，将一个数据处理过程拆分为主要的映射（Map）和归约（Reduce）两步。这样，即使用户不懂分布式计算框架的内部运行机制，只要能用 Map 和 Reduce 的思想描述清楚要处理的问题，然后编写 map 和 reduce 函数，就能轻松地使问题的计算实现分布式，并在 Hadoop 上运行。

用 MapReduce 来处理的数据集必须可以分解成许多小的数据集，而且每一个小数据集都可以完全独立地并行处理。

通常所说的 Hadoop 的 MapReduce，实际上包括了两部分，一部分是基于 MapReduce 编程思想的编程模型，另一部分是 MapReduce 的运行环境（YARN），下面分别介绍。

6.1.1 MapReduce 的编程思想

最简单的 MapReduce 程序至少包含 3 个部分：map 函数，reduce 函数和 main 函数（主函数）。在运行 MapReduce 程序的时候，整个处理过程被分为两个阶段：Map 阶段和 Reduce 阶段。每个阶段都是用键值对（key/value）作为输入和输出。main 函数则将作业控制和文件输入/输出结合起来，是 MapReduce 程序的入口。

用户自定义的 map 函数接收一个输入的 key/value，然后产生一个中间 key/value 的集合，接着 MapReduce 把这个中间结果中的所有具有相同 key 的 value 值集合在一起，最后传递给 reduce 函数。

用户自定义的 reduce 函数接收一个中间 key 值和相关的一个 value 值的集合之后，立即合并这些 value 值，从而形成一个较小的 value 值的集合。一般情况下，reduce 函数每次调用只产生 0 个或 1 个 value 输出值。通常使用一个迭代器把中间 value 值提供给 reduce 函数，这样就可以处理无法全部放入内存中的大量的 value 值的集合了。

如果用表达式表示，键值对的变化过程如下所示。

```
(Key1 , Value1) → (Key2 , List<Value2>) → (Key3 , Value3)
```

下面通过一个例子来理解上面的过程。黑白两色的卡片混合在了一起，每张卡片有一个不与其他卡片重复的编号，如图 6.1 所示。

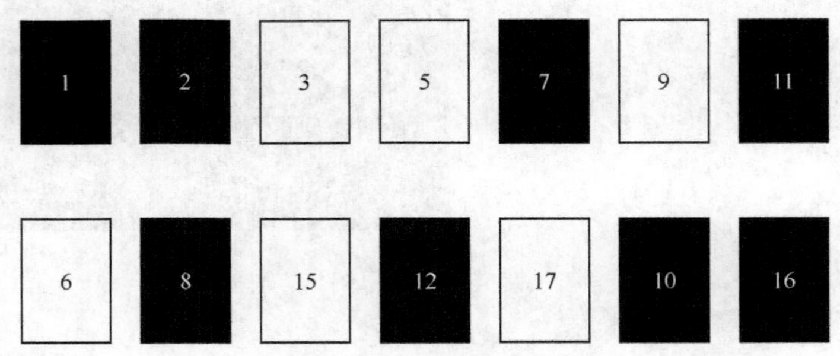

图 6.1 黑色卡片和白色卡片

下面需要统计这些卡片的总数、黑色卡片的个数和白色卡片的个数。

假设有 A、B、C 三个人，A 获得第一排的卡片，B 获得第二排的卡片。随后，A 和 B 分别统计自己手上卡片的个数，然后将结果告知 C。C 将 A、B 的结果进行汇总，得到结果。这个过程其实就用到了 MapReduce 的思想，如图 6.2 所示。

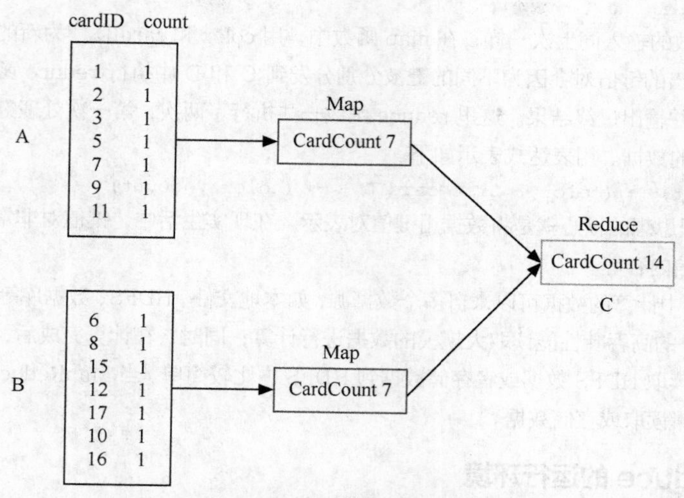

图 6.2 用 MapReduce 的思想完成卡片总数统计

A 的 map 函数的输入格式为键值对 cardID-count，例如，“5-1”表示 cardID 为 5 的卡片个数为 1，经过 map 函数的累加，即将所有 cardID 的 count 相加，输出新的键值对 CardCount-7。B 也进行同样操作，由于 A 和 B 的 map 函数输出的键值对的键相同，都为 CardCount，所以 MapReduce 框架会将其都分发到 C 作为 reduce 函数的输入，并在 reduce 函数中完成对键相同的值的累加，并输出最后结果 CardCount-14。用表达式表示如下。

```
(cardID , count) → (CardCount , List<count>) → (CardCount , count)
```

在统计卡片的例子中，就是用 MapReduce 的思想来解决统计卡片总数的问题的。但在此例中，reduce 函数只执行了一次，是否可以执行多次呢？当然是可以的。下面来看用 MapReduce 思想解决对黑色卡片和白色卡片分别计数的问题。

假设有 A、B、C、D 四个人，A 获得第一排卡片，B 获得第二排卡片，A、B 分别将到手的黑色卡片给 C，白色卡片给 D。C、D 再统计各自手上的卡片数，得到最后结果，如图 6.3 所示。

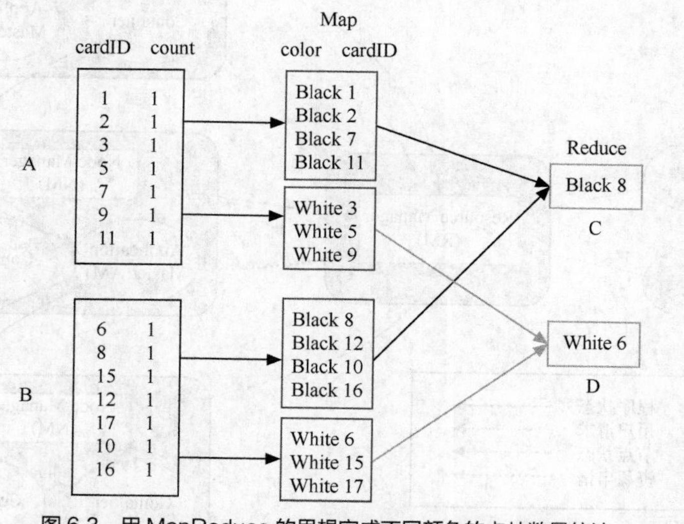

图 6.3 用 MapReduce 的思想完成不同颜色的卡片数量统计

A、B 的 map 函数的输入同上次一样，在 map 函数中，用 color 和 cardID 作为新的键值对重新输出，而 A、B 的 map 函数输出的键值对会因为不同的键被分别分发到 C 和 D 中执行 reduce 函数，真正的计数是由 reduce 函数完成的，并输出最终结果。这里 reduce 函数一共执行了两次，第一次处理键为 Black 的数据，第二次处理键为 White 的数据。用表达式表示如下。

```
(cardID , count) → (color , List<cardID>) → (color , count)
```

MapReduce 编程思想的核心就是将数据用键值对表示。在现实生活中，键值对非常常见，如学号和学生信息、电话号码和短信内容等。

MapReduce 程序中计算的数据可以来自多个数据源，如本地文件、HDFS、数据库等。最常用的是 HDFS，因为可以利用 HDFS 的高吞吐性能读取大规模的数据进行计算；同时，在计算完成后，也可以将数据存储到 HDFS。MapReduce 读取 HDFS 数据或者存储数据到 HDFS 中比较简单。当 MapReduce 运行 Task 时，会基于用户编写的业务逻辑读取或存储数据。

6.1.2 MapReduce 的运行环境

由于 Hadoop 从第 2 版开始就采用了 YARN 来进行统一资源管理和调度，所以 MapReduce 的运行环境就是 YARN，MapReduce 以客户端的形式向 YARN 提交任务。下面深入地讲解一下 YARN。

1. YARN 的基本架构

YARN（Yet Another Resource Negotiator，另一种资源协调者）是 Hadoop 2.0 中的资源管理系统，它的基本设计思想是将 JobTracker 拆分成两个独立的服务：一个全局的资源管理器 Resource Manager（RM）和每个应用程序特有的 Application Master（AM）。其中 Resource Manager 负责整个系统的资源管理和分配，而 Application Master 负责单个应用程序的管理。Resource Manager 和每个节点上的 Node Manager（NM）组成了全新的通用操作系统，以分布式的方式管理应用程序。

YARN 的系统架构如图 6.4 所示。

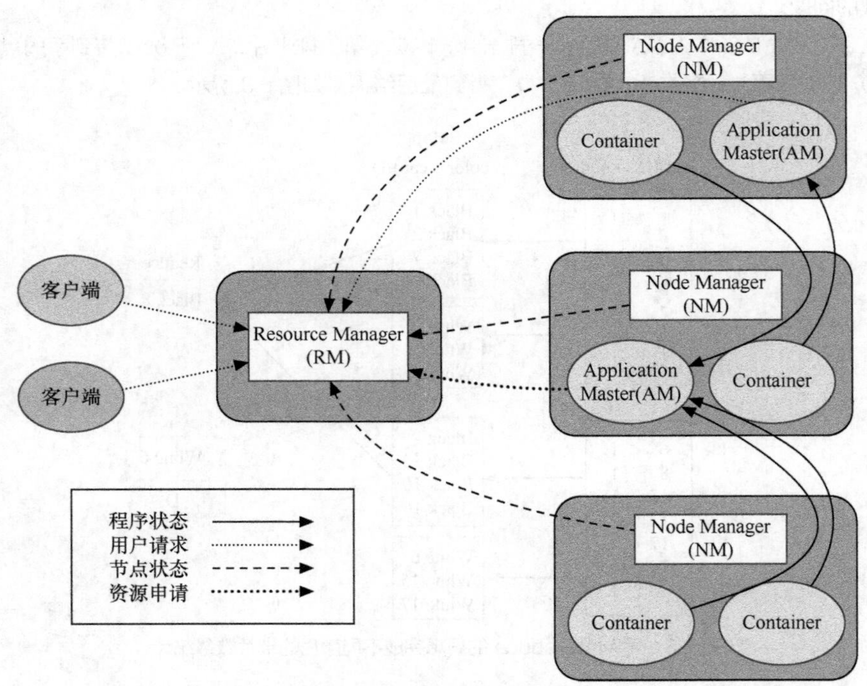

图 6.4 YARN 的系统架构

从图 6.4 中可以看出以下几点。

（1）在客户端 Client，用户会向 Resource Manager 请求执行运算（或执行任务）。

（2）在 NameNode，会有 Resource Manager 统筹管理运算的请求。

（3）在其他的 DataNode，会有 Node Manager 负责运行，以及监督每一个任务，并且向 Resource Manager 汇报状态。

YARN 总体上仍然是 Master/Slave 结构，在整个资源管理框架中，Resource Manager 为 Master，Node Manager 是 Slave。Resource Manager 负责对各个 Node Manager 上的资源进行统一管理和调度。用户提交一个应用程序时，需要提供一个用以跟踪和管理这个程序的 Application Master，它负责向 Resource Manager 申请资源，并要求 Node Manger 启动可以占用一定资源的任务。由于不同的 Application Master 分布在不同的节点上，因此它们之间不会相互影响。

YARN 主要由 Resource Manager、Node Manager、Application Master 和 Container 等组件构成。

Resource Manager 是 Master 上一个独立运行的进程，负责集群统一的资源管理、调度、分配等；Node Manager 是 Slave 上一个独立运行的进程，负责上报节点的状态；Application Master 和 Container 是运行在 Slave 上的组件，Container 是 YARN 中分配资源的单位，包括内存、CPU 等。

客户端（Client）向 Resource Manager 提交的每一个应用程序都必须有一个 Application Master，它经过 Resource Manager 分配资源后，运行于某一个 Slave 节点的 Container 中，具体做事情的 Task，同样也运行于某一个 Slave 节点的 Container 中。RM、NM、AM 乃至普通的 Container 之间的通信，都采用 RPC 机制。

2. YARN 的各个组件

下面分别介绍 YARN 的各个组件。

（1）Resource Manager。RM 是一个全局的资源管理器，一个集群只有一个，RM 负责整个系统的资源管理和分配，包括处理客户端请求、启动/监控 Application Master、监控 Node Manager、分配与调度资源。它主要由两个组件构成：调度器（Scheduler）和应用程序管理器（Applications Manager，ASM）。

- ❑ 调度器。调度器根据容量、队列等限制条件（如每个队列分配一定的资源、最多执行一定数量的作业等），将系统中的资源分配给各个正在运行的应用程序。需要注意的是，该调度器是一个“纯调度器”，它不从事任何与具体应用程序相关的工作，如不负责监控或者跟踪应用的执行状态等，也不负责重新启动因应用执行失败或者硬件故障而产生的失败任务，这些均交由与应用程序相关的 Application Master 完成。调度器仅根据各个应用程序的资源需求进行资源分配，而资源分配单位用一个抽象概念“资源容器”（Resource Container，简称 Container）表示。Container 是一个动态资源分配单位，它将内存、CPU、磁盘、网络等资源封装在一起，从而限定每个任务使用的资源量。此外，该调度器是一个可插拔的组件，用户可根据自己的需要设计新的调度器，YARN 提供了多种直接可用的调度器，如公平调度器（Fair Scheduler）和容量调度器（Capacity Scheduler）等。
- ❑ 应用程序管理器。应用程序管理器负责管理整个系统中所有应用程序，包括应用程序提交、与调度器协商资源以启动 Application Master、监控 Application Master 运行状态并在失败时重新启动它等。

（2）Application Master。YARN 另一个非常重要的组件就是 Application Master。Application Master 管理 YARN 内运行的应用程序的每个实例，负责与 Resource Manager 协商资源，并与 Resource Manager 协同工作来执行和监控 Container，以及它们的资源消耗。它有责任与 Resource Manager 协商并获取合适的 Container，跟踪它们的状态，以及监控其进展。

Application Master 和应用是相互对应的，具有以下功能：

- ❑ 与调度器协商资源；

- 与 Node Manager 合作，在合适的 Container 中运行对应的组件 Task，并监控这些 Task 的执行情况；
- 如果 Container 出现故障，Application Master 会重新向调度器申请其他资源；
- 计算应用程序所需的资源量，并转化成调度器可识别的协议信息包；
- 在 Application Master 出现故障后，应用管理器会负责重启它，但由 Application Master 从先前保存的应用程序执行状态中恢复应用程序。

在真实环境下，每一个应用都有自己的 Application Master 实例。然而，为一组应用提供一个 Application Master 是完全可行的，如 Pig 或者 Hive 的 Application Master。另外，这个概念已经延伸至管理长时间运行的服务，它们可以管理自己的应用，例如，可通过一个特殊的 HBaseApp Master 在 YARN 中启动 HBase。

（3）Node Manager。Node Manager 是每个节点的框架代理，负责启动应用的 Container，监控 Container 的资源（包括 CPU、内存、硬盘和网络带宽等）使用，并把这些信息汇报给调度器，应用对应的 Application Master，通过协商从调度器处获取 Container，并跟踪这些 Container 的资源状态和应用执行的情况。

集群每个节点上都有一个 Node Manager，它主要负责：

- 为应用启动调度器，以分配给应用的 Container；
- 确保已启动的 Container 只使用分配的资源量；
- 为 Task 构建 Container 环境，包括二进制可执行文件.jars 等；
- 为所在的节点提供管理本地存储资源的简单服务。

（4）Resource Request 和 Container。YARN 被设计成可以允许应用程序（通过 Application Master）以共享的、安全的，以及多租户的方式使用集群的资源。它也会感知集群的网络拓扑，以便有效地调度，以及优化数据访问（即尽可能地为应用减少数据移动）。

为了实现这些目标，位于 Resource Manager 内的中心调度器保存了应用程序的资源请求信息，以帮助它为集群中的所有应用做出更优的调度决策。由此引出了 Resource Request，以及由此产生的 Container 概念。

本质上，一个应用程序可以通过 Application Master 请求特定的资源。调度器会分配一个 Container 来响应资源需求，用于满足由 Application Master 在 Resource Request 中提出的需求。

Resource Request 具有以下形式。

```
< 资源名称 , 优先级 , 资源需求 , Container数 >
```

其中的名词解释如下。

- 资源名称：期望资源所在的主机名、机架名，*表示没有特殊要求。未来可能支持更加复杂的拓扑，如一个主机上的多个虚拟机、更复杂的网络拓扑等。
- 优先级：此优先级为应用程序内部请求的优先级，而不是多个应用程序之间的优先级。优先级会调整应用程序内部各个 Resource Request 的次序。
- 资源需求：需要的资源量，如内存大小和 CPU 时间（目前，YARN 仅支持内存和 CPU 两种资源维度）。
- Container 数：需要的 Container 的数量，它限制了使用该 Resource Request 指定的 Container 的总数。

本质上，Container 是一种资源分配形式，是 Resource Manager 为 Resource Request 成功分配资源的结果，Container 授予应用程序在特定主机上使用资源（内存、CPU）的权利。

Application Master 必须取走 Container，并交给 Node Manager，Node Manager 会利用相应的资源来启动 Container 的任务进程。出于安全考虑，Container 的分配要以一种安全的方式进行验证，来保证 Application Master 不能伪造集群中的应用。

关于 Container，存在如下规范：Container 只有使用服务器（Node Manager）上指定资源的权利，Application Master 必须向 Node Manager 提供更多信息来启动 Container。

与现有的 MapReduce 不同，YARN 允许应用程序启动任何进程，而不仅限于 Java 应用程序。

3. YARN 的工作流程

MapReduce 的最顶层包含 4 个独立的实体，分别是客户端、JobTracker、TaskTracker，以及分布式文件系统。YARN 将 JobTracker 的职能划分为多个独立的实体，从而改善 MapReduce 面临的扩展问题。JobTracker 负责作业调度和任务进度监视、追踪任务、重启失败或过慢的任务及进行任务登记，如维护计数器总数。

YARN 将这两种角色划分为两个独立的守护进程：管理集群上资源使用的资源管理器和管理集群上运行任务生命周期的应用管理器。基本思路是：应用管理器与资源管理器协商集群的计算资源——容器（每个容器都有特定的内存上限），在这些容器上运行特定应用程序的进程。容器由集群节点上运行的节点管理器监视，以确保应用程序使用的资源不会超过分配给它的资源。

在用户向 YARN 提交一个应用程序后，YARN 将分两个阶段运行该应用程序：第一个阶段是启动 Application Master；第二个阶段是由 Application Master 创建应用程序，为它申请资源，并监控它的整个运行过程，直到运行完成。

如图 6.5 所示，YARN 的工作流程分为以下几个步骤。

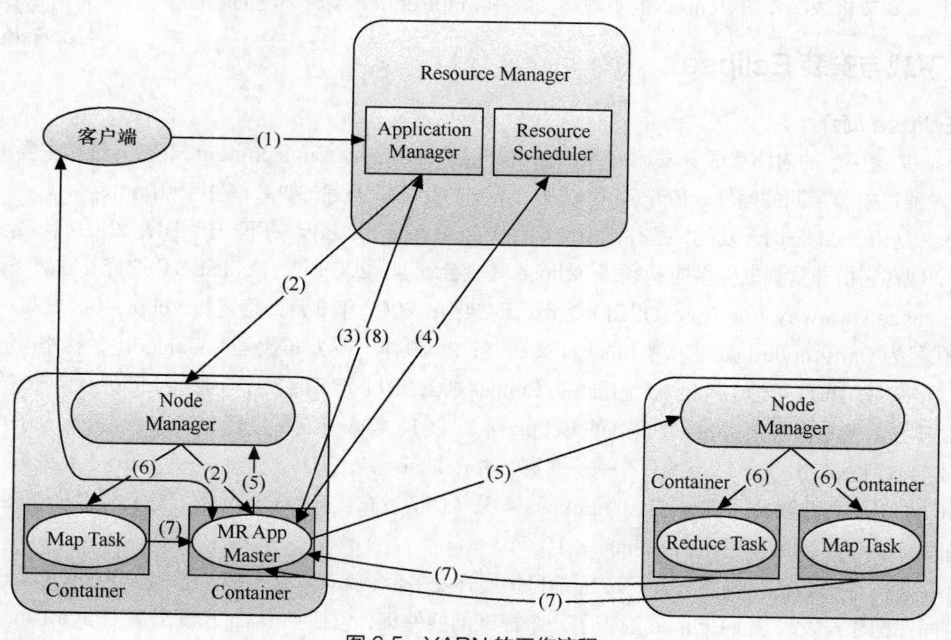

图 6.5　YARN 的工作流程

（1）用户向 YARN 提交应用程序，包括 Application Master 程序、启动 Application Master 的命令、用户程序等。

（2）Resource Manager 为该应用程序分配第一个 Container，并与对应的 Node Manager 通信，要求它在这个 Container 中启动应用程序的 Application Master。

（3）Application Master 首先向 Resource Manager 注册，这样用户可以直接通过 Resource Manager 查看应用程序的运行状态。然后它将为各个任务申请资源，并监控任务的运行状态，直到运行结束，即重复步骤（4）~（7）。

（4）Application Master 通过 RPC 协议向 Resource Manager 申请和领取资源。

（5）Application Master 申请到资源后，便将获得的资源分配给对应的 Node Manager，要求它启动任务。

（6）Node Manager 为任务设置好运行环境（包括环境变量、JAR 包、二进制程序等）后，开始执行 Map Task。

（7）各个任务通过 RPC 协议向 Application Master 汇报自己的状态和进度，以让 Application Master 随时掌握各个任务的运行状态，从而可以在任务失败时重新启动任务。

在应用程序运行过程中，用户可随时通过 RPC 向 Application Master 查询应用程序的当前运行状态。

（8）应用程序运行完成后，Application Master 向 Resource Manager 注销并关闭自己。

6.2 使用 Eclipse 创建 MapReduce 工程

使用 Eclipse 创建 MapReduce 工程

因为 Hadoop 本身就是由 Java 开发的，所以通常也选用 Eclipse 作为 MapReduce 的编程工具。本节将依次介绍 Eclipse 的下载与安装和 MapReduce 集成环境的配置。

6.2.1 下载与安装 Eclipse

1. Eclipse 简介

Eclipse 是跨平台的自由集成开发环境（Integrated Development Environment，IDE），最初主要用于 Java 语言开发。通过安装不同的插件，Eclipse 可以支持不同的计算机语言，如 C++和 Python 等。

Eclipse 是由 IBM 公司开发的，是替代商业软件 Visual Age for Java 的下一代 IDE，2001 年 11 月贡献给开源社区，现在它由非营利软件供应商联盟 Eclipse 基金会管理。2003 年，Eclipse 3.0 选择开放服务网关协议（Open Service Gateway Initiative，OSGi）为运行时架构；2007 年 6 月，稳定版 Eclipse 3.3 发布；2008 年 6 月发布代号为 Ganymede（盖尼米得）的 Eclipse 3.4；2009 年 6 月发布代号为 Galileo（伽利略）的 Eclipse 3.5；2010 年 6 月发布代号为 Helios（太阳神）的 Eclipse 3.6；2011 年 6 月发布代号为 Indigo（靛蓝）的 Eclipse 3.7；2012 年 6 月发布代号为 Juno（朱诺）的 Eclipse 4.2；2013 年 6 月发布代号为 Kepler（开普勒）的 Eclipse 4.3；2014 年 6 月发布代号为 Luna（月神——露娜）的 Eclipse 4.4；2015 发布代号为 Mars（火星）的 Eclipse 4.5；2016 发布代号为 Neon（霓虹灯）的 Eclipse 4.6；2017 发布代号为 Oxygen（光子）的 Eclipse 4.7。至本书完稿时，Eclipse 的版本已出到 Eclipse 4.10。

Eclipse 是一个开放源代码的、基于 Java 的可扩展开发平台。就其本身来说，它只是一个框架和一组服务，可以通过插件构建开发环境。Eclipse 附带了一个标准的插件集，包括了 Java 开发工具（Java Development Kit，JDK）。虽然大多数用户很乐于将 Eclipse 当作 Java 集成开发环境来使用，但 Eclipse 的目标却不限于此。Eclipse 还包括插件开发环境（Plug-in Development Environment，PDE），这个组件主要针对希望扩展 Eclipse 的软件开发人员，因为它允许他们构建与 Eclipse 环境无缝集成的工具。由于 Eclipse 中的每样东西都是插件，对于给 Eclipse 提供插件，以及给用户提供一致和统一的集成开发环境而言，所有开发人员都具有同等的发挥场所。

这种平等和一致性并不仅限于 Java 开发工具。尽管 Eclipse 是使用 Java 语言开发的，但它的用途并不限于 Java 语言，支持 C/C++、COBOL、PHP 等编程语言的插件已经可用，或预计将会推出。Eclipse 框架还可作为与软件开发无关的其他类型应用程序的基础，比如内容管理系统。

2. 安装 Eclipse

Eclipse 有两种下载安装方式，一种是下载安装包自行安装，另一种是从“Ubuntu 软件”中下载 Eclipse 应用。下面分别介绍。

（1）从官方网站下载 Eclipse 安装包。Eclipse 安装包可以在 Eclipse 官方网站直接下载。打开 Master 节点的 Firefox 浏览器，输入地址，根据本地计算机环境选择合适的版本。因为 Eclipse 提供支持多种开发语言的安装包，在此要选择用于 Java 开发的安装包，名称为 Eclipse IDE for Java EE Developers，选择的版本是 64 位的 Linux，如图 6.6 所示。

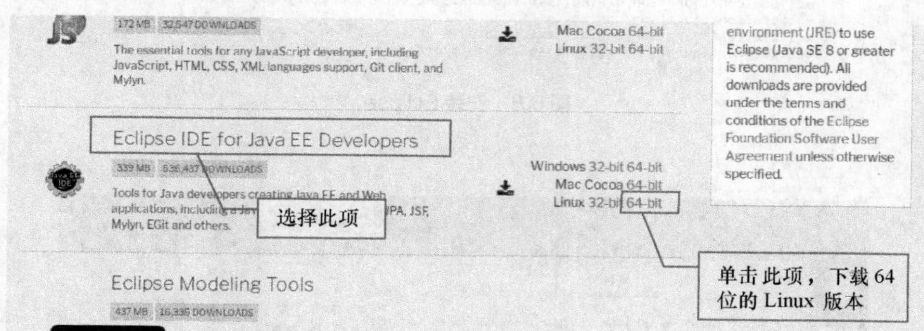

图 6.6　Eclipse 官方网站的下载页面

当进行下载时，Firefox 浏览器出现提示对话框，如图 6.7 所示，在此对话框中选中“Save File”单选按钮，然后单击“OK”按钮下载 Eclipse 的安装包。

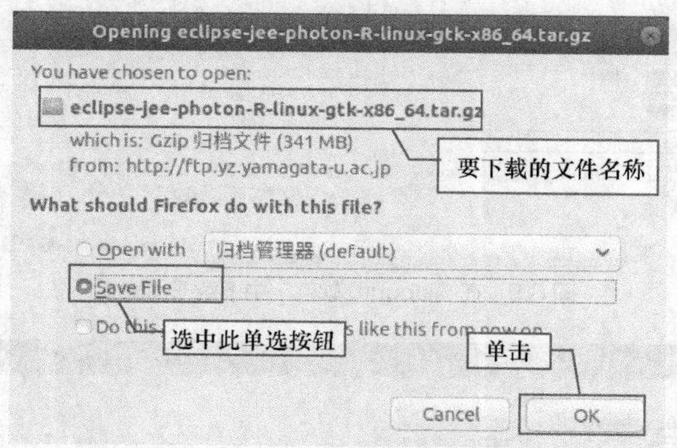

图 6.7　Firefox 浏览器的提示对话框

将下载完成的 Eclipse 安装包 eclipse-jee-photon-R-linux-gtk-x86_64.tar.gz 复制到主目录下，打开终端，输入如下命令进行 Eclipse 的安装。

```
tar -zxvf eclipse-jee-photon-R-linux-gtk-x86_64.tar.gz
```

执行结果如图 6.8 所示。

（2）从“Ubuntu 软件”中下载 Eclipse 应用。除了从官方网站上下载 Eclipse 之外，还可以从 Ubuntu 的“Ubuntu 软件”下载 Eclipse，步骤如下。

打开“Ubuntu 软件”，搜索 eclipse，如图 6.9 所示。

在 Eclipse 的下载页面单击“安装”按钮，进行 Eclipse 的下载和安装，如图 6.10 所示。

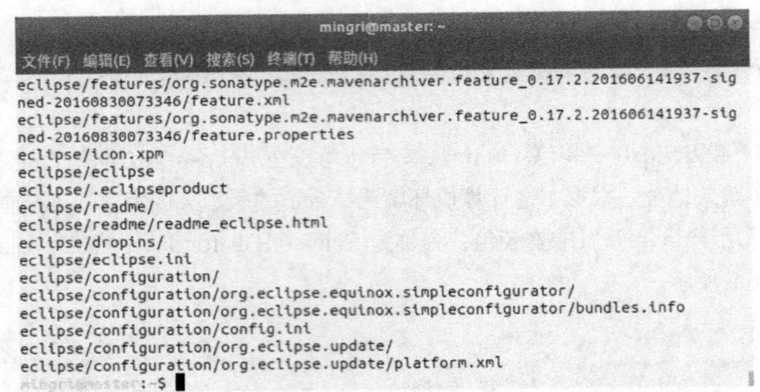

图 6.8　安装 Eclipse

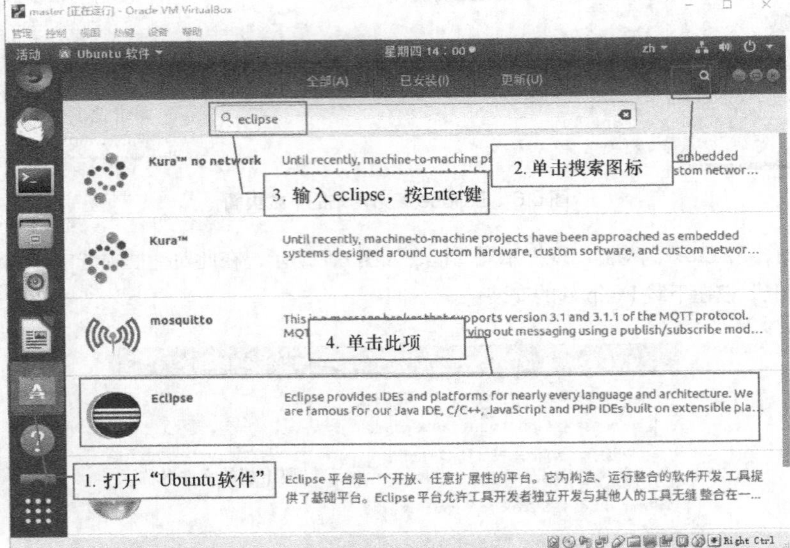

图 6.9　在"Ubuntu 软件"中下载 Eclipse

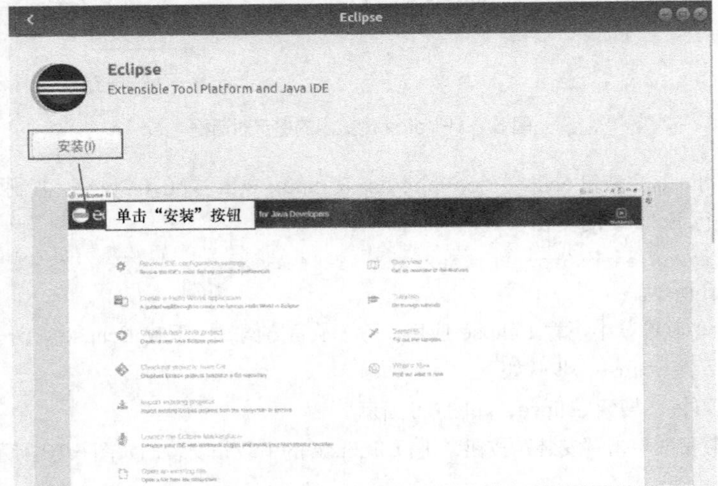

图 6.10　安装 Eclipse

在安装完毕后，单击屏幕左下角的“显示应用程序”图标，显示系统应用，可以看到 Eclipse 图标，按住鼠标左键拖曳此图标到侧边栏，便于日后启动 Eclipse，如图 6.11 所示。

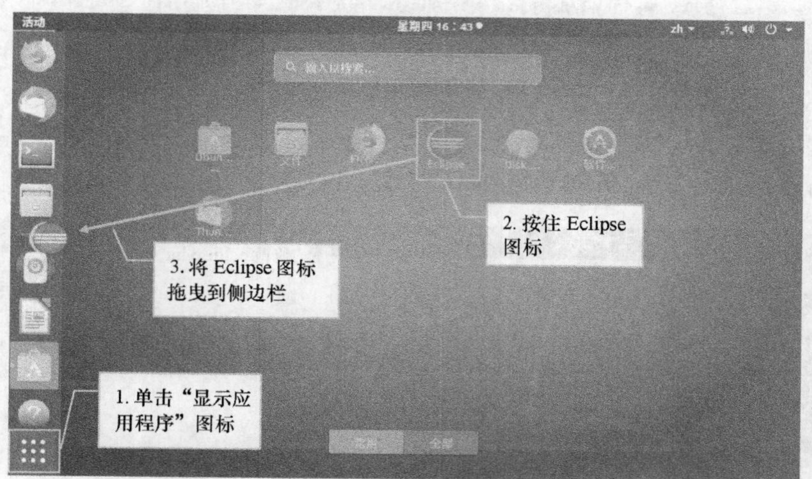

图 6.11 放置 Eclipse 快捷方式

如果只是单纯使用 Eclipse，而不安装 Hadoop 插件的话，可以选择从“Ubuntu 软件”下载 Eclipse。但在本书中，需要采用第一种安装方式进行 Eclipse 的安装，即从官方网站下载安装包，然后自行安装。因为 Ubuntu 系统安装的软件目录不可修改，即不能将 Hadoop 插件放到此目录。

3. 启动 Eclipse

在安装完 Eclipse 后，就需要启动 Eclipse 了。

打开 Eclipse 的安装目录，双击 eclipse 应用程序，显示图 6.12 所示的错误提示信息。

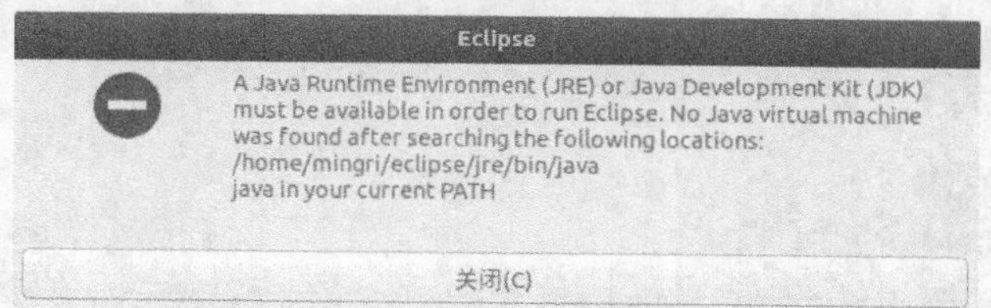

图 6.12 启动 Eclipse 出现错误提示信息

在 Ubuntu 系统中，既安装了 openjdk，又安装了 jdk1.8。其中 openjkd 是系统默认安装的，系统将 openjdk 设为默认的 Java 环境。现在需要做的是使用 update-alternatives 命令将系统默认的 Java 环境变成 jdk1.8。

在终端输入如下命令。

```
sudo update-alternatives --install /usr/bin/java java /home/mingri/JDK/jdk1.8.0_191/bin/java 1100
sudo update-alternatives --install /usr/bin/javac javac /home/mingri/JDK/jdk1.8.0_191/bin/javac 1100
```

执行结果如图 6.13 所示。

图 6.13　修改系统默认的 Java 环境

同时修改 eclipse 目录中的 eclipse.ini 文件，将此文件中的-Xmx1024m 修改为-Xmx256m，降低 Eclipse 的运行内存，防止因为内存不足而不能启动 Eclipse，如图 6.14 所示。

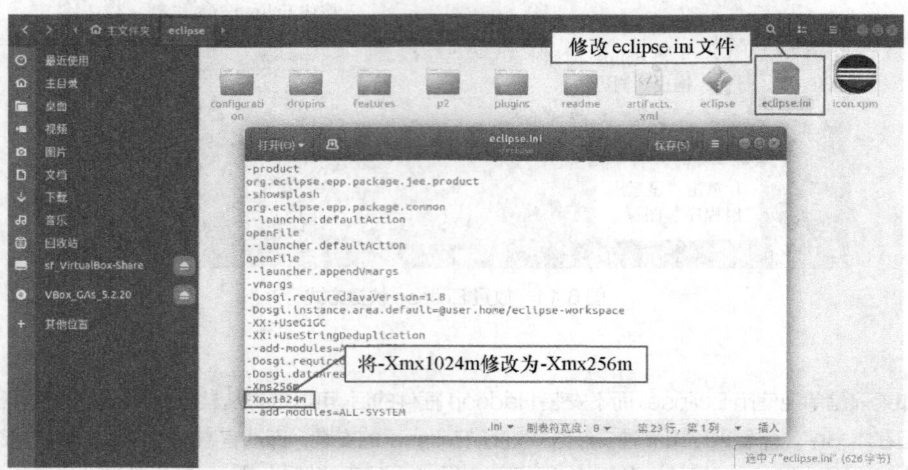

图 6.14　修改 eclipse.ini 文件

修改了系统默认的 Java 环境和 eclipse.ini 文件之后，便可启动 Eclipse 了，双击应用程序，如图 6.15 所示。

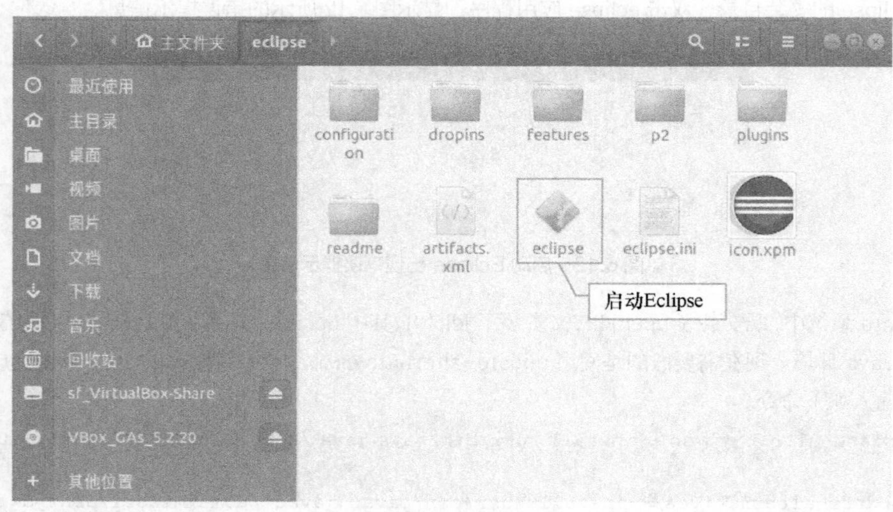

图 6.15　启动 Eclipse

当第一次打开 Eclipse 时，需要配置工作目录，如图 6.16 所示。可以直接选择默认的 Workspace 目录，也可单击“Browse...”按钮自行设置工作目录。

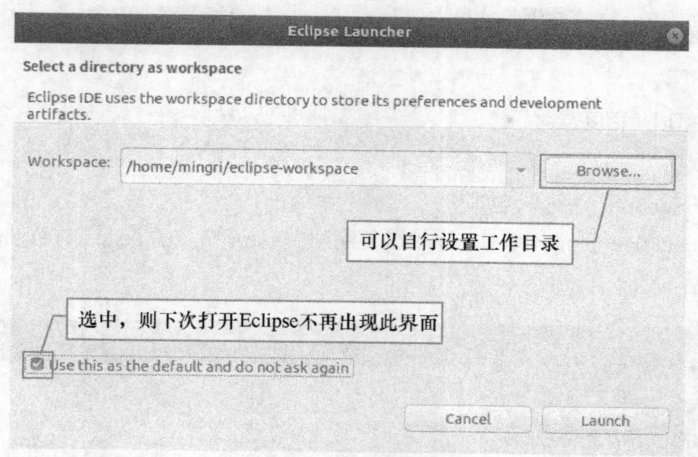

图 6.16 配置工作目录

然后单击"Launch"按钮，即可进入 Eclipse 的欢迎页面，如图 6.17 所示。

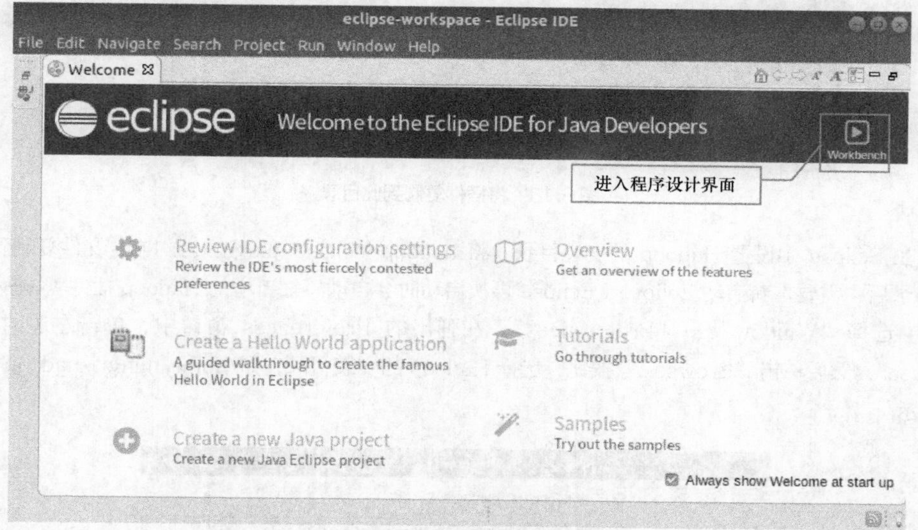

图 6.17 Eclipse 的欢迎页面

在图 6.17 中，可以单击 Overview 图标了解 Eclipse 的总体介绍，单击 Tutorials 图标了解基本应用方法等。单击 Workbench 图标，即可进入程序设计界面。

6.2.2 配置 MapReduce 环境

开发 Hadoop 平台上的 MapReduce 应用程序有多种方法。从开发工具的选择上，有 Eclipse、InteliJ IDEA 等。在程序设计语言的选择上，有 Java、Scala 和 Python 等。每一种工具和语言都具有其优势和特点，应根据项目的需求和特性来选择。

但是，在众多的开发工具和语言中，Eclipse 和 Java 是当前的主流。本节将介绍如何在 Hadoop 平台上利用 Eclipse 工具和 Java 语言开发 MapReduce 应用程序。

1. 为 Eclipse 安装 Hadoop 插件

要在 Eclipse 上开发 Hadoop 程序，需要为 Eclipse 安装 Hadoop 插件。因为本书中的 Hadoop 版本为 3.1.1，

所以需要下载对应版本的 Hadoop 插件 hadoop-eclipse-plugin-3.1.1.jar。

此插件文件可以从百度搜索下载。

为 Eclipse 安装 Hadoop 插件的步骤如下。

（1）将 hadoop-eclipse-plugin-3.1.1.jar 文件复制到 Master 节点的 eclipse/plugins/目录下，如图 6.18 所示。

图 6.18　将插件复制到此目录

（2）在 Eclipse 中设置 Hadoop 的安装目录。将 hadoop-eclipse-plugin-3.1.1.jar 文件复制到 eclipse/plugins/目录后，需要重新启动 Eclipse（Eclipse 再次启动时会自动感知新增的 Hadoop 插件）。进入主界面，在主菜单中选择"Window"→"Preferences"，在弹出的 Preferences 窗口中，单击左边的"Hadoop Map/Reduce"，然后单击"Browse..."按钮，选择 Hadoop 的安装目录，如/home/mingri/hadoop-3.1.1，如图 6.19 所示。

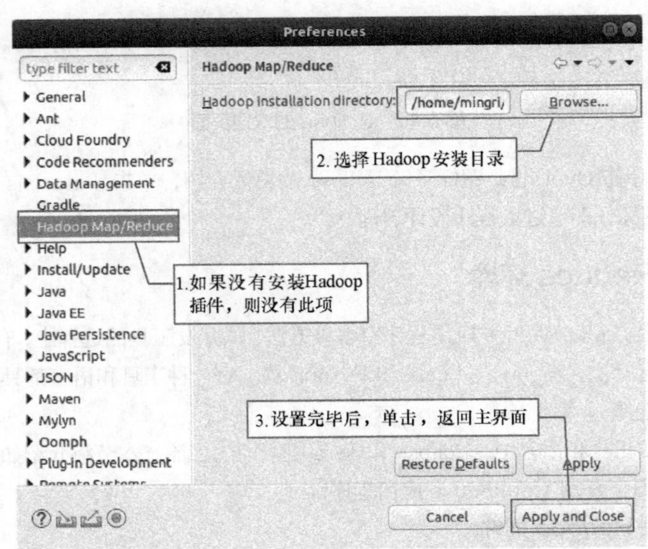

图 6.19　在 Eclipse 中设置 Hadoop 的安装目录

2. 增加 Hadoop 集群的连接

为了打开“MapReduce Locations”子窗口，在主菜单中，选择“Window”→“Show View”→“Other”，在弹出的 Show View 窗口中，选择“MapReduce Tools”→“Map/Reduce Locations”，如图 6.20 所示。

图 6.20 创建并配置 Map/Reduce Locations

单击“Open”按钮后回到主界面，显示了“Map/Reduce Locations”子窗口，如图 6.21 所示。

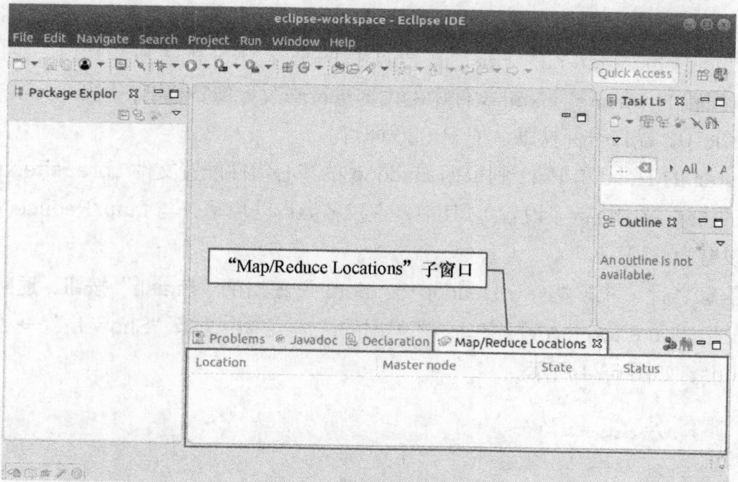

图 6.21 “Map/Reduce Locations”子窗口

在“Map / Reduce Locations”子窗口内，单击鼠标右键，将弹出一个快捷菜单，如图 6.22 所示。

图 6.22 在“Map/Reduce Locations”子窗口中单击鼠标右键弹出的快捷菜单

在弹出的快捷菜单中选择“New Hadoop location”，将打开“New Hadoop location...”窗口，在此窗口中创建并配置一个新的 Hadoop Location，如图 6.23 所示。

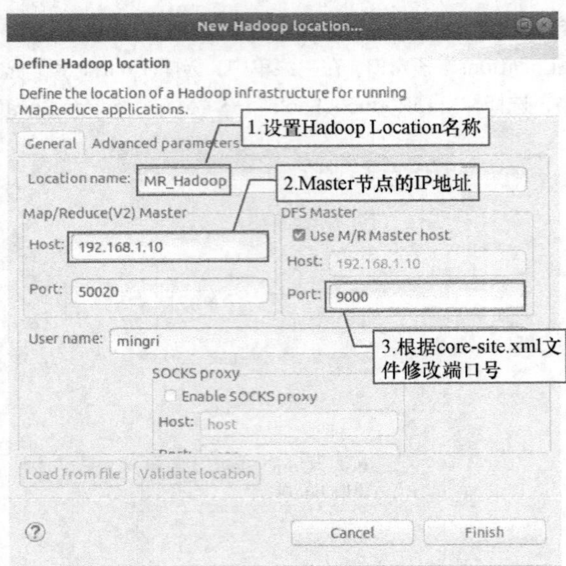

图 6.23　设置 Hadoop Location 属性

在“New Hadoop location...”窗口中，需要设置 Location name、Map/Reduce(V2) Master 和 DFS Master。

（1）Location name，可以自行设置，如 MR_Hadoop。

（2）Map/Reduce(V2) Master 的 Host 和 Port 指的是 YARN 的主机和端口，可以根据第 4 章配置 Hadoop 集群的时候设置的 yarn-site.xml 文件中的内容进行修改。稳妥起见，用 Master 节点的 IP 地址代替主机名，如 192.168.1.10，端口号保持默认的 50020 即可。

（3）DFS Master 的 Host 和 Port 则根据 Hadoop 的核心组件配置文件 core-site.xml 的内容进行修改（core-site.xml 也在第 4 章中进行了设置）。其中，主机名会自动填写，与 Map/Reduce(V2) Master 的 Host 保持一致，端口号设置为 9000。

在设置完以上信息之后，单击“New Hadoop location...”窗口的“Finish”按钮，返回主界面。鼠标右键单击主界面左侧的“Package Explorer”窗口，在弹出的快捷菜单中选择“Show In”→“Project Explorer”以显示 DFS Locations，如图 6.24 所示。

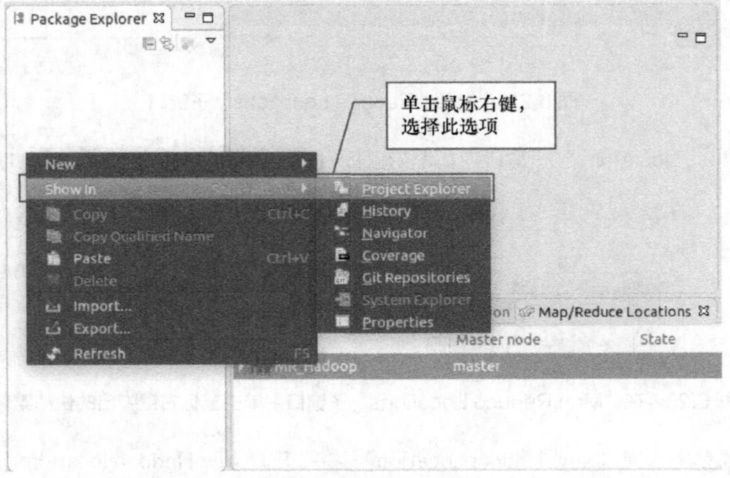

图 6.24　显示 DFS Locations

如果上述配置正确，并且开启了 Hadoop 集群，将会在“Project Explorer”窗口中显示 DFS Locations，并且新增了 Hadoop Location，单击倒三角符号可以查看 Hadoop 中的文件目录，如图 6.25 所示。

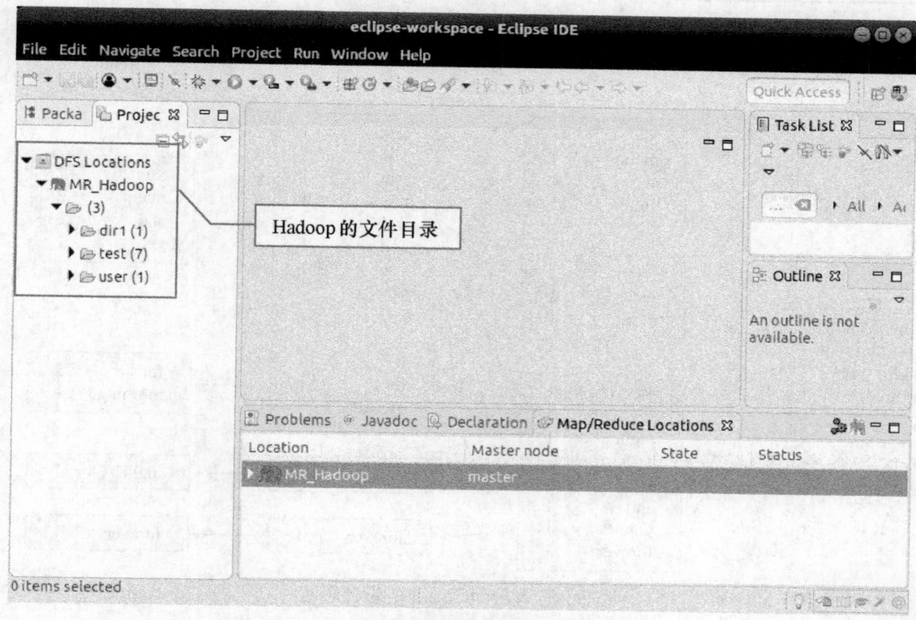

图 6.25 在 Eclipse 界面中浏览 HDFS 目录

用户还可以使用鼠标来执行文件操作，如文件的上传和删除等。但每次操作后，需要刷新 HDFS 列表，才能获得文件目录的最新状态。

如果在 Eclipse 界面上没有显示 DFS Locations，即 Eclipse 不能连接 Hadoop，则需要检查是否启动了 Hadoop 集群。

通过以上的操作配置好了 Eclipse 中的 MapReduce 环境，就能开始进行项目开发了。

6.3 第一个 MapReduce 程序：WordCount

第一个 MapReduce 程序：WordCount

根据以往学习一门新技术的经验，一开始都会写一个“Hello World 程序”，这个程序简单但包含了一个程序所必须具有的一切。MapReduce 程序也有自己的“Hello World 程序”，那就是单词计数（WordCount），本节主要介绍此程序。

6.3.1 WordCount 的设计思路

在 WordCount 范例中，要计算文件中每一个英文单词出现的频次。主要的设计思路为：将 HDFS 上的文本作为输入，在 map 函数中完成对单词的拆分并输出中间结果，然后在 reduce 函数中完成对每个单词的词频计数，如图 6.26 所示。

输入一段文本，MapReduce 会对文本进行切片处理并将行号作为输入的键值对的键，文本内容作为输出的值，经过 map 函数的处理，输出中间结果<word,1>。MapReduce 会默认按键将其分发给 reduce 函数，完成计数并输出最后结果<word,count>。

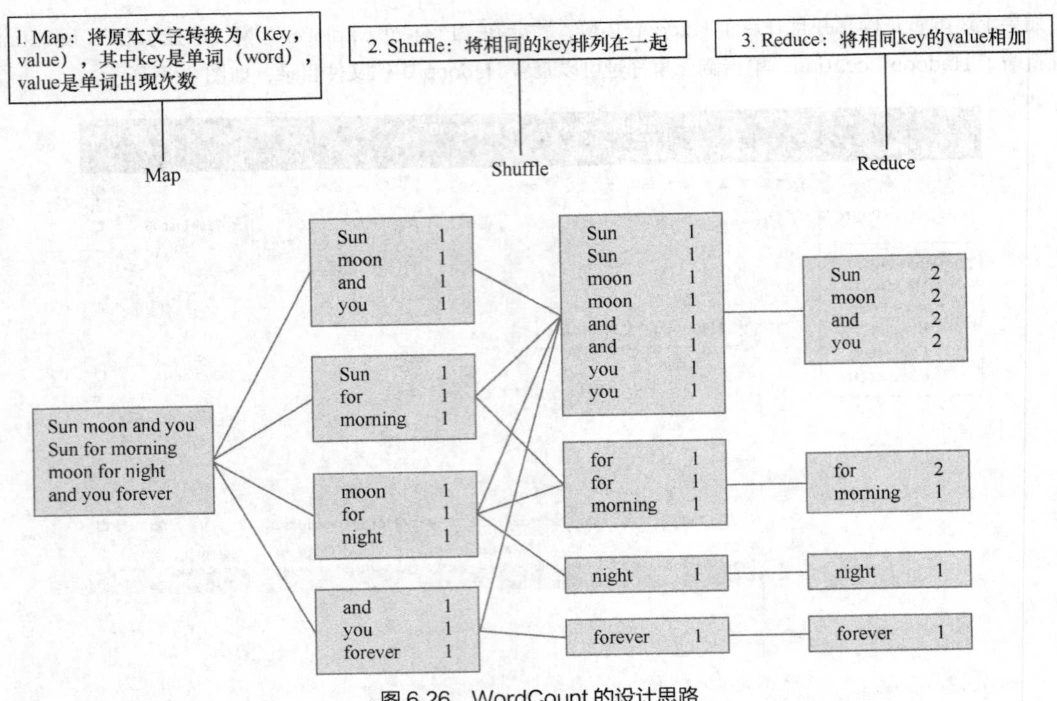

图 6.26 WordCount 的设计思路

6.3.2 编写 WordCount

Hadoop 提供了很多示例代码，下面以示例代码中的 WordCount 程序为例，详细地介绍一个完整的程序设计的过程。

WordCount 程序用于统计文本文件中各个单词出现的频次，此程序充分体现了 MapReduce 计算模型的分解与合并的特点。

1. 准备要统计的数据文件

既然 WordCount 程序用于统计文本文件中各个单词出现的频次，那么在程序执行之前，就需要准备好要统计的数据文件，创建此文件并上传到 HDFS，具体步骤如下。

（1）创建 test.txt 文件，并输入文本。首先创建一个名为 test.txt 的文本文件，打开终端，输入如下命令。

```
gedit test.txt
```

通过此命令将在~/目录下创建并打开 test.txt 文件。在此文件中，任意地输入一些内容，如图 6.27 所示。

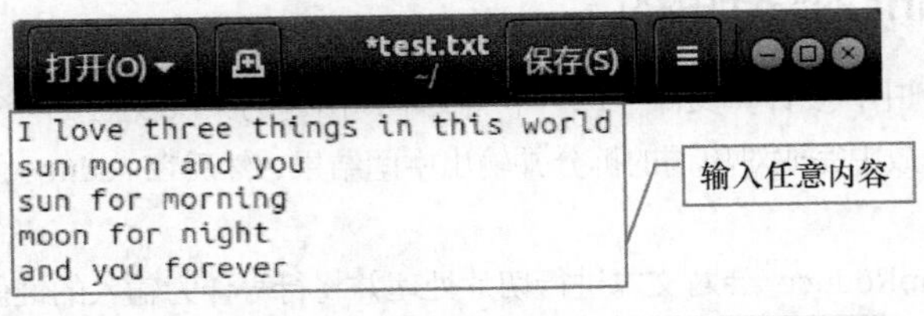

图 6.27 创建 test.txt 文件，并输入一些内容

（2）文本内容输入完毕后，保存并退出 gedit。接下来，需要将 test.txt 文件上传到 HDFS，可以上传到 HDFS 的任意目录，如/test，上传 HDFS 的命令在第 5 章介绍过，命令如下。

```
hadoop fs -put ~/test.txt /test/
```

（3）上传成功后，可以在 Eclipse 的 DFS Locations 下的 MR_Hadoop 中看到 test.txt 文件。双击该文件，即可在右边的窗口显示此文件内容，如图 6.28 所示。

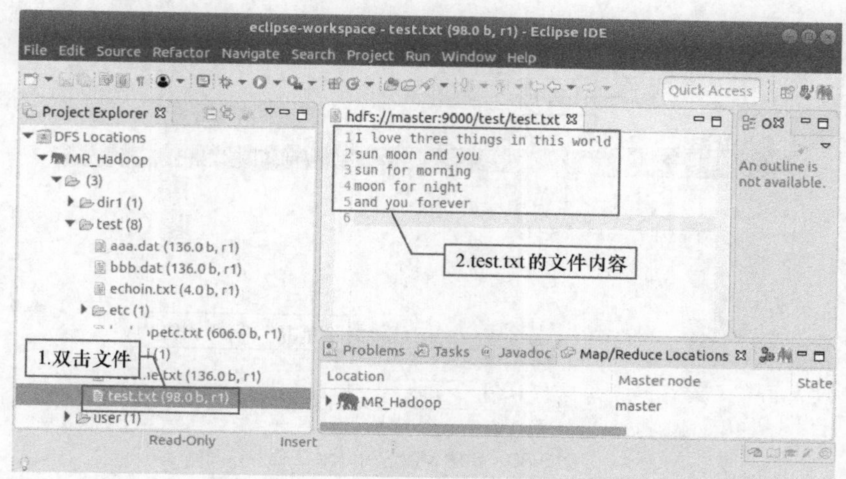

图 6.28　在 Eclipse 中打开 test.txt 文件

（4）在 Eclipse 中虽然可以对文件目录进行一系列的操作，如创建、删除、文件上传、文件下载等，但是不能编辑文件内容。

如果不能看到 test.txt 文件，可用鼠标右键单击做出更改的目录，在快捷菜单中选择“Refresh”，刷新节点。每次上传或者删除 HDFS 上的文件后，都需要刷新节点，如图 6.29 所示。

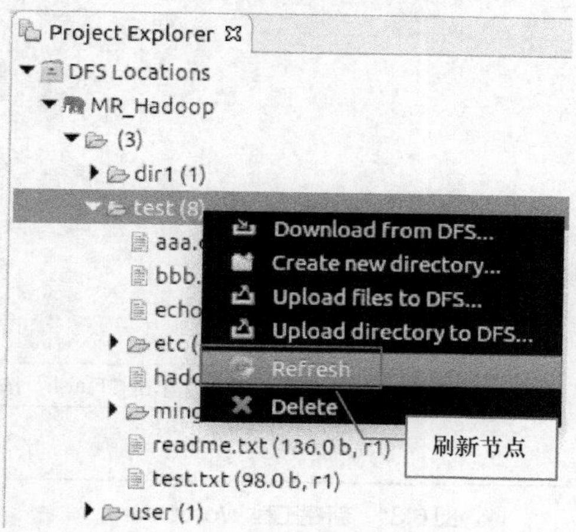

图 6.29　刷新节点

2. 创建工程

在 Eclipse 中创建 MapReduce 工程的步骤如下。

（1）在主界面的菜单栏中选择“File”→“New”→“Project”命令，在弹出的 New Project 窗口中选中“Map/Reduce Project”，然后单击“Next”按钮，如图 6.30 所示。

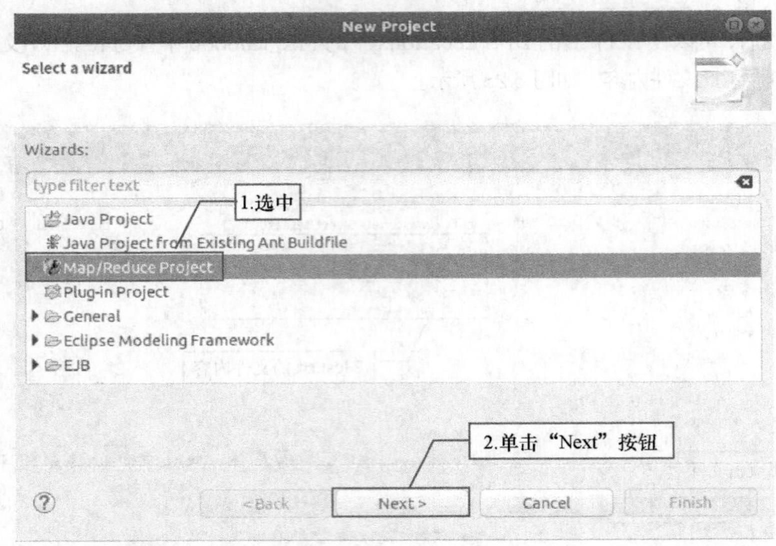

图 6.30 新建 MapReduce 工程

（2）在 New MapReduce Project Wizard 窗口中填写工程名，如“WordCount”，然后单击“Finish”按钮，如图 6.31 所示。

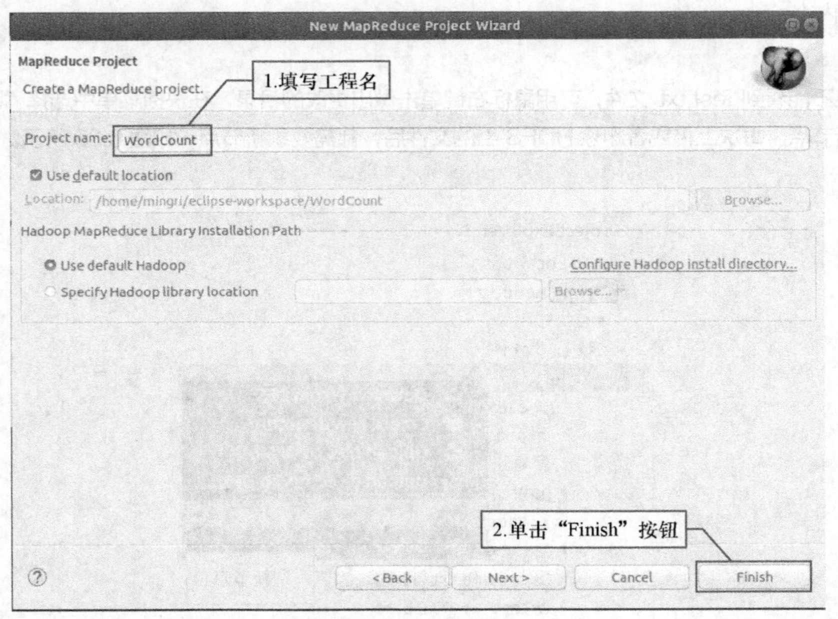

图 6.31 新建工程 WordCount

（3）在主界面左侧的 Project Explorer 窗口中可以看到已经创建好的工程 WordCount，还可以看到创建 Hadoop 工程所需要的 JAR 包已经全部自动导入，如图 6.32 所示。

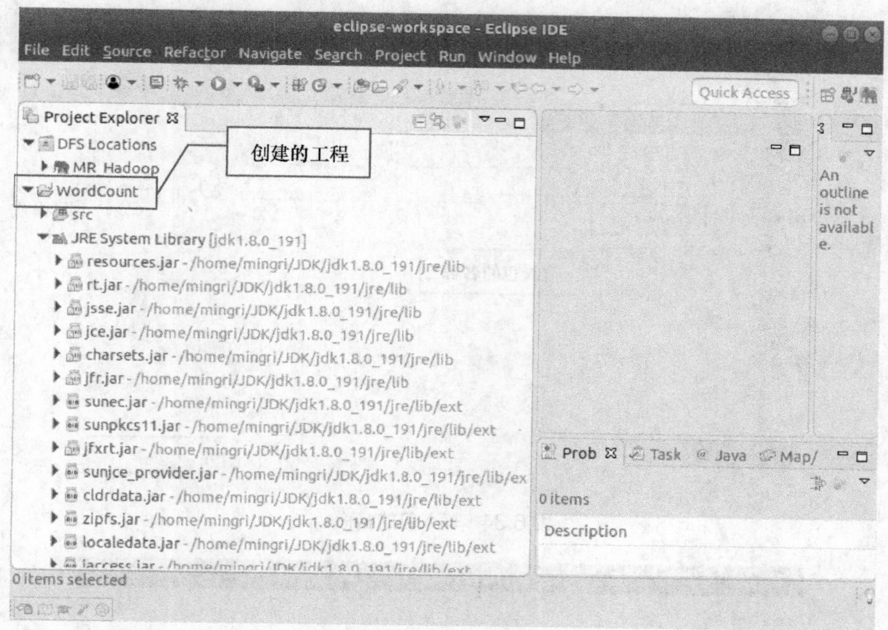

图 6.32　成功创建工程 WordCount

新工程已经创建完成，接下来需要创建类。

（4）首先在 WordCount 工程下的 src 节点上单击鼠标右键，选择“New”→“Package”，创建一个新的 Java 包，如图 6.33 所示。

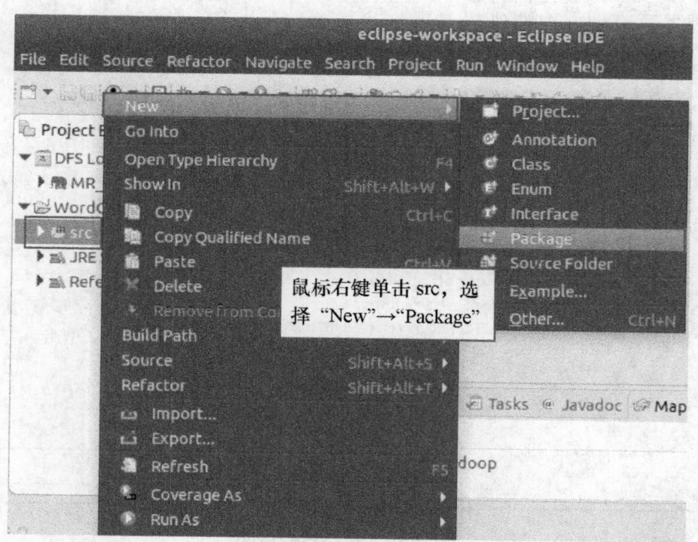

图 6.33　新建 Java 包

（5）在弹出的 New Java Package 窗口中，输入包的名称，如“com.mingri”，如图 6.34 所示。

（6）然后单击“Finish”按钮，完成对 Java 包的创建，返回 Eclipse 主界面。在新创建的包 com.mingri 上单击鼠标右键，选择“New”→“Class”，在弹出的窗口中输入类名，如“WordCount”，如图 6.35 所示。

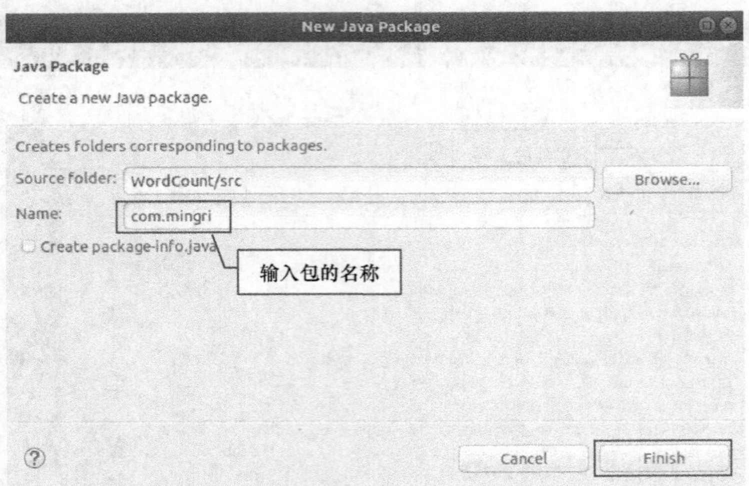

图 6.34　输入包的名称

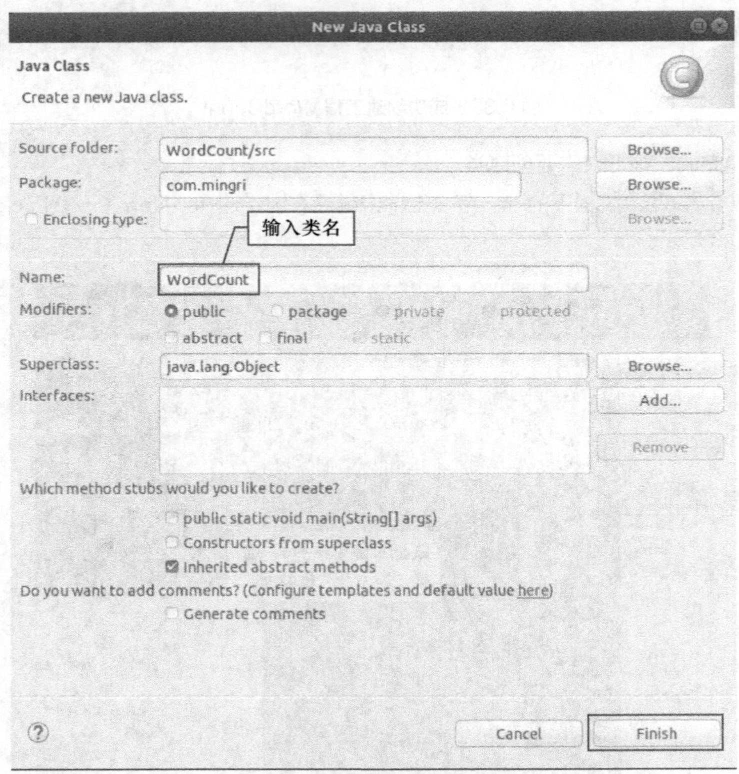

图 6.35　输入类的名称

（7）单击“Finish”按钮，完成对类 WordCount 的创建，回到 Eclipse 主界面，系统会自动打开类编辑窗口，如图 6.36 所示。

3. 编写源码

在 WordCount 工程中，不需要我们写代码，因为 Hadoop 提供了此工程的源码。

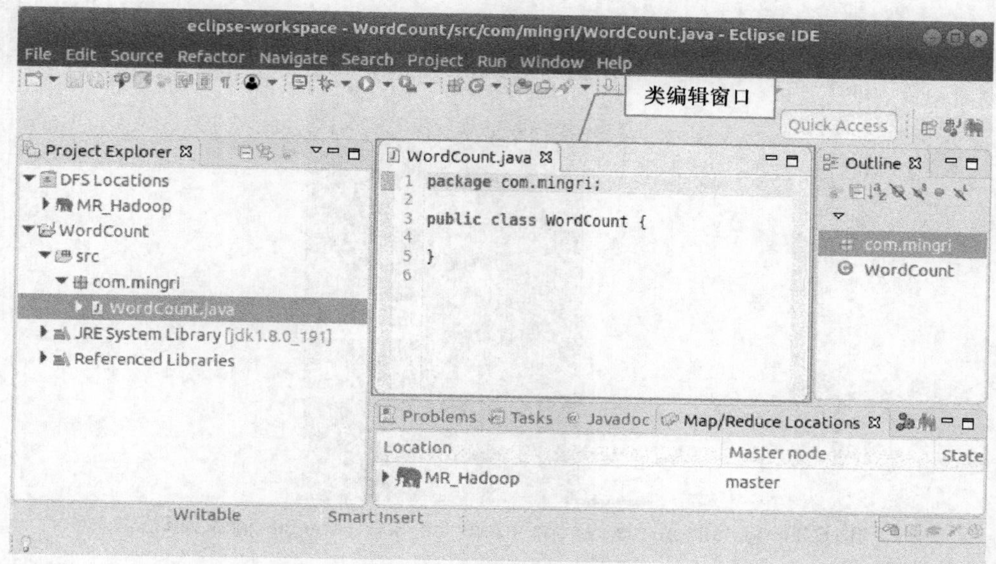

图 6.36　创建 WordCount 类

此代码在 Hadoop 的安装目录中，找到 hadoop-3.1.1/share/hadoop/mapreduce/sources 目录，在该目录下有一个 hadoop-mapreduce-examples-3.1.1-sources.jar 文件，如图 6.37 所示。

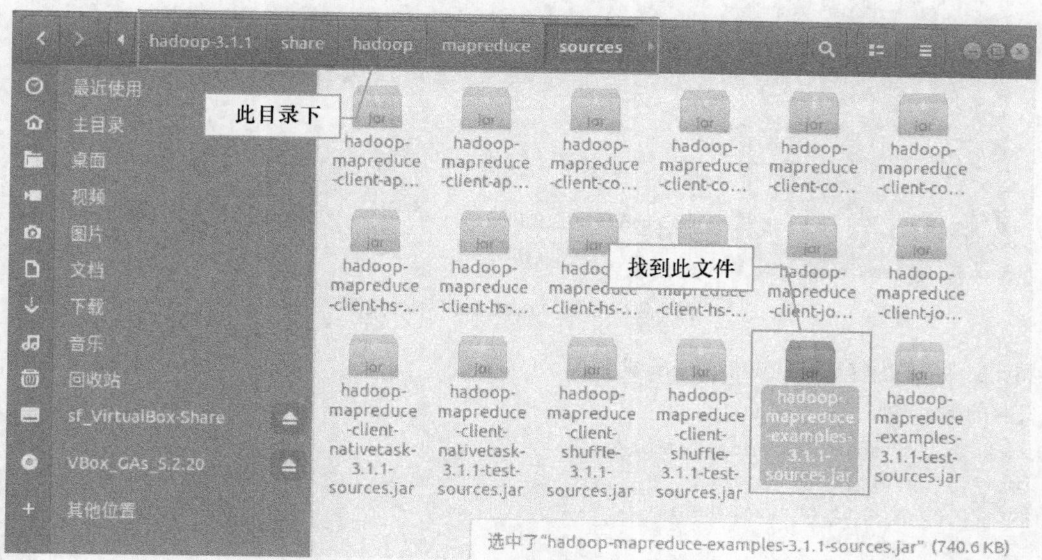

图 6.37　找到 hadoop-mapreduce-examples-3.1.1-sources.jar 文件

将 hadoop-mapreduce-examples-3.1.1-sources.jar 文件复制到主目录下，鼠标右键单击此文件，在快捷菜单中选择“提取到此处”，解压此文件，如图 6.38 所示。

在解压出来的目录 hadoop-mapreduce-examples-3.1.1-sources 下，进入子目录 org/apache/hadoop/examples，找到一个名为 WordCount.java 的文件，这个文件就是 WordCount 程序的源代码，如图 6.39 所示。

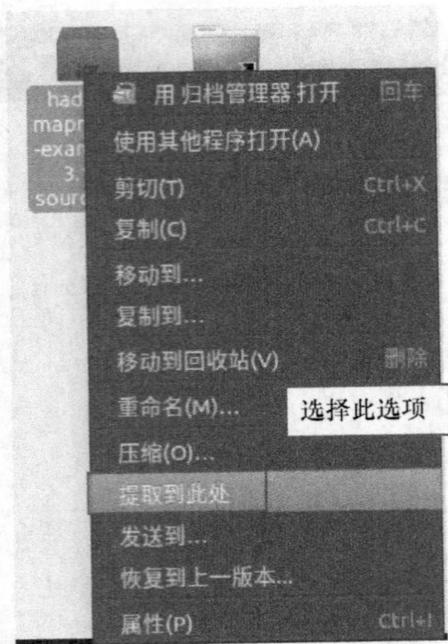

图 6.38　将 hadoop-mapreduce-examples-3.1.1-sources.jar 文件解压

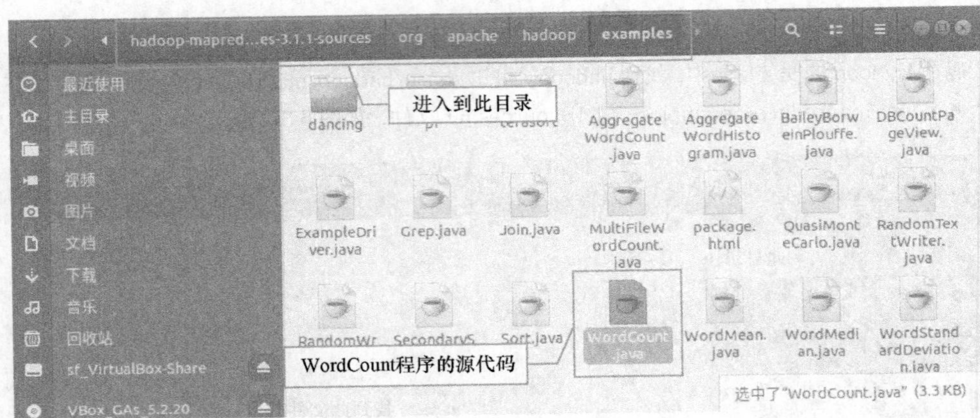

图 6.39　找到 WordCount.java 文件

将此文件中的内容复制到 WordCount 类中。

完整的源代码如下。

```
package org.apache.hadoop.examples;
import java.io.IOException;
import java.util.StringTokenizer;
import org.apache.hadoop.conf.Configuration;
import org.apache.hadoop.fs.Path;
import org.apache.hadoop.io.IntWritable;
import org.apache.hadoop.io.Text;
import org.apache.hadoop.mapreduce.Job;
import org.apache.hadoop.mapreduce.Mapper;
import org.apache.hadoop.mapreduce.Reducer;
import org.apache.hadoop.mapreduce.lib.input.FileInputFormat;
import org.apache.hadoop.mapreduce.lib.output.FileOutputFormat;
import org.apache.hadoop.util.GenericOptionsParser;
```

```
public class WordCount {
    public static class TokenizerMapper extends Mapper<Object, Text, Text, IntWritable>{
      private final static IntWritable one = new IntWritable(1);
      private Text word = new Text();
      public void map(Object key, Text value, Context context
                ) throws IOException, InterruptedException {
      StringTokenizer itr = new StringTokenizer(value.toString());
      while (itr.hasMoreTokens()) {
        word.set(itr.nextToken());
        context.write(word, one);
      }
    }
  }

  public static class IntSumReducer extends Reducer<Text,IntWritable,Text,IntWritable> {
    private IntWritable result = new IntWritable();
    public void reduce(Text key, Iterable<IntWritable> values,
                  Context context
                  ) throws IOException, InterruptedException {
      int sum = 0;
      for (IntWritable val : values) {
        sum += val.get();
      }
      result.set(sum);
      context.write(key, result);
    }
  }

  public static void main(String[] args) throws Exception {
    Configuration conf = new Configuration();
    String[] otherArgs = new GenericOptionsParser(conf, args).getRemainingArgs();
    if (otherArgs.length < 2) {
      System.err.println("Usage: wordcount <in> [<in>...] <out>");
      System.exit(2);
    }
    Job job = Job.getInstance(conf, "word count");
    job.setJarByClass(WordCount.class);
    job.setMapperClass(TokenizerMapper.class);
    job.setCombinerClass(IntSumReducer.class);
    job.setReducerClass(IntSumReducer.class);
    job.setOutputKeyClass(Text.class);
    job.setOutputValueClass(IntWritable.class);
    for (int i = 0; i < otherArgs.length - 1; ++i) {
      FileInputFormat.addInputPath(job, new Path(otherArgs[i]));
    }
    FileOutputFormat.setOutputPath(job, new Path(otherArgs[otherArgs.length - 1]));
    System.exit(job.waitForCompletion(true) ? 0 : 1);
  }
}
```

在将源代码内容复制到 WordCount 类中时，替换 WordCount 类中原有的全部内容，并将第一行代码“package org.apache.hadoop.examples;”修改为“package com.mingri;”。

6.3.3 分析 WordCount 程序

WordCount 的源代码结构非常简单，可以分为三个部分，分别是 Mapper 模块（执行 Map 任务）、Reducer 模块（执行 Reduce 任务）与主函数，下面分别介绍。

1. Mapper 模块

在 MapReduce 程序中，最重要的代码实现就是 Mapper 模块中的 map 函数以及 Reducer 模块中的 reduce 函数。首先介绍 Mapper 类，也就是源代码中的 TokenizerMapper 类，如图 6.40 所示。

```
15 public class WordCount {
16     public static class TokenizerMapper extends Mapper<Object, Text, Text, IntWritable>{
17       private final static IntWritable one = new IntWritable(1);
18       private Text word = new Text();
19       public void map(Object key, Text value, Context context
20                   ) throws IOException, InterruptedException {
21       StringTokenizer itr = new StringTokenizer(value.toString());
22       while (itr.hasMoreTokens()) {
23         word.set(itr.nextToken());
24         context.write(word, one);
25       }
26     }
27   }
```

图 6.40　Mapper 类

对 Mapper 类的代码分析如下。

（1）代码第 16 行：自定义 TokenizerMapper 类，继承 Mapper 类。Mapper 类的 4 个泛型分别代表了 map 函数输入键值对的键的类、map 函数输入键值对的值的类、map 函数输出键值对的键的类、map 函数输出键值对的值的类。

（2）代码第 19 行、第 20 行：Mapper 类读取输入并且执行 map 函数，MapReduce 计算框架会将键值对作为参数传递给 map 函数。一个是 Object 类的键，代表行号；另一个是 Text 类的值，代表该行的内容。

（3）代码第 23 行、第 24 行：根据 WordCount 工程的需求，在 map 函数中，使用 StringTokenizer 类的 nextToken()方法将每行文本拆分为单个单词，再使用 Context 类的 write()方法将其作为中间结果输出。

2. Reducer 模块

Reducer 类的代码如图 6.41 所示。

```
29 public static class IntSumReducer
30      extends Reducer<Text,IntWritable,Text,IntWritable> {
31   private IntWritable result = new IntWritable();
32   public void reduce(Text key, Iterable<IntWritable> values,
33                      Context context
34                      ) throws IOException, InterruptedException {
35     int sum = 0;
36     for (IntWritable val : values) {
37       sum += val.get();
38     }
39     result.set(sum);
40     context.write(key, result);
41   }
42 }
```

图 6.41　Reducer 类

对 Reducer 类的代码分析如下。

（1）代码第 29 行、第 30 行：自定义 IntSumReducer 类，继承 Reducer 类。Reducer 类的泛型代表了 reduce 函数输入键值对的键的类、reduce 函数输入键值对的值的类、reduce 函数输出键值对的键的类、reduce 函数输出键值对的值的类。

（2）代码第 32 ~ 34 行：Reducer 接收到 Mapper 输出的中间结果并执行 reduce 函数，reduce 函数接收到的参数形如<key,List<value>>，这是因为 map 函数将 key 相同的所有 value 都发送给 reduce 函数，在 reduce 函数中，完成对相同 key（同一单词）的计数并将最后结果输出。

3. 主函数

在主函数中需要进行 MapReduce 程序的一些初始化设置，向 Hadoop 提交任务，以及等待程序运行完成，主函数的代码如图 6.42 所示。

```
44  public static void main(String[] args) throws Exception {
45    Configuration conf = new Configuration();
46    String[] otherArgs = new GenericOptionsParser(conf, args).getRemainingArgs();
47    if (otherArgs.length < 2) {
48      System.err.println("Usage: wordcount <in> [<in>...] <out>");
49      System.exit(2);
50    }
51    Job job = Job.getInstance(conf, "word count");
52    job.setJarByClass(WordCount.class);
53    job.setMapperClass(TokenizerMapper.class);
54    job.setCombinerClass(IntSumReducer.class);
55    job.setReducerClass(IntSumReducer.class);
56    job.setOutputKeyClass(Text.class);
57    job.setOutputValueClass(IntWritable.class);
58    for (int i = 0; i < otherArgs.length - 1; ++i) {
59      FileInputFormat.addInputPath(job, new Path(otherArgs[i]));
60    }
61    FileOutputFormat.setOutputPath(job, new Path(otherArgs[otherArgs.length - 1]));
62    System.exit(job.waitForCompletion(true) ? 0 : 1);
63  }
64 }
```

图 6.42　主函数

对主函数的代码分析如下。

（1）代码第 45 行：初始化相关 Hadoop 配置。Configuration 类包含了对 Hadoop 的配置，它是作业运行必不可少的组件，也可以在代码中用该对象设置作业级别的配置。

（2）代码第 51 行：新建 Job 并设置主类，将 Configuration 类的实例传入，“word count”是该 MapReduce 任务的任务名。

（3）代码第 53~55 行：设置 Mapper 类、Combiner 类、Reducer 类。其中 Mapper 类和 Reducer 类是必须要设置的类，Combiner 类的设置语句可以省略。

（4）代码第 56 行、第 57 行：设置 reduce 函数输出的键值对格式，其中第 56 行代码设置 reduce 函数输出 key 的类，第 57 行代码设置 reduce 函数输出 value 的类。

MapReduce 程序涉及 4 个键值对格式，分别为 Mapper 输入键值对格式<K1,V1>、Mapper 输出键值对格式<K2,V2>、Reducer 输入键值对格式<K2,V2>、Reducer 输出键值对格式<K3,V3>。当 Mapper 输出键值对格式<K2,V2>和 Reducer 输出键值对格式<K3,V3>一样的时候，可以只设置 Reducer 输出键值对的格式。

（5）代码第 58~61 行：指定输入和输出路径。如果有需要，这里可以增加对输入和输出的文件格式的设置。

（6）代码第 62 行：提交 MapReduce 任务，此行代码为固定写法。

6.3.4 运行程序

在 Eclipse 中运行 MapReduce 程序的步骤如下。

首先新建“Run Configuration”。将光标移动到 WordCount.java 的代码编辑区，单击鼠标右键，选择“Run As”→“Run Configurations”，如图 6.43 所示。

将打开图 6.44 所示的配置对话框，鼠标右键单击左侧的“Java Application”，选择“New Configuration”，新建一个配置。具体设置如图 6.45 所示。

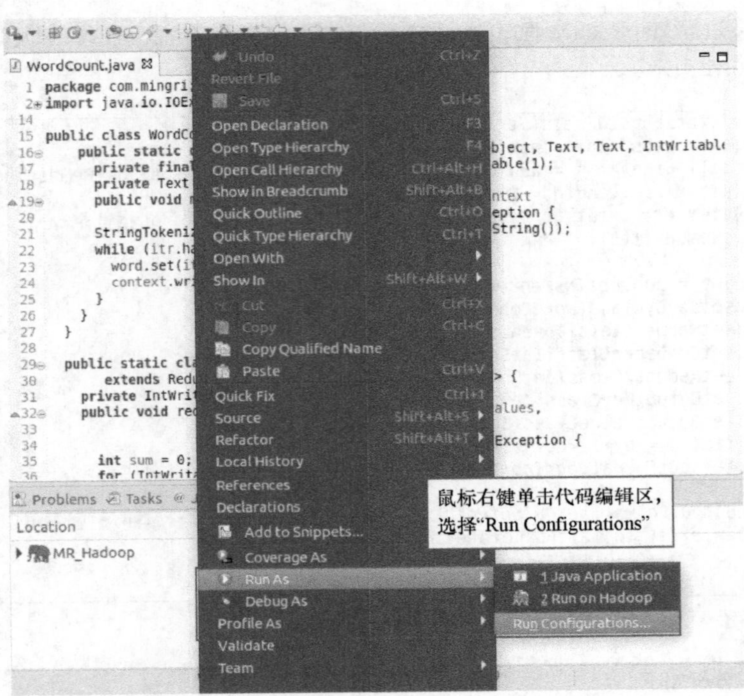

图 6.43 配置 Run Configuration

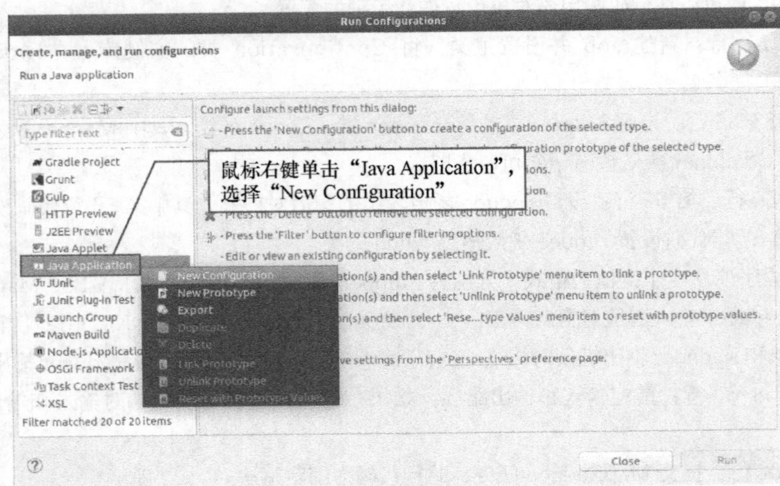

图 6.44 新建一个配置

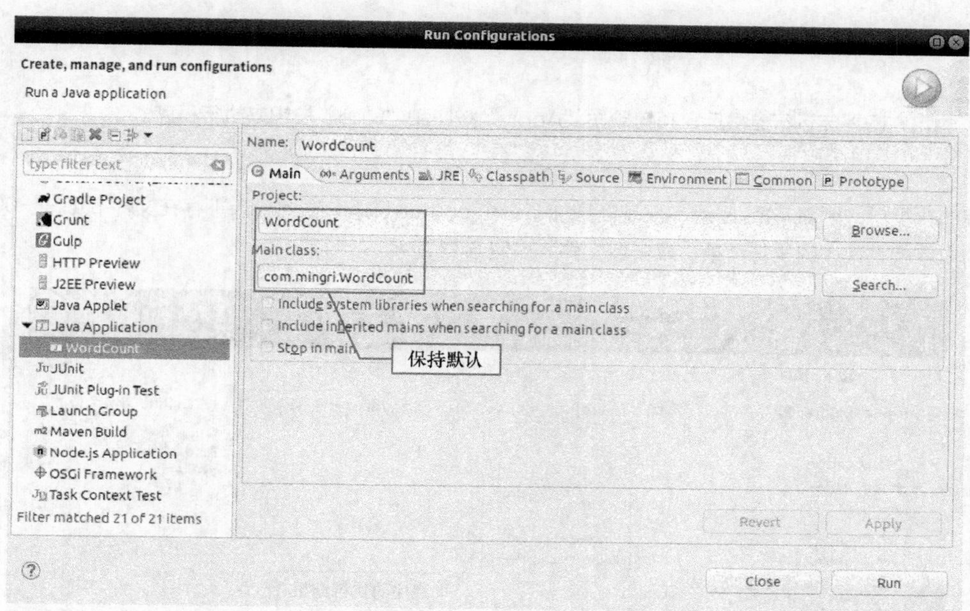

图 6.45　工程名和类名保持不变

在此界面中，Main 选项卡中的内容不用修改，Project 名和 Main class 名必须与用户创建工程时的设置一致，此例中工程名为 WordCount，类名为 com.mingri.WordCount。

接下来需要设置 Arguments 选项卡中的内容，配置运行参数，如图 6.46 所示。

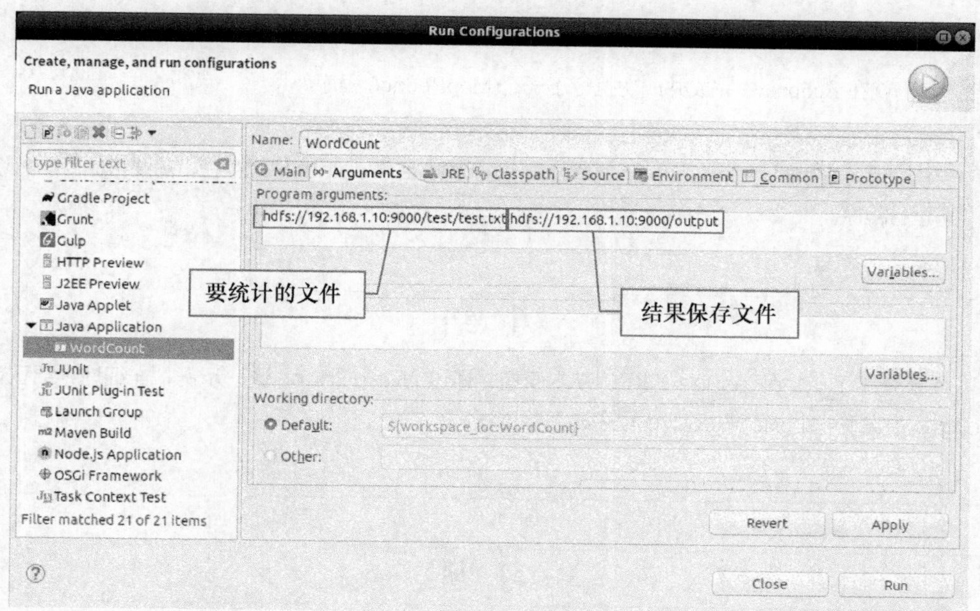

图 6.46　配置运行参数

其中，在 Program arguments 文本框中输入程序的运行参数，hdfs://192.168.1.10：9000/test/test.txt 是要统计的文件，后面的 hdfs://192.168.1.10:9000/output 是输出的结果文件，两者之间用空格隔开。

配置完毕后，依次单击“Apply”按钮和“Close”按钮，返回到主界面。

返回到主界面后，鼠标右键单击代码编辑区，选择“Run As”→“Run on Hadoop”。

也可在配置完运行参数后，直接单击“Apply”按钮和“Run”按钮来执行程序。

在程序执行后，刷新 DFS 目录，发现新增加了一个 output 目录，在此目录下存在文件 part-r-00000，此文件的内容就是程序的执行结果。双击此文件，如图 6.47 所示。

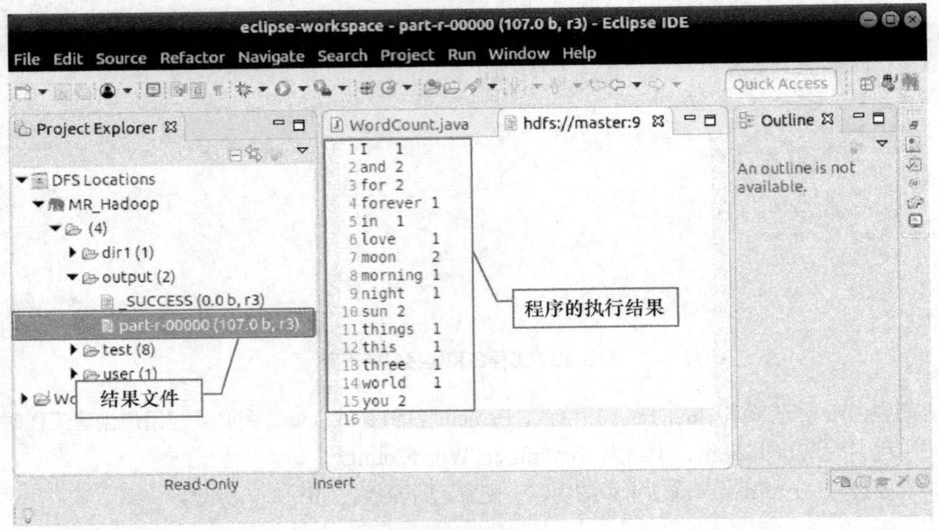

图 6.47 查看程序的执行结果

至此，我们就在 Eclipse 中完成并成功执行了一个 MapReduce 程序。

当再次运行程序时，Console 窗口会报错，提示输出目录 output 已经存在，需要将此目录删除后，再运行程序。

小 结

本章介绍了 MapReduce 编程的基本原理，通过 WordCount 这一示例，详细地介绍了在 Eclipse 中实现一个 MapReduce 程序的完整过程。

习 题

6-1 简述 MapReduce 的编程思想。

6-2 YARN 中的 Resource Manager 有什么用?

6-3 描述 YARN 的工作流程。

PART07

第7章 Hive

Hive 是 Hadoop 生态系统中一个非常重要的工具，它为 HDFS 与 MapReduce 提供了一种简便的方法——使用 SQL 语句操作 HDFS。

本章要点

- 什么是 Hive 以及使用 Hive 的原因
- 安装 MySQL 数据库，登录并使用 MySQL 数据库
- 安装并配置 Hive
- 掌握 Hive 中的数据类型和存储格式
- 掌握 Hive 中的数据定义，掌握创建、删除数据库和创建、修改、删除数据表等操作方法
- 理解分区表
- 掌握 Hive 中的数据操作方法，如加载数据、插入数据以及导出数据

7.1 Hive 简介

Hive 简介

7.1.1 什么是 Hive

Hive 是基于 Hadoop 的一个数据仓库工具，可以将结构化的数据文件映射为一张数据库表，并提供简单的 SQL 查询功能，且可以将 SQL 语句转换为 MapReduce 任务运行。

Hive 定义了简单的类 SQL 查询语言，称为 HiveQL，简写为 HQL，它允许熟悉 SQL 的用户查询数据。同时，这个语言也允许熟悉 MapReduce 开发的开发者自定义 Mapper 和 Reducer 来处理内建的 Mapper 和 Reducer 无法完成的复杂的分析工作。在实际开发中，80%的操作都不会由 MapReduce 程序直接完成，而是由 Hive 来完成，所以 Hive 的使用频率非常高。而且 Hive 也易于使用，只要用户对 SQL 熟练，即可掌握 Hive 的用法。

Hive 提交任务的过程严格遵守 MapReduce 的执行流程：将用户提交的 SQL 语句通过 Hive 的解释器转换成 MapReduce 作业提交到 Hadoop 集群中，Hadoop 监控作业执行的详细过程，最后将执行结果返回给提交者。

7.1.2 为什么使用 Hive

通过上面的介绍可以了解到，因为 MapReduce 的实现逻辑不易理解，所以出现了 Hive。Hive 具有以下几个优点。

1. 开发周期短

Hive 可以缩短开发周期，并不是说 Hive 可以提供更快的开发方法，而是它定义了一种类似 SQL 的查询语言。

Hive 使用 HQL 语句表述查询操作，并将其自动转换成一个或多个 MapReduce 作业，然后执行这些 MapReduce 作业并将结果反馈给用户，省去了“编译→提交”这一过程，缩短了开发周期。

2. 减轻开发人员的学习成本与负担

此前，用户要想使用 Hadoop，必须要掌握软件开发的编程语言和 MapReduce 的编程思想。而现在，熟悉 SQL 的用户都可以通过 Hive 来操作 Hadoop。

7.1.3 Hive 的体系结构

与 Hadoop 的 HDFS 和 MapReduce 计算框架不同，Hive 并不是分布式的，它独立于集群之外，可以看作 Hadoop 的客户端。Hive 的体系结构如图 7.1 所示。

Hive 体系结构是由多个组件组成的，包含元数据（MetaStore）、驱动（包含编译器、优化器、执行器）、用户接口（包含客户端、UI、ThriftServer），下面分别进行介绍。

1. 元数据

元数据（MetaStore）通常存储在关系型数据库管理系统（Relational Database Management System，RDBMS）中，如 MySQL、Derby。元数据包含表名、列名、字段名、分区、表的类型（是否属于外部表）和数据存储的路径等信息。Hive 将 HDFS 上的结构化的数据通过元数据映射为一张张表，这样用户可以通过 HQL 对数据进行查询。

2. 驱动

Hive 的驱动（Driver）在接收到 HQL 语句后，通过创建会话来启动语句的执行，并监控执行的生命周期和进度。同时，它会对 HQL 在执行过程中产生的元数据信息进行存储。

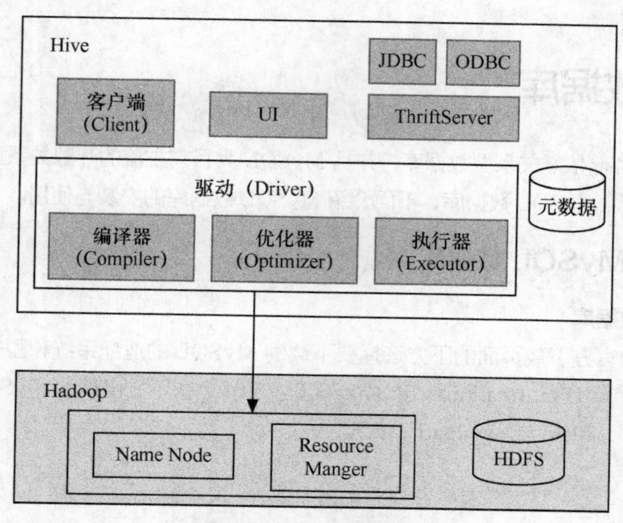

图 7.1　Hive 体系结构

编译器、优化器、执行器实现 HQL 查询语句的词法分析、语法分析、编译、优化以及查询计划的生成。生成的查询计划存储在 HDFS 中，随后由 MapReduce 调用执行。

3. 用户接口

客户端在日常开发中使用较为频繁，启动 Hive 终端会同时启动一个 Hive 副本，用户可以使用 JDBC（或 ODBC）客户端连接到 Hive Server。

Hive 的数据存储在 HDFS 中，大部分的查询、计算会启动 MapReduce 任务，但*查询不会生成 MapReduce 任务，如 SELECT * FROM tb;。

7.1.4　Hive 与关系型数据库的区别

Hive 的查询语言 HQL 支持 SQL-92 标准，这与 SQL 非常类似，因此 Hive 会被误解成关系型数据库。但是，Hive 和关系型数据库除了查询语句类似外，再无相似之处，两者的区别如表 7.1 所示。

表 7.1　Hive 与关系型数据库的区别

对比项	Hive	RDBMS
查询语句	HQL	SQL
数据存储位置	Hadoop 分布式文件系统（HDFS）	本地文件系统
数据格式	用户定义	系统决定
数据更新	不支持	支持
索引	支持，但与 RDBMS 的索引并不相同	支持
执行引擎	MapReduce	Executor
执行延迟	高	低
可扩展性	高	低
数据规模	海量	小

7.2 安装元数据库

安装元数据库

因为 Hive 的元数据存储依靠关系型数据库，并且 MySQL 为目前主流的开源关系型数据库，所以本书中采用了 MySQL 数据库，下面介绍 MySQL 数据库的安装与使用。

7.2.1 下载和安装 MySQL 数据库

1. 下载 MySQL 数据库

在 MySQL 数据库的官方下载页面的下方选择要下载的 MySQL 的适配系统和型号，如图 7.2 所示。分别选择“Ubuntu Linux”和“Ubuntu Linux 18.04(x86,64-bit)”。在下方出现的 MySQL 安装包下载候选列表中，选择“DEB Bundle”，单击“Download”按钮。

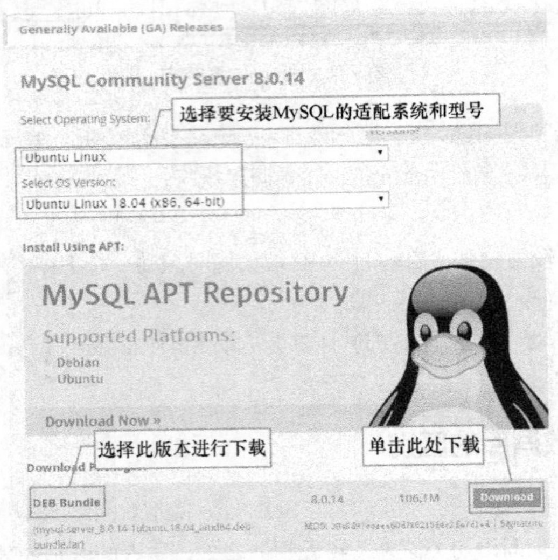

图 7.2 选择要下载的 MySQL 版本

进入下载页面，如图 7.3 所示，单击“No thanks, just start my download.”进行下载。

Begin Your Download

mysql-server_8.0.14-1ubuntu18.04_amd64.deb-bundle.tar

Login Now or Sign Up for a free account.

An Oracle Web Account provides you with the following advantages:

- Fast access to MySQL software downloads
- Download technical White Papers and Presentations
- Post messages in the MySQL Discussion Forums
- Report and track bugs in the MySQL bug system
- Comment in the MySQL Documentation

Login » using my Oracle Web account

Sign Up » for an Oracle Web account

MySQL.com is using Oracle SSO for authentication. If you already have an Oracle Web account, click the Login link. Otherwise, you can signup for a free account by clicking the Sign Up link and

单击此链接进行MySQL安装包的下载

No thanks, just start my download.

图 7.3 进行下载

下载好的 MySQL 安装包名为 mysql-server_8.0.14-1ubuntu18.04_amd64.deb-bundle.tar，将此安装包复制到 Master 节点的~/mysql 目录下（此目录为新建的），如图 7.4 所示。

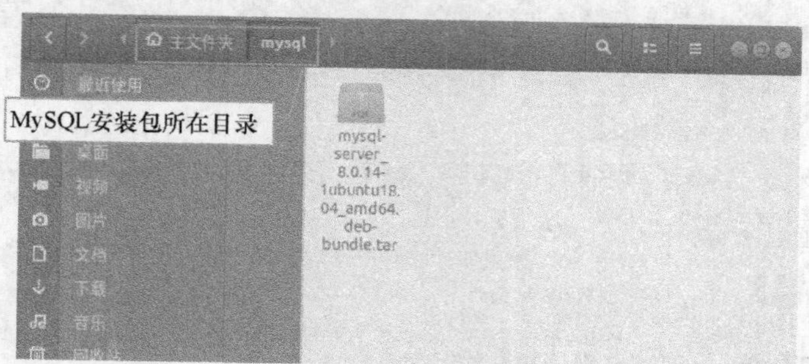

图 7.4　将 MySQL 安装包复制到 Master 节点的 ~/mysql 目录下

本书中 Ubuntu 版本为 Ubuntu18.04，对应的 MySQL 版本为 Mysql 8.0.14。如果读者的 Linux 为其他版本，需要下载对应的 MySQL 版本（在图 7.2 所示的页面中选择 Linux 版本后，会自动显示匹配的 MySQL 版本）。

2. 安装 MySQL 数据库

安装 MySQL 数据库的步骤如下。

（1）进入 MySQL 安装包的目录下，解压缩安装包，命令如下。

```
cd mysql
tar -xvf mysql-server_8.0.14-1ubuntu18.04_amd64.deb-bundle.tar
```

执行结果如图 7.5 所示。

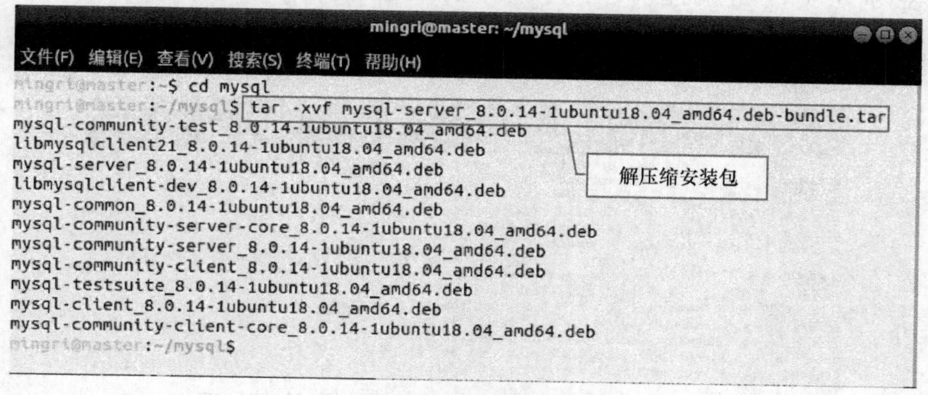

图 7.5　解压缩安装包

通过解压命令，在~/mysql 目录下解压出 11 个.deb 文件。

（2）执行升级并安装依赖包。

使用如下命令进行升级。

```
sudo apt-get upgrade
```

命令执行中，提示“您希望继续执行吗？[Y/n]”，输入“y”，继续执行。

然后安装依赖包，命令如下。

```
sudo apt-get install libaio1
```

执行结果如图 7.6 所示。

```
mingri@master: ~/mysql
文件(F) 编辑(E) 查看(V) 搜索(S) 终端(T) 帮助(H)
mingri@master:~/mysql$ sudo apt-get install libaio1
正在读取软件包列表... 完成
正在分析软件包的依赖关系树
正在读取状态信息... 完成
下列【新】软件包将被安装:
  libaio1
升级了 0 个软件包，新安装了 1 个软件包，要卸载 0 个软件包，有 202 个软件包未被升级
。
需要下载 6,448 B 的归档。
解压缩后会消耗 30.7 kB 的额外空间。
获取:1 http://mirrors.aliyun.com/ubuntu bionic/main amd64 libaio1 amd64 0.3.110-5
[6,448 B]
已下载 6,448 B，耗时 10秒 (639 B/s)
正在选中未选择的软件包 libaio1:amd64。
(正在读取数据库 ... 系统当前共安装有 166490 个文件和目录。)
正准备解包 .../libaio1_0.3.110-5_amd64.deb  ...
正在解包 libaio1:amd64 (0.3.110-5) ...
正在处理用于 libc-bin (2.27-3ubuntu1) 的触发器 ...
正在设置 libaio1:amd64 (0.3.110-5) ...
正在处理用于 libc-bin (2.27-3ubuntu1) 的触发器 ...
mingri@master:~/mysql$
```

图 7.6　安装依赖包

（3）按顺序安装 deb 程序包。因为各个 deb 程序包之间有依赖，所以必须按照顺序进行安装，命令如下。

```
sudo dpkg -i mysql-common_8.0.14-1ubuntu18.04_amd64.deb
sudo dpkg -i libmysqlclient21_8.0.14-1ubuntu18.04_amd64.deb
sudo dpkg -i libmysqlclient-dev_8.0.14-1ubuntu18.04_amd64.deb
sudo dpkg -i mysql-community-client-core_8.0.14-1ubuntu18.04_amd64.deb
sudo dpkg -i mysql-community-client_8.0.14-1ubuntu18.04_amd64.deb
sudo apt-get install libaio1 libmecab2 openssh-client
sudo dpkg -i mysql-community-server-core_8.0.14-1ubuntu18.04_amd64.deb
sudo dpkg -i mysql-client_8.0.14-1ubuntu18.04_amd64.deb
sudo dpkg -i mysql-community-server_8.0.14-1ubuntu18.04_amd64.deb
sudo dpkg -i mysql-server_8.0.14-1ubuntu18.04_amd64.deb
```

因为执行结果的显示内容很多，所以只显示一部分，如图 7.7 所示。

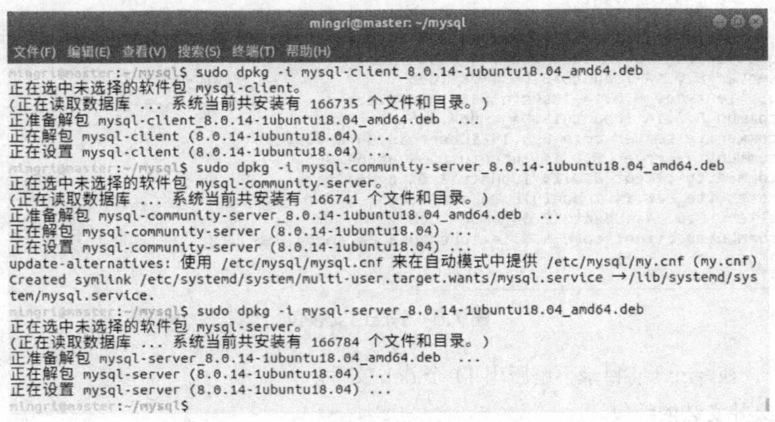

图 7.7　按顺序安装 deb 程序包

其中，在执行 sudo dpkg -i mysql-community-server_8.0.14-1ubuntu18.04_amd64.deb 命令后，系统会提示设置 MySQL 的 root 账户的密码，如图 7.8 所示。在光标闪烁处输入密码（注意，需要记住此密码，用来登录 MySQL）。

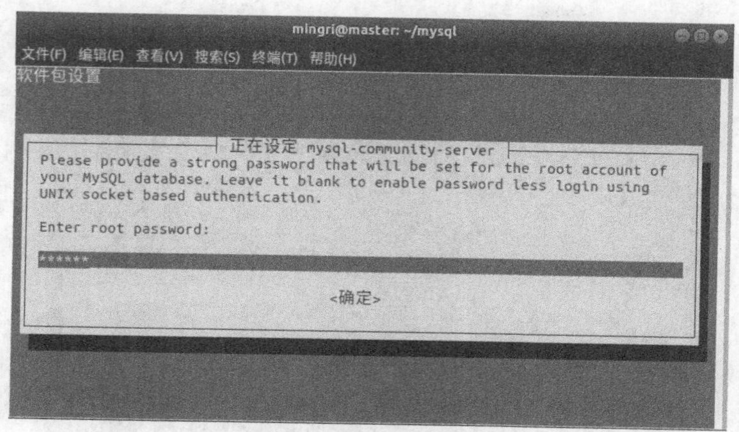

图 7.8 输入 root 账户的密码

输入密码之后，按 Tab 键将光标转移到“<确定>”位置上，按 Enter 键，进入再次确认密码界面，如图 7.9 所示，输入密码后，同样通过按 Tab 键和 Enter 键进入下一页面。

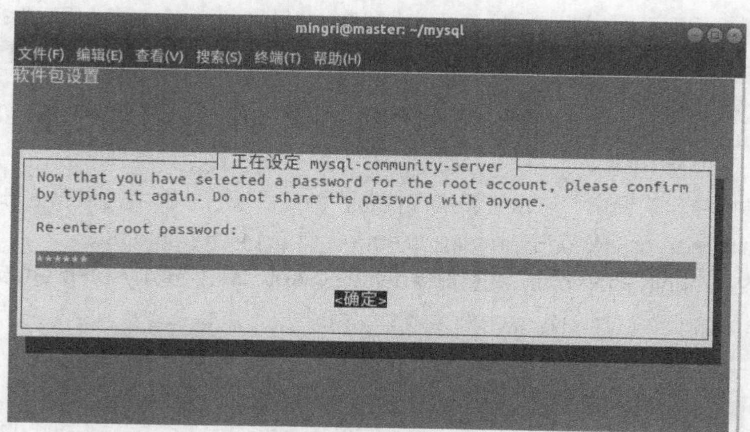

图 7.9 再次确认密码

在图 7.10 所示的界面单击“<确定>”按钮，进入身份验证选择界面。

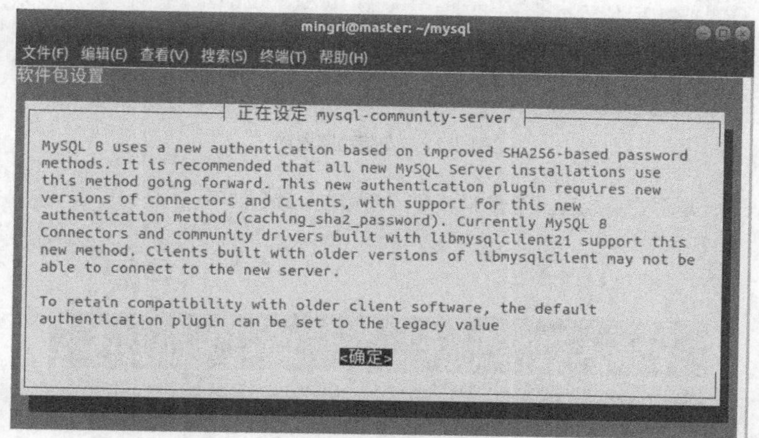

图 7.10 确认将身份验证插件设置为旧值

通过按键盘上的↓键选中“Use Legacy Authentication Method (Retain MySQL 5.x Compatibility)”，然后按 Tab 键将光标移动到“<确定>”，按 Enter 键，进行确认，如图 7.11 所示。

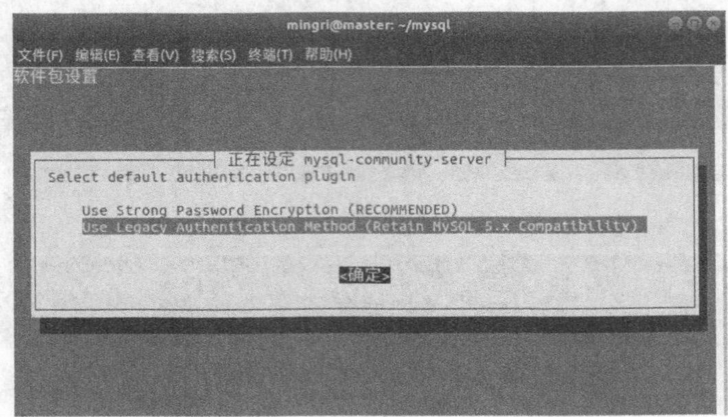

图 7.11　身份验证选择界面

MySQL 8.0 采用了新的加密方式，正是这个加密方式导致 Ubuntu 18.04 用设置的 root 密码登录不了 MySQL。Ubuntu 18.04 的终端可能有问题，并不支持新的加密方式（上面推荐的加密方式），此时需要使用旧版本 5.x 的加密方式。

如果安装顺序出现错误，可以查看错误信息，例如，图 7.12 中的错误信息显示“mysql-community-server 依赖于 mysql-client（=8.0.14-1ubuntu18.04）”，说明在安装 mysql-community-server 前，先要安装 mysql-client，那么找到 mysql-client 安装包进行安装，再来安装 mysql-community-server 就不会出错了。

图 7.12　安装顺序出错

（4）检验 MySQL 是否安装成功。查看 MySQL 的版本，命令如下。

```
mysql -V
```

结果如图 7.13 所示。

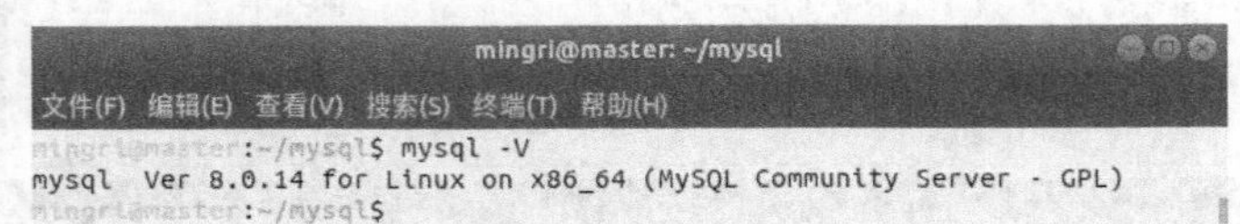

图 7.13　查看 MySQL 的版本

7.2.2 登录 MySQL 数据库

用户可以从终端启动 MySQL 数据库，登录 MySQL 数据库的命令如下。

```
mysql -u root -p
```

结果如图 7.14 所示。

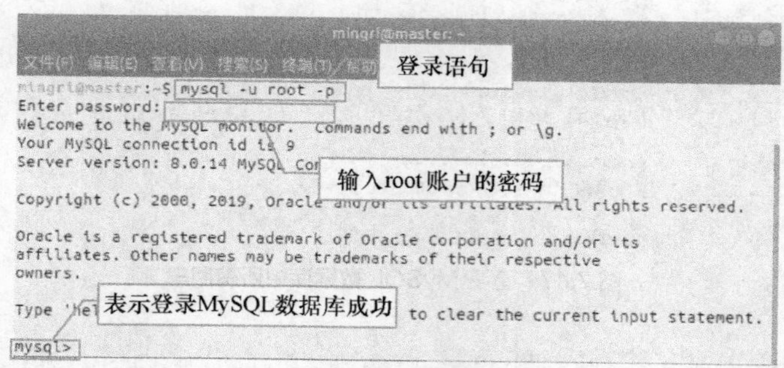

图 7.14 登录 MySQL 数据库

如果想要执行终端命令，可以输入 exit 命令，来退出 MySQL 数据库，如图 7.15 所示。

图 7.15 退出 MySQL 数据库

7.2.3 使用 MySQL 数据库

本小节简单介绍一下如何在 MySQL 数据库上创建新用户、创建数据库、创建表等。

1. 创建新用户

下面以创建一个名为 hadming 的 MySQL 新用户为例，介绍如何创建新用户。

首先，创建新用户，名为 hadming，密码为 123456，命令如下。

```
mysql>create user 'hadming' @'%' identified by '123456';
```

再为此新用户授权，使得此用户可以访问所有数据库，命令如下。

```
mysql>grant all on *.* to 'hadming'@'%';
```

执行结果如图 7.16 所示。

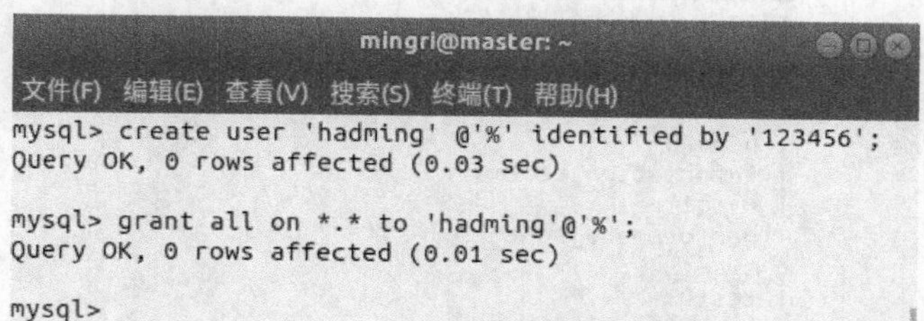

图 7.16 创建新用户并授权

最后，使用查询语句查看 MySQL 数据库中所有用户，命令如下。

```
mysql>SELECT user FROM mysql.user;
```

执行结果如图 7.17 所示。

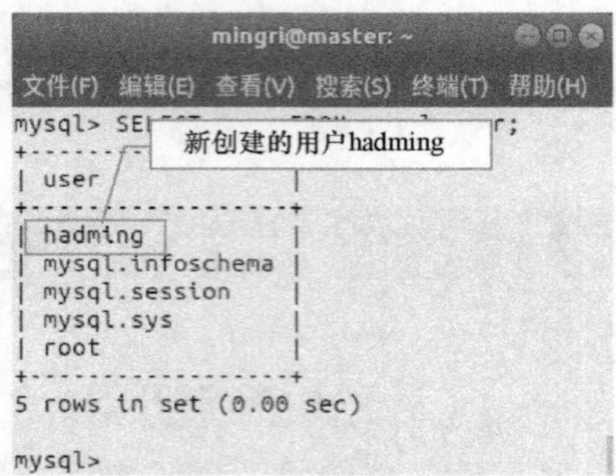

图 7.17　查看 MySQL 数据库中所有用户

MySQL 的关键字不区分大小写，上面的命令也可以写为“select user from mysql.user;”。

2. 创建数据库

创建一个名为 testDB 的数据库，命令如下。

```
mysql>create database testDB;
```

执行结果如图 7.18 所示。

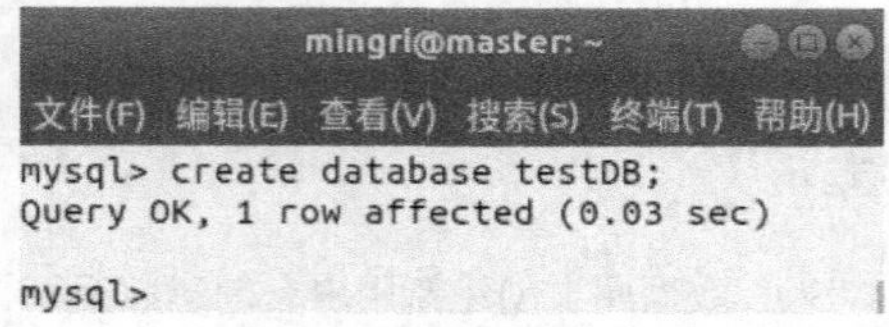

图 7.18　创建数据库

查看数据库，命令如下。

```
mysql>SHOW DATABASES;
```

执行结果如图 7.19 所示。

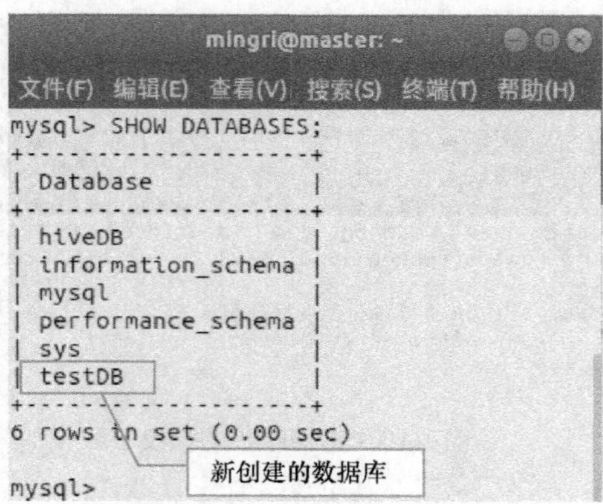

图 7.19　查看数据库

使用数据库，命令如下。

```
mysql>USE testDB;
```

执行结果如图 7.20 所示。

图 7.20　使用数据库

删除数据库，命令如下。

```
mysql>DROP DATABASE testDB;
```

3. 操作数据表

首先，创建一张名为 test 的数据表，表中数据段：id、ame、class、sex。创建表的命令如下。

```
mysql> CREATE TABLE test(
    -> id int(4) not null primary key auto_increment,
    -> name char(20) not null,
    -> class char(30) not null,
    -> sex int(4) not null default '0');
```

执行结果如图 7.21 所示。

图 7.21　创建表 test

向表 test 中插入一条数据，命令如下。

```
mysql> INSERT INTO test VALUES (001,'Marry','1803',1);
```

执行结果如图 7.22 所示。

图 7.22　向表 test 中插入一条数据

查询 test 表中数据，命令如下。

```
mysql> SELECT * FROM test;
```

执行结果如图 7.23 所示。

删除数据表 test，命令如下。

```
mysql> DROP TABLE test;
```

在删除数据表 test 之后，查询此表，显示结果如图 7.24 所示。

图 7.23　查询 test 表中数据

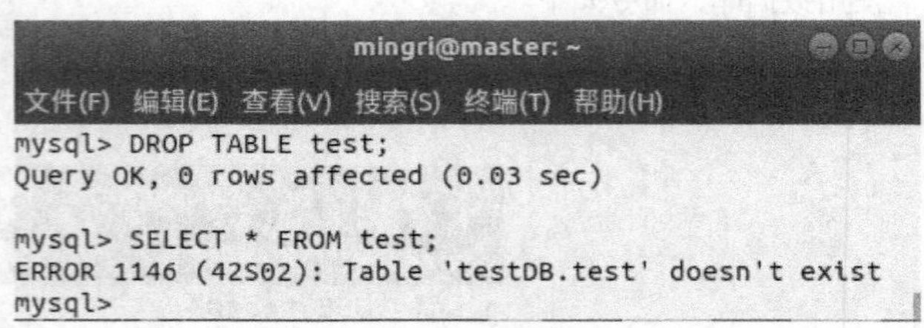

图 7.24　删除数据表 test 并查询此表

7.3　安装与配置 Hive

安装与配置 Hive

本节将介绍 Hive 的下载、安装与配置。

7.3.1　准备工作

与 Hadoop 不同，Hive 系统不存在集群，即没有主节点、从节点等。Hive 以客户端应用程序的形式运行，它的功能是处理 HQL 查询，将查询语句转化为 MapReduce 作业，并将作业提交到 Hadoop 集群。从 Hive 的功能描述中可以看出，Hive 需要一个正在运行的 Hadoop 集群来配合运行 MapReduce 作业。

所以，在安装 Hive 之前，需要保证 Hadoop 处于正常运行状态。并且将 Hive 安装在 Hadoop 集群中的 Master 节点上，因为大多数操作都是在 Master 节点上进行的。

7.3.2　下载 Hive

进入 Hive 的官方下载网站进行下载，步骤如下。

（1）选择适合的 Hive 版本进行下载。需要注意，Hive 版本的选择需要匹配 Hadoop 的版本，例如，本书中用到的 Hadoop 版本为 Hadoop 3.1.1，在下载页面找到匹配的 Hive 版本，图 7.25 中可以看到“This release works with Hadoop 3.x.y” 对应的版本有 Hive 3.1.1 和 Hive 3.1.0，本书选择 Hive 3.1.1 进行下载安装。

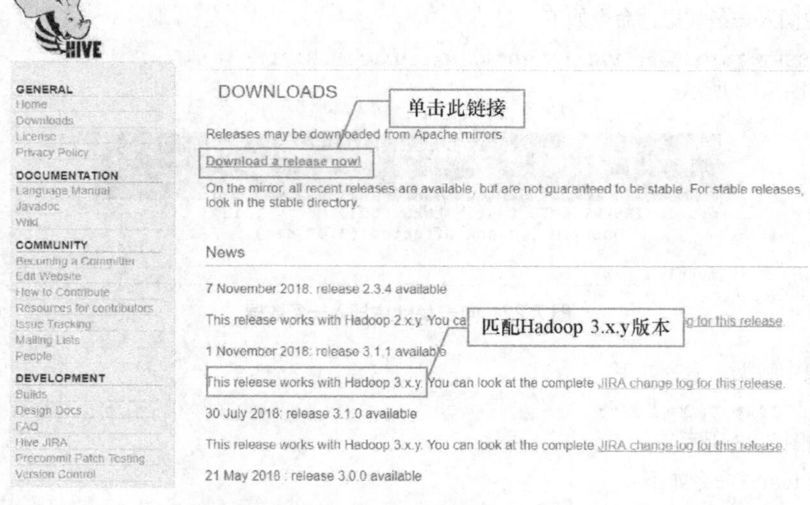

图 7.25　Hive 的下载页面

（2）进入镜像站点进行下载。确定了要下载的 Hive 版本之后，单击“Download a release now!”链接，进入下一页面，如图 7.26 所示。单击“https://www-eu.apache.org/dist/hive/”进入镜像站点进行下载。

图 7.26　进入镜像站点进行下载

（3）进行下载。因为已经确定了 Hive 的版本为 3.1.1，所以单击“hive-3.1.1/”链接，然后单击“apache-hive-3.1.1-bin.tar.gz”进行下载，如图 7.27 所示。

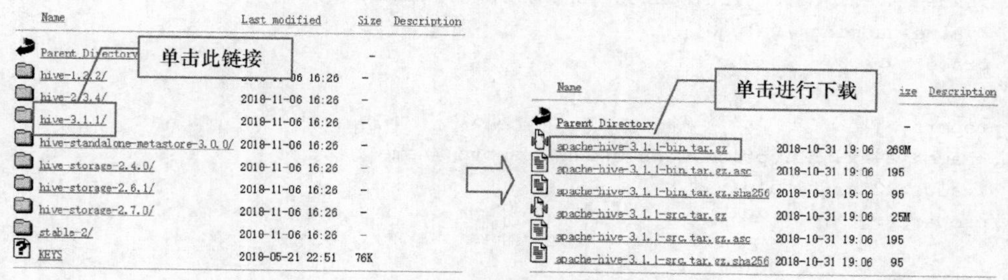

图 7.27　选择对应版本进行下载

下载好的 Hive 安装包名为 apache-hive-3.1.1-bin.tar.gz，将该安装包复制到 Master 节点的/home/mingri/目录下，准备安装。

7.3.3　安装 Hive

进入/home/mingri/目录，解压 Hive 安装包，命令如下。

```
tar -zxvf apache-hive-3.1.1-bin.tar.gz
```

此命令执行后，需等待解压缩。解压缩完毕后，进入 apache-hive-3.1.1-bin 目录，查看此目录的内容，如图 7.28 所示。此目录的内容为 Hive 系统文件和目录，说明 Hive 解压缩成功。

```
mingri@master: ~/hive/apache-hive-3.1.1-bin
文件(F) 编辑(E) 查看(V) 搜索(S) 终端(T) 帮助(H)
mingri@master:~$ cd apache-hive-3.1.1-bin
mingri@master:apache-hive-3.1.1-bin$ ls -l
总用量 72
drwxr-xr-x 3 mingri mingri  4096 1月  26 16:16 bin
drwxr-xr-x 2 mingri mingri  4096 1月  26 16:16 binary-package-licenses
drwxr-xr-x 2 mingri mingri  4096 1月  26 16:16 conf
drwxr-xr-x 4 mingri mingri  4096 1月  26 16:16 examples
drwxr-xr-x 7 mingri mingri  4096 1月  26 16:16 hcatalog
drwxr-xr-x 2 mingri mingri  4096 1月  26 16:17 jdbc
drwxr-xr-x 4 mingri mingri 12288 1月  26 16:17 lib
-rw-r--r-- 1 mingri mingri 20798 10月 24 07:49 LICENSE
-rw-r--r-- 1 mingri mingri   230 10月 24 07:49 NOTICE
-rw-r--r-- 1 mingri mingri   222 10月 24 07:49 RELEASE_NOTES.txt
drwxr-xr-x 4 mingri mingri  4096 1月  26 16:16 scripts
```

图 7.28　Hive 主安装目录的内容

7.3.4 配置 Hive

Hive 解压缩成功并不代表 Hive 已经安装成功，接下来还需要进行相关文件的创建和配置。

1. 创建并修改 hive-site.xml 文件

进入 Hive 的安装目录中的 conf 目录，执行 sudo gedit hive-site.xml 命令，编辑 hive-site.xml 文件。在 hive-site.xml 文件中配置元数据存储信息：元数据存储在 MySQL 数据库中的登录用户名和密码。

将下列代码添加到 hive-site.xml 文件中。

```
<?xml version="1.0"?>
<?xml-stylesheet type="text/xsl" href="configuration.xsl"?>
<configuration>
  <property>
    <name>hive.metastore.local</name>
    <value>true</value>
  </property>

  <property>
    <name>javax.jdo.option.ConnectionUserName</name>
    <value>hadming</value>
  </property>

  <property>
    <name>javax.jdo.option.ConnectionPassword</name>
    <value>123456</value>
  </property>

  <property>
    <name>javax.jdo.option.ConnectionURL</name>
    <value>jdbc:mysql://master:3306/hadoopDB?characterEncoding=UTF-8</value>
  </property>

  <property>
    <name>javax.jdo.option.ConnectionDriverName</name>
    <value>com.mysql.jdbc.Driver</value>
  </property>
</configuration>
```

编辑完成后，单击“保存”按钮，退出编辑。在上面的代码中，hadming 为在 7.2.3 小节中创建的用户，123456 为此用户的密码，hadoopBD 为新创建的数据库。

2. 配置 HADOOP_HOME 环境变量

进入 Hive 的安装目录中的 conf 目录，执行下面的命令，直接复制 hive-env.sh.template 模板文件到 hive-env.sh 文件。

```
cp hive-env.sh.template hive-env.sh
```

然后使用命令 sudo gedit hive-env.sh 打开 hive-env.sh 文件，在文件中添加如下代码。

```
HADOOP_HOME=/home/mingri/hadoop-3.1.1
```

在图 7.29 所示的位置添加 HADOOP_HOME 环境变量。

修改完成后使用 source 命令使修改后的配置文件生效，命令如下。

```
source hive-env.sh
```

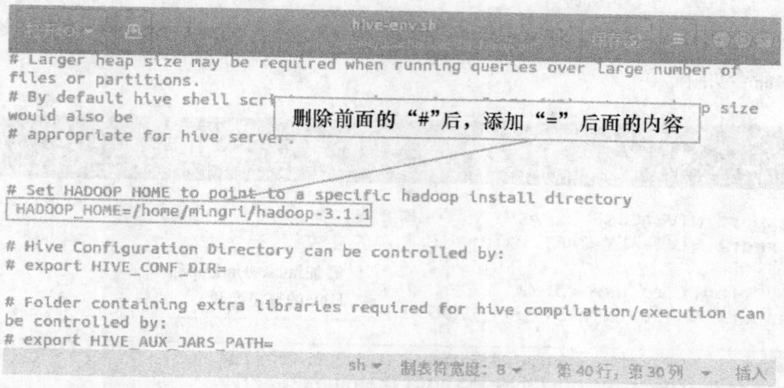

```
# Larger heap size may be required when running queries over large number of
files or partitions.
# By default hive shell scri...                                    ...p size
would also be
# appropriate for hive server.


# Set HADOOP_HOME to point to a specific hadoop install directory
HADOOP_HOME=/home/mingri/hadoop-3.1.1

# Hive Configuration Directory can be controlled by:
# export HIVE_CONF_DIR=

# Folder containing extra libraries required for hive compilation/execution can
be controlled by:
# export HIVE_AUX_JARS_PATH=
```

删除前面的“#”后，添加“=”后面的内容

图 7.29　在 hive-env.sh 文件中配置 HADOOP_HOME 环境变量

3. 配置 HIVE_HOME 环境变量

在/etc/profile 文件中配置 HIVE_HOME 环境变量。使用命令 sudo gedit /etc/profile 打开/etc/profile 文件，添加如下代码，如图 7.30 所示。

```
export HIVE_HOME=/home/mingri/hive/apache-hive-3.1.1-bin
export PATH=$PATH:$HIVE_HOME/bin
```

```
打开(O) ▾    *profile /etc    保存(S)
fi
if [ -d /etc/profile.d ]; then
  for i in /etc/profile.d/*.sh; do
    if [ -r $i ]; then
      . $i
    fi
  done

export JAVA_HOME=/home/mingri/JDK/jdk1.8.0_191
export JRE_HOME=${JAVA_HOME}/jre
export CLASSPATH=.:${JAVA_HOME}/lib:${J...
export PATH=$JAVA_HOME/bin:$PATH:$HADOOP_HOME/bin:$HADOOP_HOME/sbin
export HADOOP_HOME=/home/mingri/hadoop-3.1.1
export HIVE_HOME=/home/mingri/hive/apache-hive-3.1.1-bin
export PATH=$PATH:$HIVE_HOME/bin
unset i
fi
纯文本 ▾  制表符宽度：8 ▾  第 12 行，第 15 列 ▾  插入
```

配置HIVE_HOME环境变量

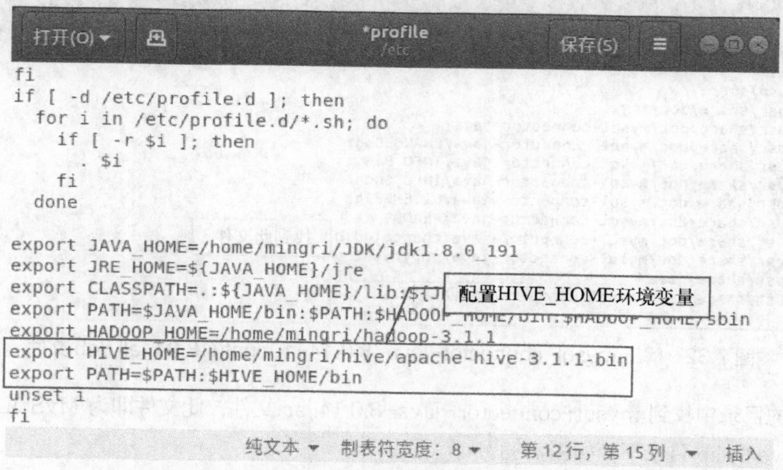

图 7.30　在/etc/profile 文件中配置 HIVE_HOME 环境变量

修改完成后使用 source 命令使修改后的配置文件生效，命令如下。

```
source /etc/profile
```

4. 配置 hive-config.sh 文件

修改 Hive 安装目录下的 bin 目录下的 hive-config.sh 文件。进入~/hive/apache-hive-3.1.1-bin/bin 目录，使用命令 sudo gedit hive-config.sh 打开 hive-config.sh 文件，在文件末尾添加如下代码，如图 7.31 所示。

```
export JAVA_HOME=/home/mingri/JDK/jdk1.8.0_191
export HADOOP_HOME=/home/mingri/hadoop-3.1.1
export HIVE_HOME=/home/mingri/hive/apache-hive-3.1.1-bin
```

5. 复制 MySQL 的驱动程序

将 MySQL 的驱动程序复制到 hive/lib 目录下。驱动程序可以在 MySQL 官方网站选择与操作系统相匹配的进行下载。例如，本书中使用的是 Ubuntu 18.04 64 位，所以下载的文件名为 mysql-connector-java_

8.0.14-1 ubuntu18.04_all.deb。将此文件复制到主目录下，并创建一个名为 source 的目录，再将此文件解压到 source 目录中，命令如下。

图 7.31　配置 hive-config.sh 文件

```
dpkg -X mysql-connector-java_8.0.14-1ubuntu18.04_all.deb source
```

执行结果如图 7.32 所示。

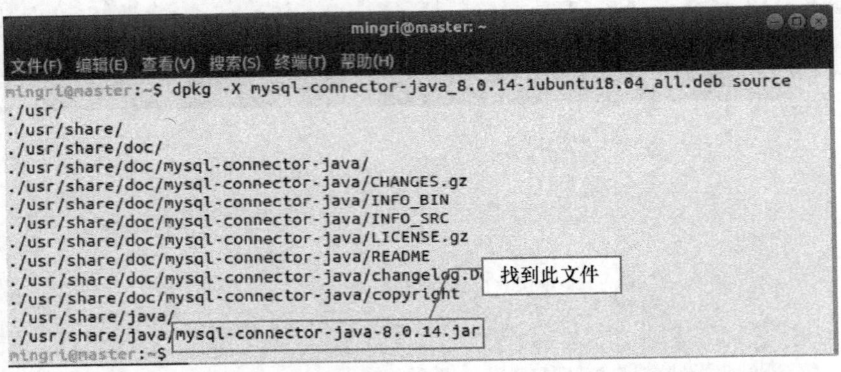

```
mingri@master:~$ dpkg -X mysql-connector-java_8.0.14-1ubuntu18.04_all.deb source
./usr/
./usr/share/
./usr/share/doc/
./usr/share/doc/mysql-connector-java/
./usr/share/doc/mysql-connector-java/CHANGES.gz
./usr/share/doc/mysql-connector-java/INFO_BIN
./usr/share/doc/mysql-connector-java/INFO_SRC
./usr/share/doc/mysql-connector-java/LICENSE.gz
./usr/share/doc/mysql-connector-java/README
./usr/share/doc/mysql-connector-java/changelog.D
./usr/share/doc/mysql-connector-java/copyright
./usr/share/java/
./usr/share/java/mysql-connector-java-8.0.14.jar
mingri@master:~$
```

找到此文件

图 7.32　解压 mysql-connector-java_8.0.14-1ubuntu18.04_all.deb 文件

从解压成功的目录中找到 mysql-connector-java-8.0.14.jar 文件，此文件即为 MySQL 的驱动程序，将此文件复制到 Hive 的 lib 目录下，如图 7.33 所示。

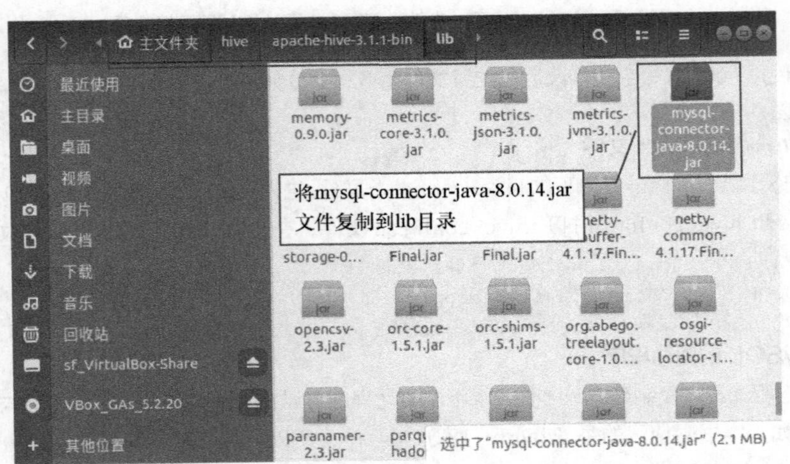

图 7.33　将 mysql-connector-java-8.0.14.jar 文件复制到 lib 目录

6. 元数据初始化

在启动 Hive 之前，需要先初始化元数据信息，命令如下。

```
schematool -initSchema -dbType mysql
```

将元数据信息初始化到 MySQL 数据库中，执行结果如图 7.34 所示。

```
mingri@master: ~
文件(F) 编辑(E) 查看(V) 搜索(S) 终端(T) 帮助(H)
mingri@master:~$ schematool -initSchema -dbType mysql
SLF4J: Class path contains multiple SLF4J bindings.
SLF4J: Found binding in [jar:file:/home/mingri/sda2/hive/apache-hive-3.1.1-bin/lib/log4j-slf4j-impl-2.10.0.jar!/org/slf4j/impl/StaticLoggerBinder.class]
SLF4J: Found binding in [jar:file:/home/mingri/hadoop-3.1.1/share/hadoop/common/lib/slf4j-log4j12-1.7.25.jar!/org/slf4j/impl/StaticLoggerBinder.class]
SLF4J: See http://www.slf4j.org/codes.html#multiple_bindings for an explanation.
SLF4J: Actual binding is of type [org.apache.logging.slf4j.Log4jLoggerFactory]
Metastore connection URL:        jdbc:mysql://master:3306/hadoopDB?characterEncoding=UTF-8
Metastore Connection Driver :    com.mysql.jdbc.Driver
Metastore connection User:       hadming
Loading class `com.mysql.jdbc.Driver'. This is deprecated. The new driver class is `com.mysql.cj.jdbc.Driver'. The driver is automatically registered via the SPI and manual loading of the driver class is generally unnecessary.
Starting metastore schema initialization to 3.1.0
Initialization script hive-schema-3.1.0.mysql.sql
```

图 7.34　元数据初始化

至此，就完成了在 Master 节点上 Hive 的配置。

7.3.5　启动并验证 Hive

Hive 能够正常启动的前提是，Hadoop 集群和 MySQL 服务必须开启。

启动 Hive 的方法为：进入 Hive 的安装目录，执行 bin/hive 命令；或者进入 Hive 的 bin 目录，执行 hive 命令。如果命令提示符变为 hive>，则说明 Hive 已成功启动，如图 7.35 所示。

```
mingri@master: ~/hive/apache-hive-3.1.1-bin/bin
文件(F) 编辑(E) 查看(V) 搜索(S) 终端(T) 帮助(H)
mingri@master:~/hive/apache-hive-3.1.1-bin/bin$ hive
SLF4J: Class path contains multiple SLF4J bindings.
SLF4J: Found binding in [jar:file:/home/mingri/sda2/hive/apache-hive-3.1.1-bin/lib/log4j-slf4j-impl-2.10.0.jar!/org/slf4j/impl/StaticLoggerBinde
SLF4J: Found binding in [jar:file:/home/mingri/hadoop-  hadoop/common/lib/slf4j-log4j12-1.7.25.jar!/org/slf4j/impl/StaticLoggerBinder.class]
SLF4J: See http://www.slf4j.org/codes.html#multiple_bindings for an explanation.
SLF4J: Actual binding is of type [org.apache.logging.slf4j.Log4jLoggerFactory]
Hive Session ID = 7976fc7c-b930-459c-90a8-8fcb7a0deace

Logging initialized using configuration in jar:file:/home/mingri/sda2/hive/apache-hive-3.1.1-bin/lib/hive-common-3.1.1.jar!/hive-log4j2.properties Async: true
Loading class `com.mysql.jdbc.Driver'. This is deprecated. The new driver class is `com.mysql.cj.jdbc.Driver'. The driver is automatically registered via the SPI and manual loading of the   generally unnecessary.
Hive Sess   -9ef7-42a1-9213-3287c963a548
Hive-on-MR is deprecated in Hive 2 and may not be available in the future versions. Consider using a different execution engine (i.e. spark, tez) or using Hive 1.X releases.
hive>
```

启动 Hive

Hive启动成功

图 7.35　Hive 已成功启动

当出现图 7.36 所示的错误时，请检查 Hadoop 的配置文件，将./JDK/jdk1.8.0_191 改写为 /home/mingri/JDK/jdk1.8.0_191。

图 7.36 Hive 启动错误

7.4 数据类型和存储格式

数据类型和存储格式

Hive 支持关系型数据库中的大部分数据类型，也支持一些独有的数据类型，并且 Hive 对数据在文件中的编码方式也有灵活的支持，下面分别进行介绍。

7.4.1 基本数据类型

Hive 的基本数据类型和关系型数据库中的基本数据类型类似，分为整型、浮点型、布尔型等，如表 7.2 所示。

表 7.2 Hive 中的基本数据类型

类型	描述	示例
tinyint	1 字节带符号整数，−128~127 的整数	1Y
smallint	2 字节带符号整数，−32768~32767 的整数	1S
int	4 字节带符号整数，-2^{31}~$2^{31}-1$ 的整数	1
bigint	8 字节带符号整数，-2^{63}~$2^{63}-1$ 的整数	1L
float	4 字节单精度浮点数，有效位数 6~7 位	1.5
double	8 字节双精度浮点数，有效位数 15~16 位	1.5
deicimal	任意精度的带符号小数	1.5
boolean	true/false	true
string	变长字符串	'hadoop'
varchar	变长字符串	'hadoop'
char	固定长度字符串	'hadoop'
timestamp	时间戳，定义 1970 年 01 月 01 日 00 时 00 分 00 秒（北京时间 1970 年 01 月 01 日 08 时 00 分 00 秒）起至现在的总秒数	123345635765
date	日期	'2019-02-02'

由于 Hive 是由 Java 编写的，所以 Hive 的基本数据类型都是对 Java 中接口的实现，这些基本的数据类型与 Java 的基本数据类型是一一对应的。如 smallint 类型对应 Java 中的 short 类型，float 类型对应 Java 中的 float 类型。

7.4.2 复杂数据类型

Hive 除了支持以上的基本数据类型，还支持以下三种复杂数据类型：array、map 和 struct，如表 7.3 所示。

表 7.3 Hive 中的复杂数据类型

类型	描述	示例
array	数组，有序的同类型集合	array(1,2)
map	一组键值对元组的集合，形式为 key-value，可以通过键访问值。key 必须为原始类型，value 可以为任意类型	map('a',1,'b',2)
struct	结构体，类型可以不同	struct('hadoop',1,1.0)

7.4.3 存储格式

Hive 会为每个创建的数据库在 HDFS 上创建一个目录，该数据库的表会以子目录形式存储，表中的数据会以表目录下的文件形式存储。默认（default）的数据库没有自己的目录，default 数据库下的表默认存放在 /user/hive/warehouse 目录下。

1. textfile

textfile 为默认格式，存储方式为行存储。数据不做压缩，磁盘开销大，数据解析开销大。

2. SequenceFile

SequenceFile 是 Hadoop API 提供的一种二进制文件支持，具有使用方便、可分割、可压缩等特点。

SequenceFile 支持三种压缩选择：NONE、RECORD、BLOCK。RECORD 压缩率低，一般建议使用 BLOCK 压缩。

3. RCFile

一种行列存储相结合的存储方式。首先，将数据按行分块，保证同一条记录在一个块上，避免读一条记录需要读取多个块。其次，块上的数据按照列式存储，有利于数据压缩和快速地进行行列存取，即先水平划分再垂直划分，如图 7.37 所示。

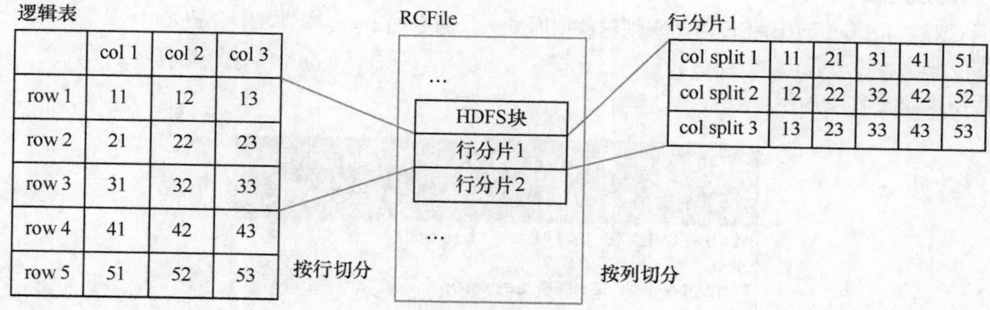

图 7.37 RCFile 存储格式

4. ORCFile

数据按照行分块，每个块按照列存储，其中每个块的存储都有一个索引。ORCFile 是 Hive 给出的新格式，属于 RCFile 的升级版，性能有大幅度提升，而且数据可以被压缩存储。

5. Parquet

Parquet 也是一种行式存储，具有很好的压缩性能，同时可以节约大量的表扫描和反序列化的时间。

7.4.4 数据格式

当数据存储在文本文件中时，必须按照一定格式区别行和列，并且在 Hive 中指明这些分隔符。Hive 默认使用了几个平时很少出现的字符，这些字符一般不会作为内容出现在记录中。

Hive 默认的行和列分隔符如表 7.4 所示。

表 7.4　Hive 的分隔符

分隔符	描　述
\n	对于文本文件来说，每行是一条记录，所以\n 用来分隔记录
^A (Ctrl+A)	分隔字段，也可以用\001 来表示
^B (Ctrl+B)	用于分隔 arrary 或者 struct 中的元素，或者用于 map 中键值之间的分隔，也可以用\002 分隔
^C	用于 map 中键和值的分隔，也可以用\003 表示

7.5　Hive 中的数据定义

Hive 中的数据定义

HQL 是 Hive 查询语言，它不完全遵守任一种 ANSI SQL 标准的修订版，它与 MySQL 最接近，但还有显著的差异，例如，Hive 不支持行级插入、更新和删除的操作，也不支持事务。但 Hive 增加了在 Hadoop 背景下的更高性能的扩展、个性化的扩展，还有一些外部程序。

本节将介绍 HQL 中的数据定义，即 SQL 中数据定义语言（Data Definition Language，DDL）的一部分。

7.5.1　操作数据库

Hive 中的数据库本质上就是表的一个目录或命名空间，如果用户没有指定数据库，那么将会使用 Hive 默认的 default 数据库。

1. 创建数据库

使用 CREATE DATABASE 语句来创建数据库 test，命令如下。

```
hive> CREATE DATABASE test;
```

执行结果如图 7.38 所示。

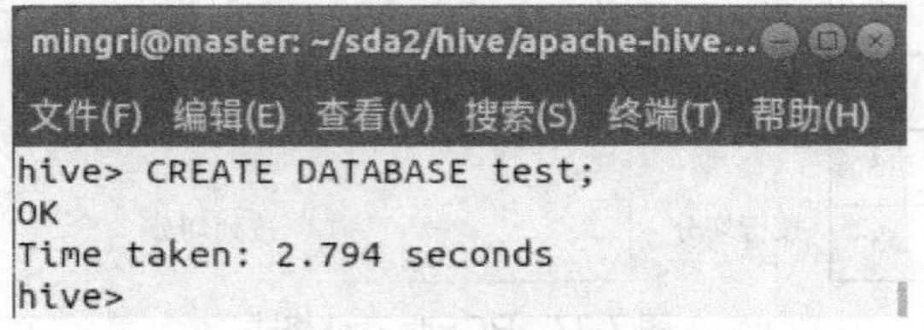

图 7.38　创建数据库

如果 test 数据库已经存在，再创建 test 数据库时会提示错误信息，如图 7.39 所示。所以不能创建已经存在的数据库。

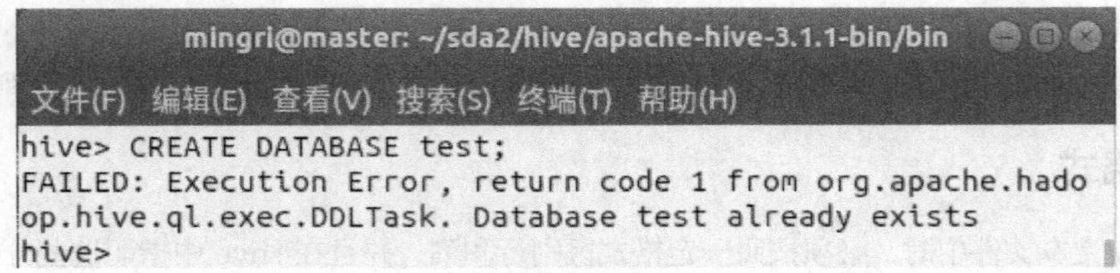

图 7.39　创建已经存在的数据库出错

可以使用如下语句避免图 7.39 中的错误，执行结果如图 7.40 所示。

```
hive> CREATE DATABASE IF NOT EXISTS test;
```

```
mingri@master: ~/sda2/hive/apache-hive-3.1....
文件(F) 编辑(E) 查看(V) 搜索(S) 终端(T) 帮助(H)
hive> CREATE DATABASE IF NOT EXISTS test;
OK
Time taken: 0.026 seconds
hive>
```

图 7.40　创建已经存在的数据库

2. 查看数据库

使用 SHOW DATABASES 语句查看已存在的数据库，命令如下。

```
hive> SHOW DATABASES;
```

执行结果如图 7.41 所示，可以看到 Hive 存在两个数据库，分别为 default 和 test。

```
mingri@master: ~/sda2/hive/apache-hive-3.1.1-...
文件(F) 编辑(E) 查看(V) 搜索(S) 终端(T) 帮助(H)
hive> SHOW DATABASES;
OK
default
test
Time taken: 0.027 seconds, Fetched: 2 row(s)
hive>
```

图 7.41　查看已存在的数据库

Hive 会为每个创建的数据库在 HDFS 上创建一个目录，该数据库中的表会以子目录的形式存储，表中的数据会以表目录下的文件的形式存储。如果用户使用 default 数据库，该数据库本身没有自己的目录。数据库所在的目录默认为/user/hive/warehouse，如图 7.42 所示。

图 7.42　查看 HDFS 上的 Hive 目录

从图 7.42 中可以看到，/user/hive/warehouse 下面只有一个目录，test.db 是 test 数据库的数据库目录，而该数据库中的表将以子目录的形式存放在 test.db 目录下。

以.db 结尾的为数据库目录。

可以使用 DESCRIBE DATABASE 语句，查看某个已存在的数据库的存储信息，命令如下。

```
hive> DESCRIBE DATABASE test;
```

执行结果如图 7.43 所示。

另外，与 MySQL 类似，Hive 也可以使用 USE 命令切换当前工作的数据库。例如，将当前要操作的数据库切换为 test 数据库，命令如下。

```
hive> USE test;
```

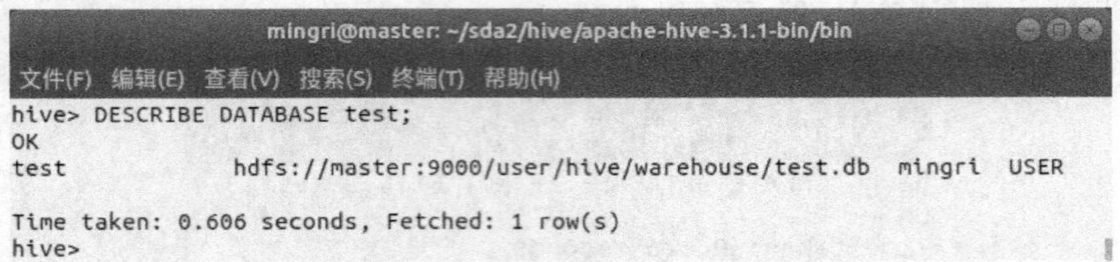

```
hive> DESCRIBE DATABASE test;
OK
test            hdfs://master:9000/user/hive/warehouse/test.db  mingri  USER

Time taken: 0.606 seconds, Fetched: 1 row(s)
hive>
```

图 7.43　查看某个已存在的数据库的存储信息

3. 删除数据库

使用 DROP DATABASE 命令可以删除数据库。如果加上 IF EXISTS，则可以避免要删除的数据库不存在而引起警告，例如，删除 test 数据库。

```
hive> DROP DATABASE IF EXISTS test CASCADE;
```

执行结果如图 7.44 所示。

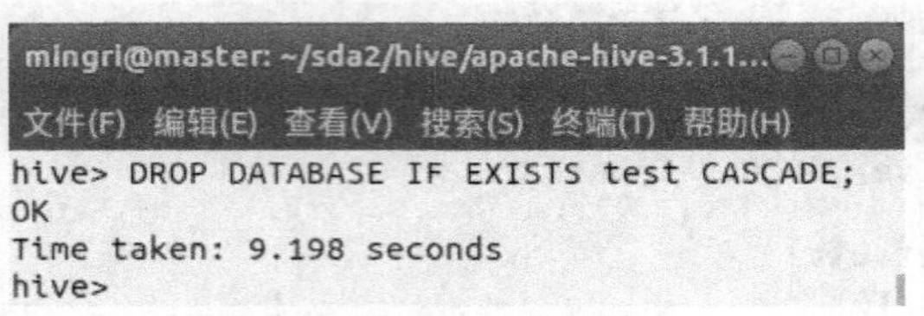

```
hive> DROP DATABASE IF EXISTS test CASCADE;
OK
Time taken: 9.198 seconds
hive>
```

图 7.44　删除 test 数据库

在 DROP DATABASE 命令中使用 CASCADE 语句，表示删除数据库时，会将其中的表一起删除，CASCADE 语句可选。默认情况下，Hive 不允许删除非空数据库，如果强行删除，会显示“Database test is not empty. One or more tables exist.”的错误信息，如图 7.45 所示。

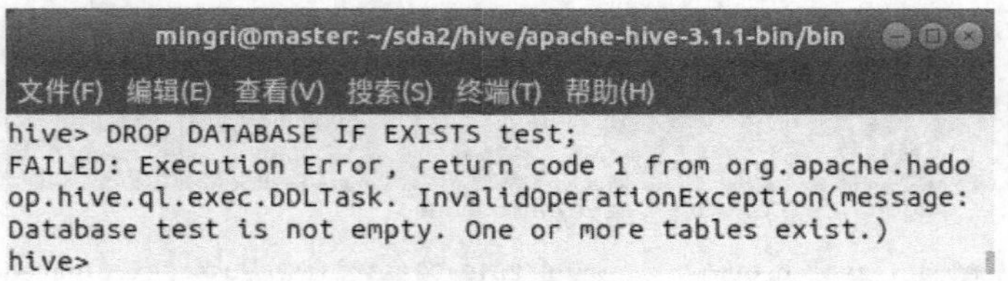

```
hive> DROP DATABASE IF EXISTS test;
FAILED: Execution Error, return code 1 from org.apache.hado
op.hive.ql.exec.DDLTask. InvalidOperationException(message:
Database test is not empty. One or more tables exist.)
hive>
```

图 7.45　当删除非空数据库时的错误信息

某个数据库被删除后，其对应的 HDFS 目录也被一起删除。

7.5.2　查看与创建数据表

1. 查看数据表

Hive 中的数据表都存在于各自的数据库中，如果想要查看某个数据库中的表，可以使用 USE 命令切换工作数据库，再使用 SHOW TABLES 命令来查看当前数据库中的表。例如，想要查看 test 数据库中的有哪些数据表，使用如下命令。

```
hive> USE test;
hive> SHOW TABLES;
```

执行结果如图 7.46 所示。

从图 7.46 中可以看出，当前 test 数据库中并没有数据表。

或者使用“SHOW TABLES IN 数据库名”直接查看此数据库中的数据表，命令如下。

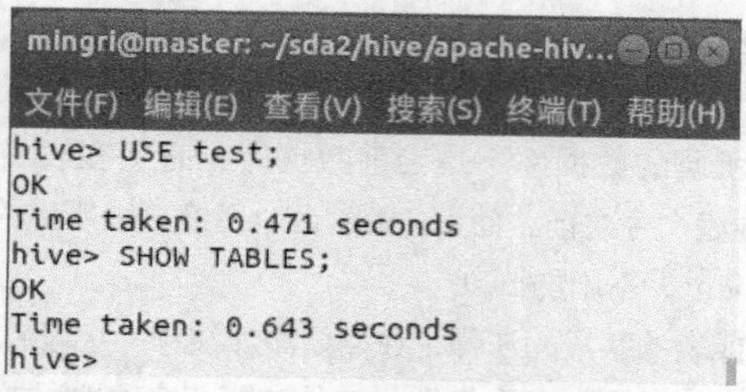

```
hive> USE test;
OK
Time taken: 0.471 seconds
hive> SHOW TABLES;
OK
Time taken: 0.643 seconds
hive>
```

图 7.46　查看 test 数据库中的数据表

```
hive> SHOW TABLES IN test;
```

2. 创建数据表

Hive 中，一共有 3 种方法创建数据表，分别为直接建表法、AS 查询建表法、LIKE 建表法，下面分别介绍。

（1）直接建表法。在 Hive 中创建数据表的语法如下。

```
CREATE [external] TABLE [IF NOT EXISTS] table_name (
col_name data_type [COMMENT '字段描述信息']
col_name data_type [COMMENT '字段描述信息'])
[COMMENT '表的描述信息']
[LOCATION '指定表的路径']
[PARTITIONED BY (col_name data_type,...)]
[CLUSTERED BY (col_name,col_name,...)]
[SORTED BY (col_name [asc|desc],...) INTO num_buckets buckets]
[ROW FORMAT row_format]
[LOCATION location_path]
```

例如，创建一个名为 student 的数据表，包含的字段有 id、name、age。建表的完整语句如下。

```
CREATE TABLE IF NOT EXISTS test.student (
id string COMMENT 'student id',
name string COMMENT 'student name',
age int COMMENT 'student age')
COMMENT 'Student Information'
ROW FORMAT DELIMITED FIELDS TERMINATED BY ' '
STORED AS TEXTFILE
LOCATION '/user/hive/warehouse/test.db/student';
```

执行结果如图 7.47 所示。

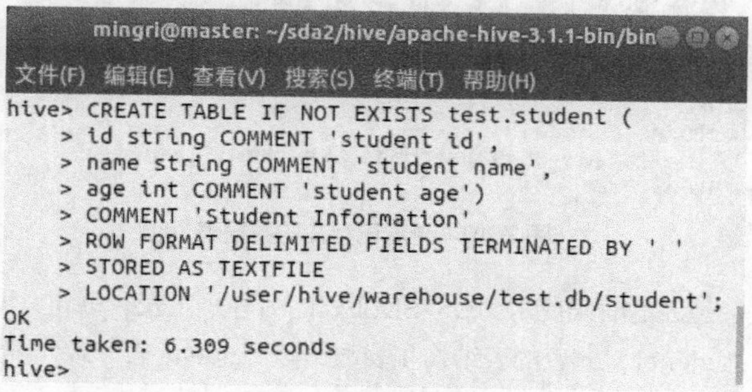

```
hive> CREATE TABLE IF NOT EXISTS test.student (
    > id string COMMENT 'student id',
    > name string COMMENT 'student name',
    > age int COMMENT 'student age')
    > COMMENT 'Student Information'
    > ROW FORMAT DELIMITED FIELDS TERMINATED BY ' '
    > STORED AS TEXTFILE
    > LOCATION '/user/hive/warehouse/test.db/student';
OK
Time taken: 6.309 seconds
hive>
```

图 7.47　创建数据表

下面详细说明建表命令。

- 当在建表语句中加上 IF NOT EXISTS 选项时，如果该表存在，Hive 会忽略掉后面的命令，不会创建此表。
- 如果要创建的数据表所属的数据库不是当前数据库，必须在表名前加上所属数据库的名字，如 test.student；或者在建表命令之前，使用 USE 命令切换该表所属的数据库，如执行命令 USE test 后，可直接创建表 student，不用加 test.。
- COMMENT 命令为表或表的字段的注释，在需要添加注释的字段后可以使用 COMMENT 命令；在定义好全部字段后使用 COMMENT 命令即为表的注释。合理地添加注释，在实际开发中十分必要。

当想要查看注释信息时，可以使用“DESC 表名”，命令如下。

```
hive> DESC student;
```

结果如图 7.48 所示。

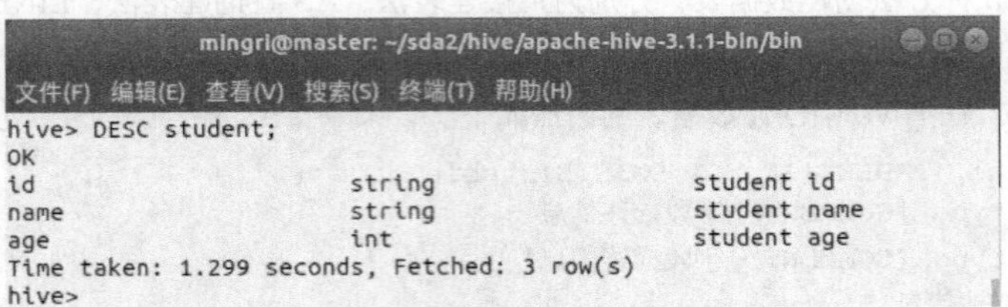

图 7.48 查看数据表注释

执行后会显示student表的表结构信息以及列的注释。如果想查看表的注释，需要使用“DESC EXTENDED 表名”或者“DESC FORMATTED 表名”。

- 使用 ROW FORMAT DELIMITED 子句来指定行列的数据格式和文件的存储格式，如果省略此子句则表示使用 Hive 提供的默认值。如本例创建 student 表时，“ROW FORMAT DELIMITED FIELDS TERMINATED BY ' '”表示从文件中将数据导入数据表的时候，文件中的数据每行各个字段之间的分隔符为空格。
- LOCATION 子句可以指定该表在 HDFS 文件系统中的存储位置，如果省略此子句，则该表会存储在 Hive 默认的数据仓库目录。

在成功创建 student 表后，可以使用 SHOW TABLES 命令查看已存在的数据表，命令如下。

```
hive> SHOW TABLES;
```

结果如图 7.49 所示。

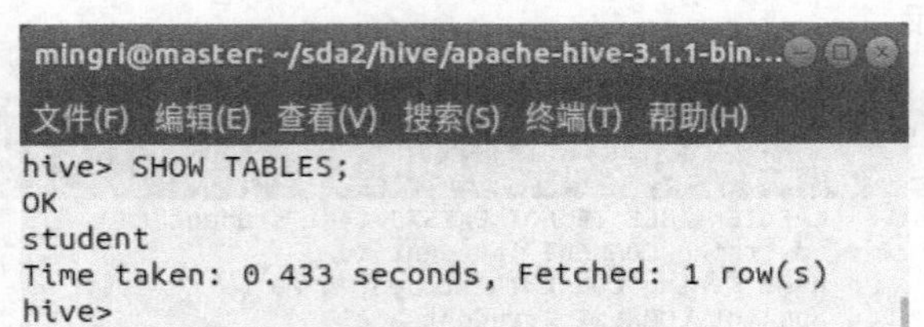

图 7.49 查看已存在的数据表

（2）AS 查询建表法。建表的时候使用“AS SELECT 另外一张表”语句，即可获得该表的表结构和表数据，例如，创建一张表 student1，此表的表结构和表数据与 student 表一致，那么在创建 student1 时，可以使用如下语句。

```
hive> CREATE TABLE IF NOT EXISTS test.student1 AS SELECT * FROM test.student;
```

或者，student1 表只复制 student 表的部分字段，如 id 列与 name 列，并且要求只导入 id>100 的数据，创建语句如下。

```
hive> CREATE TABLE IF NOT EXISTS test.student1 AS SELECT id,name FROM test.student WHERE id > 100;
```

"AS SELECT 另外一张表"语句复制表结构和表中数据。

（3）LIKE 建表法。如果想要创建一张与原有表拥有相同表结构的数据表，可以通过复制语句，例如，要创建数据表 student2，表结构与表 student 相同，命令如下。

```
hive> CREATE TABLE IF NOT EXISTS test.student2 LIKE test.student;
```

此语句只复制表结构，而不复制表中数据。

总结 Hive 中的三种建表方式如下：

- 创建一张新表时，直接创建；
- 创建一张表时，复制其他表的表结构和数据，借助 AS 命令；
- 创建一张表时，复制其他表的表结构，借助 LIKE 命令来获取表结构而不是数据。

7.5.3 Hive 中其他的数据表

Hive 中有如下几种数据表的类型。

1. 管理表

在 Hive 中，建表时，如果没有特别指明的话，创建的都是 Hive 中的管理表（MANAGED TABLE），也叫内部表。当创建表时，Hive 会默认将数据存储在/user/hive/warehouse，也可以通过 LOCATION 指定；当删除表时，会删除表数据以及元数据。

2. 外部表

当一份数据需要被多种工具（如 Pig、Hive）分析时，可以创建一个外部表（EXTERNAL TABLE）指向这份数据。创建语句需要加上 EXTERNAL 关键字，如"CREATE EXTERNAL TABLE 表名"。

当删除外部表时，只会删除元数据而不会删除表数据。

3. 分区表

分区表实际对应 HDFS 文件系统上的独立的文件夹，该文件夹下是该分区所有的数据文件。分区可以理解为分类，通过分类把不同类型的数据放到不同的目录下。分类的标准就是分区字段，可以一个，也可以多个。分区表的意义在于优化查询，查询时尽量利用分区字段，如果不使用分区字段，就会全表扫描。

在创建分区表时，使用 PARTITIONED BY 子句来定义要分区的字段，如下。

```
hive> CREATE TABLE IF NOT EXISTS test.teacher(
    > id string COMMENT 'teacher id',
    > name string COMMENT 'teacher name',
    > age int COMMENT 'teacher age')
    > PARTITIONED BY (subject string,major string);
```

在创建 teacher 表时，通过 PARTITIONED BY 子句指定表按照教师的任课学科和专业字段进行分区。需注意，定义分区的字段不能和定义表的字段重合，否则会发生错误。

在数据存储的时候，所有的教师信息按照不同的任课学科和专业分别保存在不同的目录下。分区字段和表中其他的字段没什么不同，执行 DESC 命令，分区字段和普通字段会一起显示；执行“SELECT *”，同样会显示分区字段的数据和普通字段的数据。只有当 WHERE 子句后的字段为分区字段时，才会提高查询性能，因为分区字段的数据都存储在一个目录下，所以 Hive 只会扫描该目录下的数据。

对于大数据，分区表可以显著提升查询性能，如果没有分区，Hive 将不得不进行全表扫描。

7.5.4 修改数据表

在 Hive 中，使用 ALTER TABLE 命令来修改数据表。

1. 重命名表

重命名表的语法如下。

```
ALTER TABLE 旧的表名 RENAME TO 新的表名
```

例如，将 student1 改名为 student_info，命令如下。

```
hive> ALTER TABLE student1 RENAME TO student_info;
```

然后查看此数据库中的数据表，执行结果如图 7.50 所示。

```
mingri@master: ~/sda2/hive/apache-hive-3.1.1-bin/bin
文件(F) 编辑(E) 查看(V) 搜索(S) 终端(T) 帮助(H)
hive> ALTER TABLE student1 RENAME TO student_info;
OK
Time taken: 1.47 seconds
hive> SHOW TABLES;
OK
student
student_info
Time taken: 0.263 seconds, Fetched: 2 row(s)
hive>
```

重命名student1表后的表名

图 7.50 重命名表

2. 增加、修改和删除表分区

（1）增加分区。为表增加分区的语法如下。

```
ALTER TABLE表名 ADD PARTITION
partition_spec [ LOCATION 'location1' ]
partition_spec [ LOCATION 'location2' ] ...
```

例如，为表 student_info 增加分区，命令如下。

```
hive > ALTER TABLE tab_1 ADD
     > PARTITION (province='吉林省', city='长春市')
     > LOCATION '/user/hive/warehouse/test.db/province/city';
```

只能在存在分区列的表上执行增加分区的操作，并且分区字段名一定要和表中的对应列名相同，否则执行时会报错“Partition spec {...} contains non-partition columns”。

（2）修改分区。修改分区修改的是已存在的分区路径，如下。

```
ALTER TABLE tab_1 ADD
PARTITION (province='吉林省', city='长春市')
SET LOCATION '/user/hive/province/city';
```

（3）删除分区。删除分区的语法如下。

```
ALTER TABLE表名 DROP PARTITION
```

例如，为表 student_info 删除分区，命令如下。

```
hive > ALTER TABLE tab_1 DROP
     > PARTITION (province='吉林省', city='长春市');
```

3. 修改列信息

通过 ALTER TABLE ... CHANGE COLUMN 命令可以对表中的某个字段进行重命名，也可修改其数据类型、注释、在表中的位置，如下。

```
hive > ALTER TABLE tab_1
     > CHANGE COLUMN name ename STRING
     > COMMENT 'Employee name'
     > AFTER id;
```

在上面的语句中，将 tab_1 表中的 name 字段重命名为 ename，表示员工姓名，并将此字段放在 id 字段后。

4. 增加列

通过 ALTER TABLE ... ADD COLUMNS 命令为表增加列，如下。

```
hive > ALTER TABLE tab_1
     > ADD COLUMNS (new_col1 INT,new_col2 STRING);
```

在上面的语句中，为表 tab_1 增加两个字段，分别为 new_col1 和 new_col2。

5. 删除或者替换列

通过 ALTER TABLE ... REPLACE COLUMNS 命令为表替换列，如下。

```
hive > ALTER TABLE tab_1
     > REPLACE COLUMNS (new_col1 INT,new_col2 STRING);
```

为表 tab_1 重新定义了字段 new_col1 和 new_col2。

7.5.5 删除数据表

DROP TABLE 命令可以删除数据表，如下。

```
hive> DROP TABLE test;
```

或者使用 DROP TABLE IF EXISTS 命令，如下。

```
hive> DROP TABLE IF EXISTS test;
```

7.6 Hive 中的数据操作

Hive 中的数据操作

在创建了数据表之后，接下来需要向表中加载数据、插入数据或是导出数据。

7.6.1 加载数据

需要注意的是，在 Hive 中，没有行级别的数据插入、数据更新和删除操作。向 Hive 表一次性地加载大量数据的命令为 LOAD DATA，语法如下。

```
LOAD DATA [local] INPATH 'filepath' [overwrite] INTO TABLE table_name [partition(part1=val1,
part2= val2)]
```

下面对语法中出现的关键字和参数进行说明。

（1）LOAD。操作只是单纯的复制/移动，将数据文件移动到 Hive 表对应的位置。

（2）filepath。路径包括以下三种形式：

- 相对路径，如 project/data1；
- 绝对路径，如/user/hive/project/data1；
- 包含模式的完整 URI，如 hdfs://namenode:9000/user/hive/project/data1。

（3）local。如果指定了 local，LOAD 命令会去查找本地文件系统中的 filepath。如果没有指定 local，则根据 INPATH 中的 URI 查找文件。

（4）overwrite。如果使用了 overwrite 关键字，则会删除目标表/分区中的内容，然后再将 filepath 指向的文件/目录中的内容添加到表/分区中。

如果目标表分区已经有一个文件，并且文件名和 filepath 中的文件名冲突，那么现有的文件会被新文件所替代。

1. 加载本地数据

例如，将本地的/home/mingri/load1.txt 文件数据加载到表 student 中。/home/mingri/load1.txt 文件的内容如图 7.51 所示。

图 7.51　查看本地文件内容

加载本地数据的命令如下。

```
hive> LOAD DATA LOCAL INPATH '/home/mingri/load1.txt' INTO TABLE student;
```

加载数据和查询结果如图 7.52 所示。

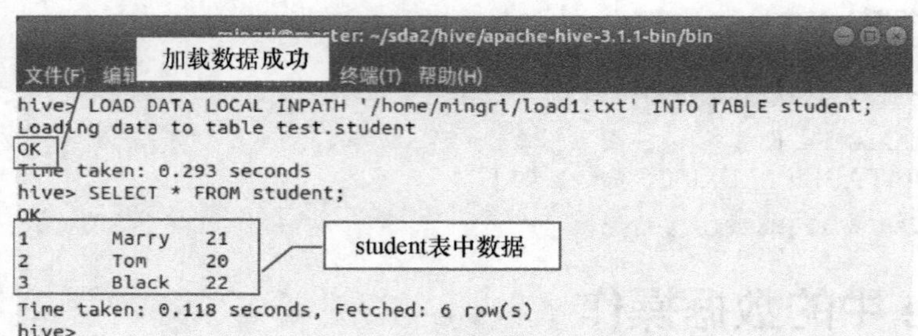

图 7.52　加载本地数据并查询表中数据

2. 加载 HDFS 数据

例如，将 HDFS 的/test/hadoop/load1.txt 文件数据加载到表 student 中。

首先在终端查看/test/hadoop/load1.txt 的文件内容，命令如下。

```
hadoop fs -cat /test/hadoop/load1.txt
```

执行结果如图 7.53 所示。

图 7.53　查看 HDFS 文件内容

下面将此文件中的数据加载到 student 表中，如果需要覆盖 student 表已有的记录，就需要加上 overwrite 关键字，加载数据命令如下。

```
hive> LOAD DATA INPATH '/test/hadoop/load1.txt' OVERWRITE INTO TABLE student;
```

最后使用 SELECT 语句查询 student 表中的数据，命令如下。

```
hive> SELECT * FROM student;
```

加载数据和查询结果如图 7.54 所示。

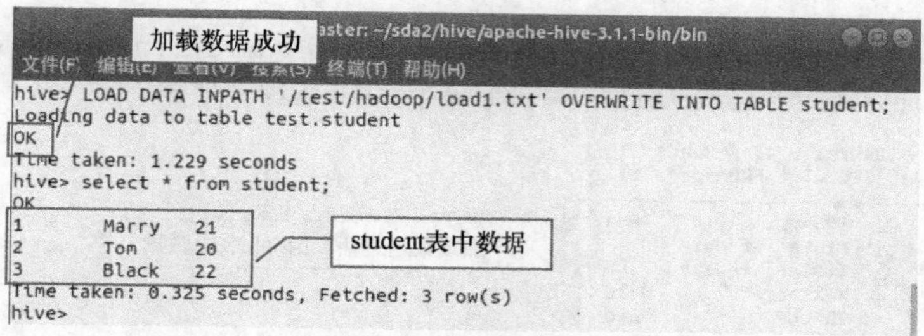

图 7.54 加载 HDFS 数据并查询表中数据

在加载数据之前，文件/test/hadoop/load1.txt 必须存在，否则执行会出错。加载数据时既可以加载本地数据，如/home/mingri/load1.txt；也可加载 HDFS 数据，如/test/hadoop/load1.txt。它们的区别在于，加载本地数据到表时，需要加上 local 关键字，而加载 HDFS 数据时不需要。加上 local 关键字，Hive 会将本地文件复制一份再上传至指定目录；如果不加 local 关键字，Hive 只是将 HDFS 上的数据文件移动到指定目录。此外，原本目录下的数据文件将被删除，所以在加载 HDFS 数据时应做好数据文件的备份。

3. 加载数据到分区表

首先创建一张分区表，命令如下。

```
hive> CREATE TABLE people(id int,name string)
    > PARTITIONED BY(sex string)
    > ROW FORMAT DELIMITED FIELDS TERMINATED BY ',';
```

在向分区表加载数据时，加载的数据本身要符合分区。例如，在 people 表中，sex 为分区字段，在加载数据时，数据分为“male”和“female”分别向分区表中加载，所以数据文件分别为/test/hadoop/load_ female.txt 和/test/hadoop/load_male.txt，其文件内容如图 7.55 所示。

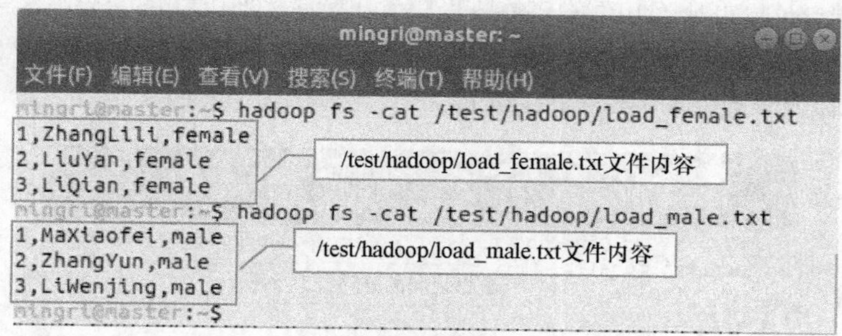

图 7.55 数据文件的内容

加载数据到分区表的命令如下。

```
hive> LOAD DATA INPATH '/test/hadoop/load_male.txt' OVERWRITE INTO TABLE people PARTITION
(sex='male');
hive> LOAD DATA INPATH '/test/hadoop/load_female.txt' OVERWRITE INTO TABLE people PARTITION
(sex='female');
```

执行命令并在加载数据后查询 people 表中数据，结果如图 7.56 所示。

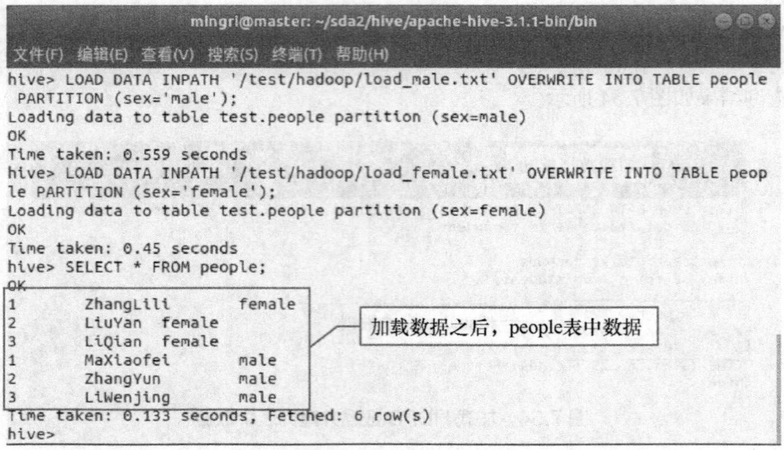

```
mingri@master: ~/sda2/hive/apache-hive-3.1.1-bin/bin
文件(F) 编辑(E) 查看(V) 搜索(S) 终端(T) 帮助(H)
hive> LOAD DATA INPATH '/test/hadoop/load_male.txt' OVERWRITE INTO TABLE people
 PARTITION (sex='male');
Loading data to table test.people partition (sex=male)
OK
Time taken: 0.559 seconds
hive> LOAD DATA INPATH '/test/hadoop/load_female.txt' OVERWRITE INTO TABLE peop
le PARTITION (sex='female');
Loading data to table test.people partition (sex=female)
OK
Time taken: 0.45 seconds
hive> SELECT * FROM people;
OK
1       ZhangLili       female
2       LiuYan  female
3       LiQian  female
1       MaXiaofei       male
2       ZhangYun        male
3       LiWenjing       male
Time taken: 0.133 seconds, Fetched: 6 row(s)
hive>
```

加载数据之后，people表中数据

图 7.56　加载数据后，查询 people 表中数据

在加载数据时，要加载的数据格式必须和建表时定义的数据格式一致，否则会出现在加载数据之后有的字段为 NULL 的情况，如图 7.57 所示。

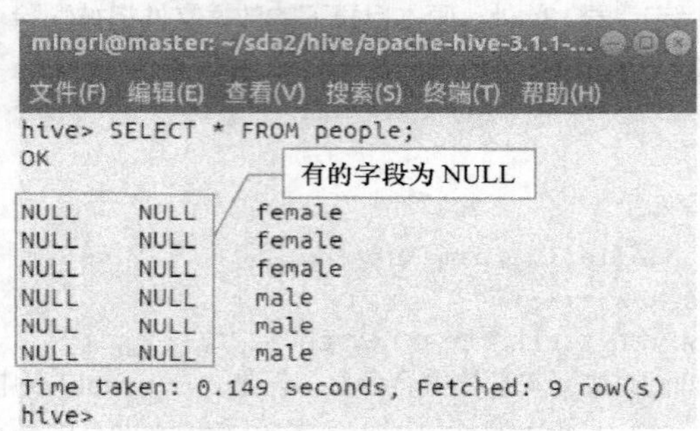

图 7.57　加载文件后有的字段为 NULL

这是因为在建立 people 表时，使用的分隔符是“,”，如果数据文件中使用的分隔符不是逗号，而是图 7.58 所示的空格的话，就会出现图 7.57 所示的结果。如果将数据文件中的文件格式修改成图 7.55 所示的格式，以逗号作为分隔符的话，加载的数据是没有任何问题的。

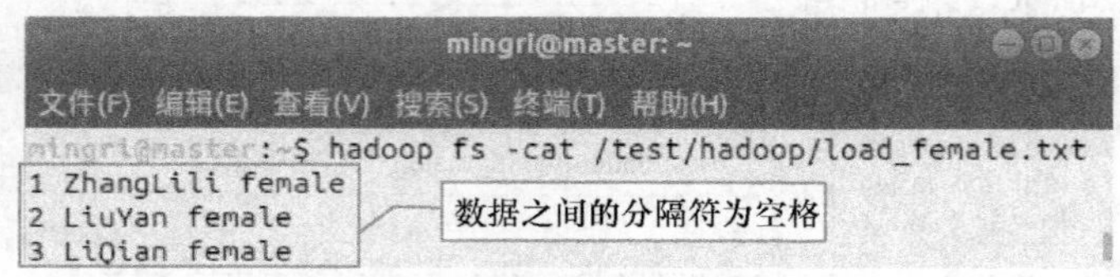

图 7.58　数据之间的分隔符为空格

所以在加载数据时，若建表时指定某种符号作为分隔符，加载的数据文件也必须使用同样的分隔符。

7.6.2　插入数据

Hive 中插入数据到数据表有三种方法：一是 7.6.1 小节中介绍的加载数据的方式；二是通过查询语句向表中插入数据；三是利用动态分区向表中插入数据。下面详细介绍第二种和第三种方法。

1. 通过查询语句向表中插入数据

Hive 支持通过查询语句向表中插入数据，语法如下。

```
INSERT OVERWRITE/INTO TABLE 表名
[PARTITION(part=val1,part2=val2,...)]
SELECT ... FROM 另一张表名
```

下面看一个例子。

创建一张名为 result 的数据表，包含学号和学生姓名字段，并将 student 表中的 id 和 name 数据插入 result 表。

（1）创建 result 表，命令如下。

```
hive> CREATE TABLE result(id int,name string);
```

（2）插入 student 表中 id 和 name 数据，命令如下。

```
hive> INSERT OVERWRITE TABLE result SELECT id,name FROM student;
```

（3）查询 result 表，命令如下，执行结果如图 7.59 所示。

```
hive> SELECT * FROM result;
```

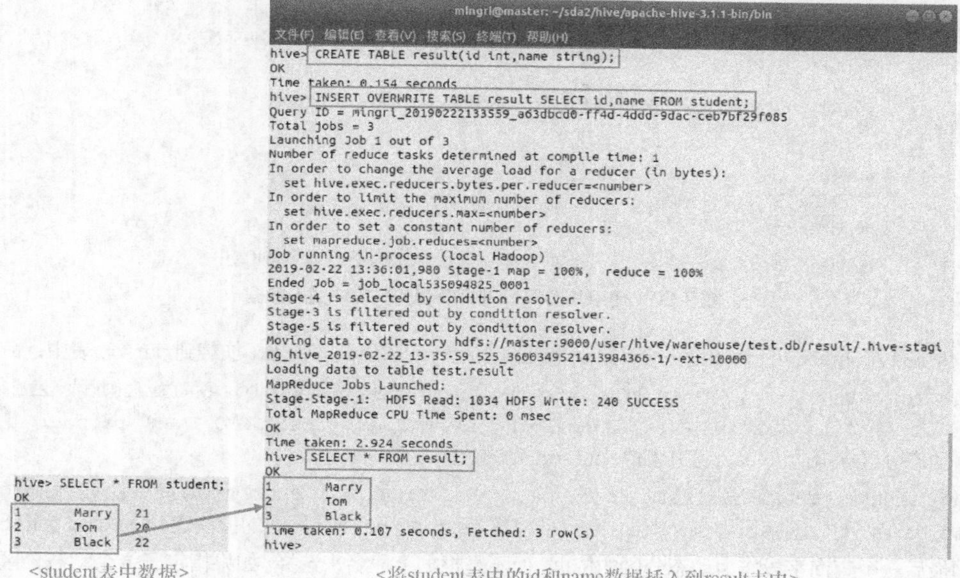

图 7.59 通过查询语句向表中插入数据

还可以使用 INSERT INTO 语句向表中插入一条数据，例如，向 result 表中插入 student 表的前两条数据，命令如下。

```
hive> INSERT INTO TABLE result SELECT id,name FROM student LIMIT 2;
```

执行并查询 result 表，执行结果如图 7.60 所示。

当向分区表插入数据时，必须指定分区。

2. 利用动态分区向表中插入数据

Hive 具有一个特殊的功能，即动态分区，可以基于查询参数自动推断出需要创建的分区。

例如，创建分区表 tb_au_part，分区列为性别 sex，创建语句如下。

```
hive> CREATE TABLE tb_au_part(id int,name string) PARTITIONED BY(sex string);
```

然后创建表 person，创建语句如下。

```
hive> CREATE TABLE person(id int,name string,sex string)
```

```
    > ROW FORMAT DELIMITED FIELDS TERMINATED BY ',';
```

图 7.60 使用 INSERT INTO 语句向表中插入数据

将本地文件/home/mingri/load_female.txt 和/home/mingri/load_male.txt 加载到 person 表中，命令如下。

```
hive> LOAD DATA LOCAL INPATH '/home/mingri/load_female.txt' OVERWRITE INTO TABLE person;
hive> LOAD DATA LOCAL INPATH '/home/mingri/load_male.txt' INTO TABLE person;
```

利用动态分区向 tb_au_part 表中插入 person 表的数据，命令如下。

```
hive> INSERT OVERWRITE TABLE tb_au_part PARTITION(sex) SELECT id,name,sex FROM person;
```

tb_au_part 表的分区字段为 sex，Hive 会自动根据 person 表中 sex 不同的值创建分区，而且会以 SELECT 语句中的最后一个查询字段作为动态分区的依据，而不是根据字段名来选择。如果指定了 *n* 个动态分区的字段，Hive 会将 SELECT 语句中最后 *n* 个字段作为动态分区的依据。

在执行动态分区的语句后，出现图 7.61 所示的错误。

出错的原因在于 Hive 默认不开启动态分区，在执行动态分区插入语句前，必须对 Hive 进行如下的参数设置。

（1）设置使用动态分区。

```
hive> SET hive.exec.dynamic.partition=true;
```

图 7.61 动态分区出错

（2）设置动态分区模式为非严格模式，表示允许所有分区都是动态的。

```
hive> SET hive.exec.dynamic.partition.mode=nonstrict;
```

设置结果如图 7.62 所示。

图 7.62　进行参数设置

动态分区插入语句的执行结果如图 7.63 所示。

```
mingri@master: ~/sda2/hive/apache-hive-3.1.1-bin/bin
文件(F) 编辑(E) 查看(V) 搜索(S) 终端(T) 帮助(H)
hive> INSERT OVERWRITE TABLE tb_au_part PARTITION(sex) SELECT id,name,sex FROM person;
Query ID = mingri_20190223134233_81ef9a04-7f26-48de-8a53-b41719a2271f
Total jobs = 3
Launching Job 1 out of 3
Number of reduce tasks not specified. Estimated from input data size: 1
In order to change the average load for a reducer (in bytes):
  set hive.exec.reducers.bytes.per.reducer=<number>
In order to limit the maximum number of reducers:
  set hive.exec.reducers.max=<number>
In order to set a constant number of reducers:
  set mapreduce.job.reduces=<number>
Job running in-process (local Hadoop)
2019-02-23 13:42:36,094 Stage-1 map = 100%,  reduce = 0%
2019-02-23 13:42:37,129 Stage-1 map = 100%,  reduce = 100%
Ended Job = job_local1902774919_0001
Stage-4 is selected by condition resolver.
Stage-3 is filtered out by condition resolver.
Stage-5 is filtered out by condition resolver.
Moving data to directory hdfs://master:9000/user/hive/warehouse/test.db/tb_au_part/.hi
ve-staging_hive_2019-02-23_13-42-33_578_2251874090610204763-1/-ext-10000
Loading data to table test.tb_au_part partition (sex=null)

         Time taken to load dynamic partitions: 0.249 seconds
         Time taken for adding to write entity : 0.001 seconds
MapReduce Jobs Launched:
Stage-Stage-1:  HDFS Read: 709 HDFS Write: 869 SUCCESS
Total MapReduce CPU Time Spent: 0 msec
OK
Time taken: 4.234 seconds
hive>
```

图 7.63　动态分区插入数据

此时查看 tb_au_part 表的分区信息，如图 7.64 所示，分区字段 sex 有两个值，分别为 female 和 male。tb_au_part 表中数据的查询结果如图 7.65 所示。

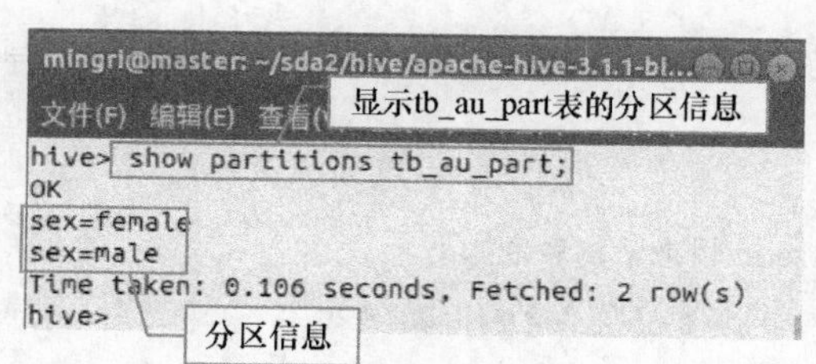

图 7.64　查看 tb_au_part 表的分区信息

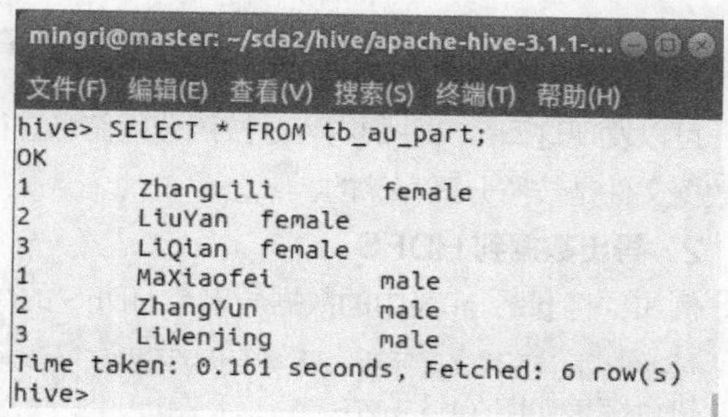

图 7.65　tb_au_part 表中数据

在使用 INSERT...SELECT 语句往表中插入数据时，查询的字段个数必须和目标的字段个数相同，不能多，也不能少，否则会报错；如果字段的类型不一致，则会使用 NULL 值填充，不会报错。若使用 LOAD DATA 语句往 Hive 表中加载数据，则不会检查，字段多了会丢弃，少了则会使用 NULL 值填充，字段类型不一致也是使用 NULL 值填充。

7.6.3 导出数据

可以使用 INSERT 语句将数据导出至本地或 HDFS，下面分别介绍。

1. 导出数据到本地

例如，将分区表 tb_au_part 中的数据导出至本地的/home/mingri/test 目录下，命令如下。

```
hive> INSERT OVERWRITE LOCAL DIRECTORY '/home/mingri/test' SELECT * FROM tb_au_part;
```

执行结果如图 7.66 所示。

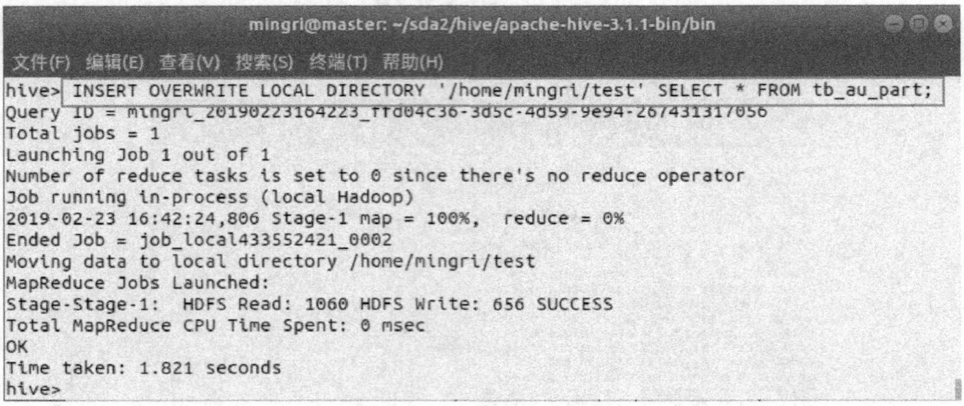

```
mingri@master: ~/sda2/hive/apache-hive-3.1.1-bin/bin
文件(F) 编辑(E) 查看(V) 搜索(S) 终端(T) 帮助(H)
hive> INSERT OVERWRITE LOCAL DIRECTORY '/home/mingri/test' SELECT * FROM tb_au_part;
Query ID = mingri_20190223164223_ffd04c36-3d5c-4d59-9e94-267431317056
Total jobs = 1
Launching Job 1 out of 1
Number of reduce tasks is set to 0 since there's no reduce operator
Job running in-process (local Hadoop)
2019-02-23 16:42:24,806 Stage-1 map = 100%,  reduce = 0%
Ended Job = job_local433552421_0002
Moving data to local directory /home/mingri/test
MapReduce Jobs Launched:
Stage-Stage-1:  HDFS Read: 1060 HDFS Write: 656 SUCCESS
Total MapReduce CPU Time Spent: 0 msec
OK
Time taken: 1.821 seconds
hive>
```

图 7.66　导出数据到本地

本地的/home/mingri/test 目录下有两个数据文件，分别为 000000_0 和 000001_0，使用 gedit 命令打开这两个文件，文件内容如图 7.67 所示。

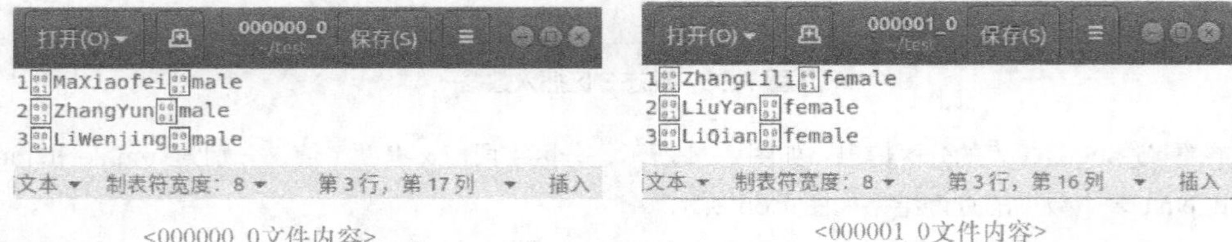

图 7.67　查看导出的文件内容

可以发现这两个文件的内容是按照分区信息进行存储的，因为导出的表 tb_au_part 是分区表，所以导出的数据文件是按照分区存储的。

2. 导出数据到 HDFS

例如，将 person 表中的数据导出至 HDFS 的/test/person 目录下，命令如下。

```
hive> INSERT OVERWRITE DIRECTORY '/test/person' SELECT * FROM person;
```

执行结果如图 7.68 所示。

在导出数据时，目标目录可以不存在（如/test/person），执行导出命令后，会自动创建此目标目录。

查看/test/person 目录下的导出文件，如图 7.69 所示。

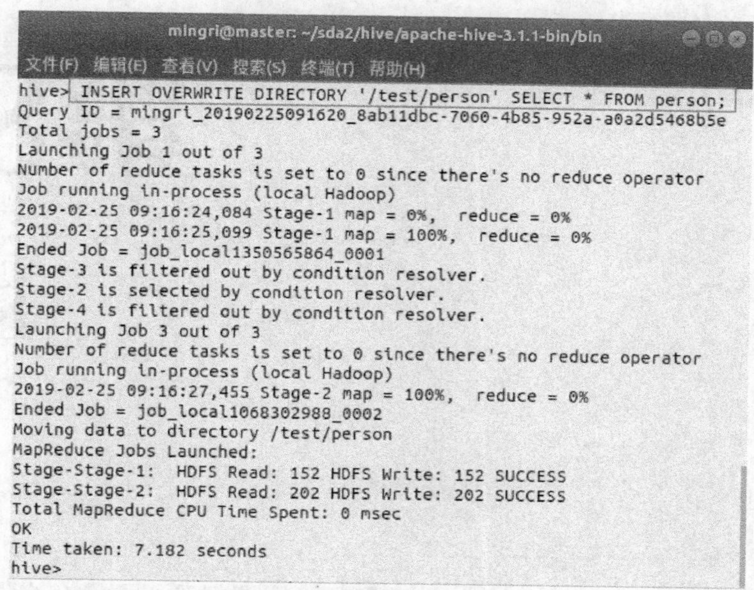

```
hive> INSERT OVERWRITE DIRECTORY '/test/person' SELECT * FROM person;
Query ID = mingri_20190225091620_8ab11dbc-7060-4b85-952a-a0a2d5468b5e
Total jobs = 3
Launching Job 1 out of 3
Number of reduce tasks is set to 0 since there's no reduce operator
Job running in-process (local Hadoop)
2019-02-25 09:16:24,084 Stage-1 map = 0%,  reduce = 0%
2019-02-25 09:16:25,099 Stage-1 map = 100%,  reduce = 0%
Ended Job = job_local1350565864_0001
Stage-3 is filtered out by condition resolver.
Stage-2 is selected by condition resolver.
Stage-4 is filtered out by condition resolver.
Launching Job 3 out of 3
Number of reduce tasks is set to 0 since there's no reduce operator
Job running in-process (local Hadoop)
2019-02-25 09:16:27,455 Stage-2 map = 100%,  reduce = 0%
Ended Job = job_local1068302988_0002
Moving data to directory /test/person
MapReduce Jobs Launched:
Stage-Stage-1:  HDFS Read: 152 HDFS Write: 152 SUCCESS
Stage-Stage-2:  HDFS Read: 202 HDFS Write: 202 SUCCESS
Total MapReduce CPU Time Spent: 0 msec
OK
Time taken: 7.182 seconds
hive>
```

图 7.68　导出数据到 HDFS

```
mingri@master:~$ hadoop fs -ls /test/person
Found 1 items
-rw-r--r--   1 mingri supergroup        101 2019-02-25 09:16 /test/person/000000_0
mingri@master:~$ hadoop fs -cat /test/person/000000_0
1ZhangLiliFemale
2LiuYanFemale
3LiQianFemale
1MaXiaofeiMale
2ZhangYunMale
3LiWenjingMale
mingri@master:~$
```

图 7.69　查看导出的数据文件

小 结

本章介绍了数据库方面的知识，主要介绍了 Hadoop 中重要的工具 Hive。在实际场景中，由于避免了开发 MapReduce 程序，Hive 被运用得非常广泛。Hive 的元数据存储依托于 MySQL 数据库，所以在 Hive 上的一些数据操作和查询语句十分类似于 MySQL 的 SQL。

习 题

7-1　简述 Hive 与关系型数据库的区别。

7-2　Hive 有哪几种存储格式？

7-3　在 Hive 中创建学生信息的数据库 student。

7-4　如何将 HDFS 的/test/hadoop/data.txt 文件数据加载到表 student 中？

PART08

第8章

Sqoop

Sqoop 是 Apache 旗下的一款“Hadoop 和关系型数据库服务器之间传送数据”的工具，既可以将一个关系型数据库（如 MySQL、Oracle、Postgres 等）中的数据导入 Hadoop 的 HDFS，也可以将 HDFS 的数据导出到关系型数据库。Sqoop 是 Hadoop 与关系型数据库之间数据传输的桥梁，如图 8.1 所示。

本章要点

- 安装并配置 Sqoop
- 使用 Sqoop 把 MySQL 数据导入 HDFS
- 使用 Sqoop 把 MySQL 数据导入 Hive
- 使用 Sqoop 将 Hadoop 数据导出到 MySQL
- 使用 Sqoop 将 Hive 数据导出到 MySQL

图 8.1　Hadoop 与 MySQL 之间数据传输的桥梁

8.1　安装并配置 Sqoop

安装并配置 Sqoop

Sqoop 需要安装在成功开启集群的 Hadoop 平台上，并安装在集群的 Master 节点上，因此以下的操作均在 Master 节点上执行。

8.1.1　下载并安装 Sqoop

1. 下载 Sqoop 安装包

下载 Sqoop 的步骤如下。

（1）进入 Sqoop 的官方下载页面，单击 download 链接，如图 8.2 所示。

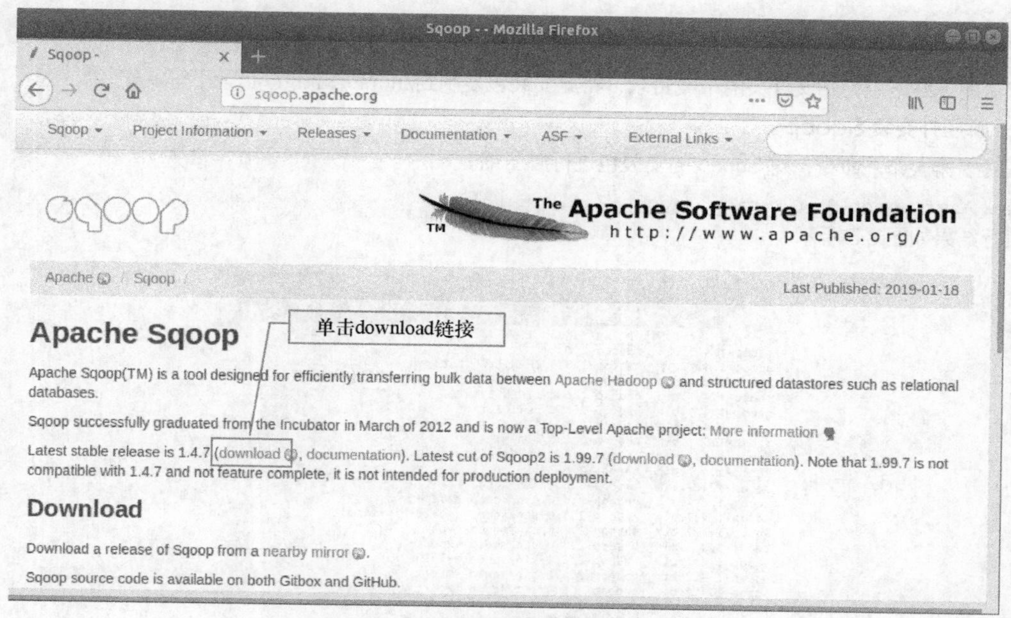

图 8.2　单击 download 链接

（2）然后进入图 8.3 所示的页面，在此页面中可以选择下载地址，单击第一个下载地址即可。

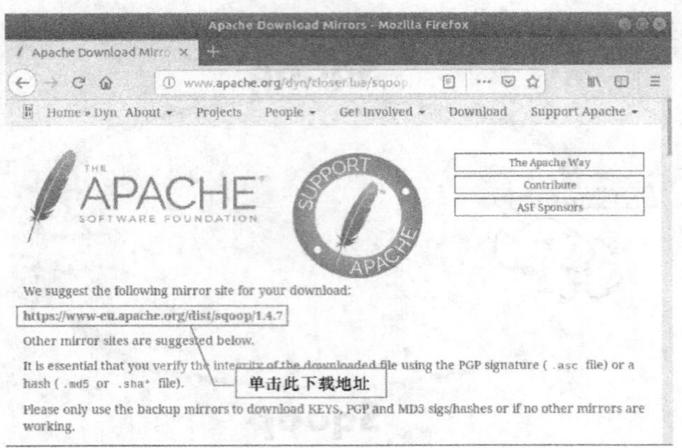

图 8.3　选择下载地址

（3）在下载页面单击 sqoop-1.4.7.bin__hadoop-2.6.0.tar.gz 安装包进行下载，如图 8.4 所示。

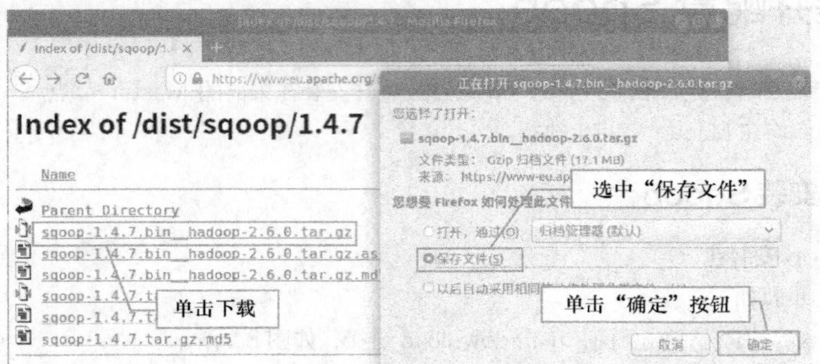

图 8.4　下载安装包

默认的下载路径为主文件夹的下载目录，将此安装包复制到/home/mingri 目录下等待安装。

2．解压并安装 Sqoop

在终端输入如下命令，对 Sqoop 的安装包进行解压缩。

```
tar -xvf sqoop-1.4.7.bin__hadoop-2.6.0.tar.gz
```

执行结果如图 8.5 所示。

图 8.5　安装包解压缩

解压缩完毕后，系统在/home/mingri 下创建了 Sqoop 的安装目录，即 sqoop-1.4.7.bin__hadoop-2.6.0。查看此目录的内容，如图 8.6 所示。这些文件和目录就是 Sqoop 的系统文件，表明 Sqoop 安装成功。

显示Sqoop安装目录内容

```
mingri@master:~/sqoop-1.4.7.bin__hadoop-2.6.0$ ls -l
总用量 2040
drwxr-xr-x 2 mingri mingri    4096 12月 19  2017 bin
-rw-r--r-- 1 mingri mingri   55089 12月 19  2017 build.xml
-rw-r--r-- 1 mingri mingri   47426 12月 19  2017 CHANGELOG.txt
-rw-r--r-- 1 mingri mingri    9880 12月 19  2017 COMPILING.txt
drwxr-xr-x 2 mingri mingri    4096 12月 19  2017 conf
drwxr-xr-x 5 mingri mingri    4096 12月 19  2017 docs
drwxr-xr-x 2 mingri mingri    4096 12月 19  2017 ivy
-rw-r--r-- 1 mingri mingri   11163 12月 19  2017 ivy.xml
drwxr-xr-x 2 mingri mingri    4096 12月 19  2017 lib
-rw-r--r-- 1 mingri mingri   15419 12月 19  2017 LICENSE.txt
-rw-r--r-- 1 mingri mingri     505 12月 19  2017 NOTICE.txt
-rw-r--r-- 1 mingri mingri   18772 12月 19  2017 pom-old.xml
-rw-r--r-- 1 mingri mingri    1096 12月 19  2017 README.txt
-rw-r--r-- 1 mingri mingri 1108073 12月 19  2017 sqoop-1.4.7.jar
-rw-r--r-- 1 mingri mingri    6554 12月 19  2017 sqoop-patch-review.py
-rw-r--r-- 1 mingri mingri  765184 12月 19  2017 sqoop-test-1.4.7.jar
drwxr-xr-x 7 mingri mingri    4096 12月 19  2017 src
drwxr-xr-x 4 mingri mingri    4096 12月 19  2017 testdata
mingri@master:~/sqoop-1.4.7.bin__hadoop-2.6.0$
```

图 8.6　Sqoop 安装目录中的内容

8.1.2　配置 Sqoop

1. 复制 MySQL 的驱动程序

因为在 Hadoop 中多使用 MySQL 数据库，并且 Sqoop 经常从 HDFS 向 MySQL 数据库导入数据或从 MySQL 数据库导出数据，所以需要配置 MySQL 的驱动。

将 MySQL 的驱动程序 mysql-connector-java-8.0.14.jar 复制到 Sqoop 安装目录的 lib 目录下，如图 8.7 所示。

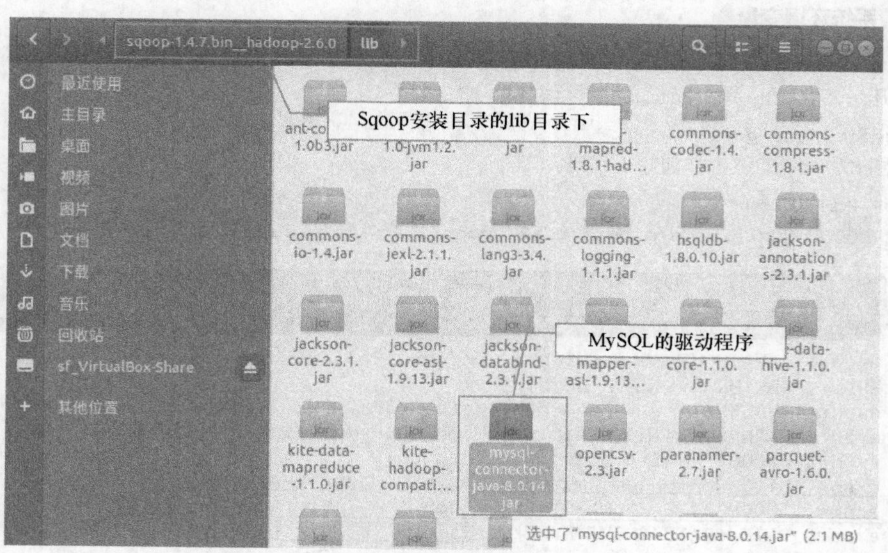

图 8.7　复制 MySQL 的驱动程序

说明　7.3.4 小节介绍了如何获得 mysql-connector-java-8.0.14.jar 文件。

2. 配置 Sqoop 环境变量

配置 sqoop-env.sh 文件，在 Sqoop 的安装目录的 conf 子目录下，系统提供了此文件的模板文件 sqoop-env-template.sh。配置 Sqoop 环境变量的步骤如下。

首先将模板文件重命名为 sqoop-env.sh，命令如下。

```
cd sqoop-1.4.7.bin__hadoop-2.6.0/conf
cp sqoop-env-template.sh sqoop-env.sh
```

然后使用 gedit 命令打开 sqoop-env.sh 文件进行修改。

```
gedit sqoop-env.sh
```

按照图 8.8 所示修改文件内容。

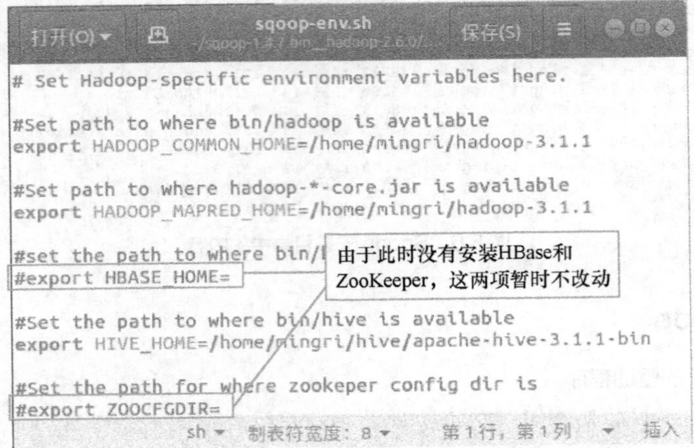

图 8.8 配置 Sqoop 环境变量

3. 配置系统环境变量

编辑/etc/profile 系统配置文件，加入 Sqoop 的 HOME 路径并且在 PATH 中加入 bin 的路径。

首先打开/etc/profile 系统配置文件进行编辑，命令如下。

```
sudo gedit /etc/profile
```

然后在图 8.9 所示的位置添加如下代码。

```
:$SQOOP_HOME/bin
export SQOOP_HOME=/home/mingri/sda2/sqoop-1.4.7.bin__hadoop-2.6.0
```

图 8.9 配置系统环境变量

由于在/etc/profile 文件中设置过 PATH，此处只需将 Sqoop 的 bin 目录路径写在 PATH 值的最后，与前面内容用冒号（:）进行连接即可。

修改完/etc/profile 文件的内容之后，使用 source 命令使修改内容生效，命令如下。

```
source /etc/profile
```

8.1.3 验证 Sqoop

进入 Sqoop 的安装目录，然后通过如下命令验证 Sqoop 是否安装成功。

```
bin/sqoop help
```

如果出现图 8.10 所示的执行结果，则说明 Sqoop 安装成功，否则需要检查安装与配置步骤。

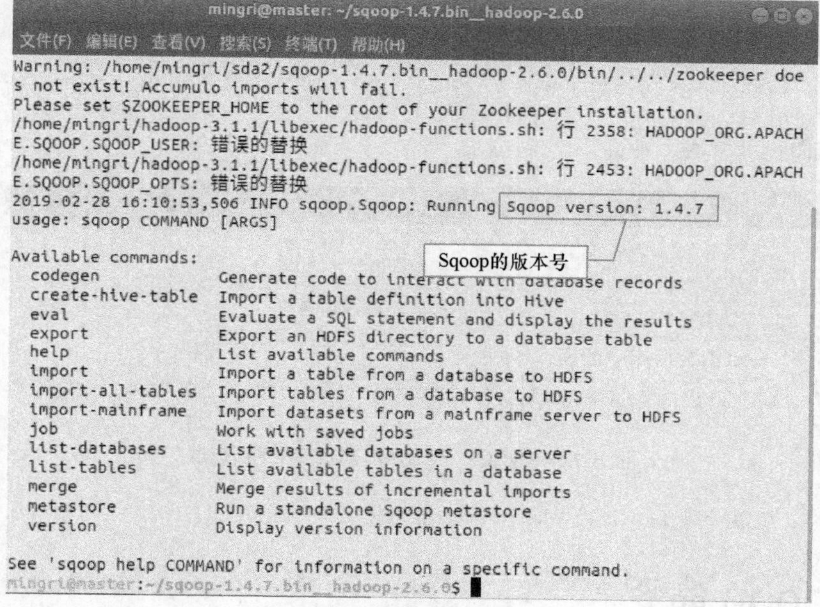

图 8.10 验证 Sqoop

在图 8.10 所示的执行结果中，虽然出现了一些警告信息，但并不影响 Sqoop 的使用。

8.1.4 测试 Sqoop 与 MySQL 的连接

Sqoop 的一个主要的功能就是将数据导入或导出 MySQL 数据库，所以在导入或导出数据之前，首先必须要做的就是连接 Sqoop 与 MySQL。

1. 连接 MySQL，并列出 MySQL 中的所有数据库

进入 Sqoop 的安装目录，执行如下命令。

```
bin/sqoop list-databases --connect jdbc:mysql://localhost:3306/ -username root -password 123456
```

执行结果如图 8.11 所示。

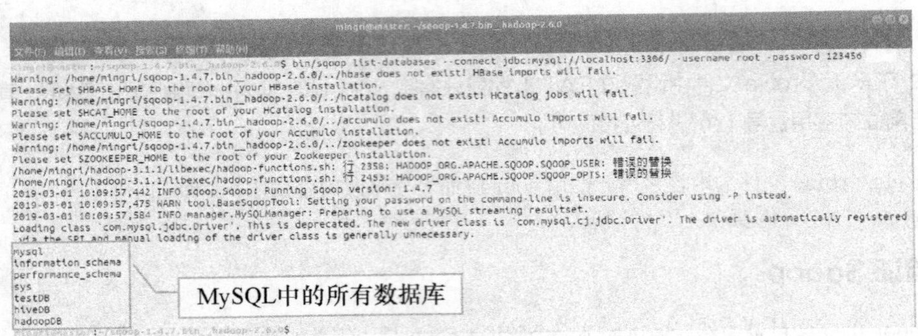

图 8.11　连接 MySQL，并列出 MySQL 中的所有数据库

在图 8.11 中可以看到 MySQL 中的所有数据库。命令中的 root 为用户名，123456 为密码。

2. 连接 MySQL，并列出 MySQL 下 testDB 数据库中的所有表

进入 Sqoop 的安装目录，执行如下命令。

```
bin/sqoop list-tables --connect jdbc:mysql://localhost:3306/testDB -username root -password 123456
```

执行结果如图 8.12 所示。

```
mingri@master:~/sqoop-1.4.7.bin__hadoop-2.6.0$ bin/sqoop list-tables --connect jdbc:mysql://localhost:3306/testDB -username root -password 123456
Warning: /home/mingri/sqoop-1.4.7.bin__hadoop-2.6.0/../hbase does not exist! HBase imports will fail.
Please set $HBASE_HOME to the root of your HBase installation.
Warning: /home/mingri/sqoop-1.4.7.bin__hadoop-2.6.0/../hcatalog does not exist! HCatalog jobs will fail.
Please set $HCAT_HOME to the root of your HCatalog installation.
Warning: /home/mingri/sqoop-1.4.7.bin__hadoop-2.6.0/../accumulo does not exist! Accumulo imports will fail.
Please set $ACCUMULO_HOME to the root of your Accumulo installation.
Warning: /home/mingri/sqoop-1.4.7.bin__hadoop-2.6.0/../zookeeper does not exist! Accumulo imports will fail.
Please set $ZOOKEEPER_HOME to the root of your Zookeeper installation.
...
Loading class `com.mysql.jdbc.Driver'. This is deprecated. The new driver class is `com.mysql.cj.jdbc.Driver'. The driver is automatically registered via the SPI and manual loading of the driver class is generally unnecessary.
student
```

testDB数据库中的表

图 8.12　MySQL 下 testDB 数据库中的所有表

在图 8.12 中，可以看到 testDB 数据库中只有一张数据表，即 student。

8.2　Sqoop 命令

Sqoop 命令

在使用 bin/sqoop help 命令验证 Sqoop 是否安装成功时，执行结果列出了 Sqoop 所有的可用命令选项，如图 8.13 所示。

```
Available commands:
  codegen            Generate code to interact with database records
  create-hive-table  Import a table definition into Hive
  eval               Evaluate a SQL statement and display the results
  export             Export an HDFS directory to a database table
  help               List available commands
  import             Import a table from a database to HDFS
  import-all-tables  Import tables from a database to HDFS
  import-mainframe   Import datasets from a mainframe server to HDFS
  job                Work with saved jobs
  list-databases     List available databases on a server
  list-tables        List available tables in a database
  merge              Merge results of incremental imports
  metastore          Run a standalone Sqoop metastore
  version            Display version information
```

图 8.13　Sqoop 的可用命令选项

Sqoop 的可用命令选项介绍如表 8.1 所示。

表 8.1　Sqoop 的可用命令选项介绍

命令选项	说　明
codegen	获取数据库中某张表数据生成 Java 文件并打包成 JAR
create-hive-table	创建与关系型数据库表的表结构对应的 Hive 表
eval	查看 SQL 执行结果。在 import 数据导入的时候，可以预先查看相关的 SQL 语句是否正确
export	从 HDFS 中将数据导出到关系型数据库
help	显示 Sqoop 的帮助信息
import	将数据库的数据导入 HDFS
import-all-tables	将数据库里的所有表导入 HDFS，每个表在 HDFS 中都对应一个独立的目录
import-mainframe	将主机数据集导入 HDFS
job	用来生成一个 Sqoop 的任务，生成后，该任务并不执行，除非使用命令执行该任务。该命令选项的目的在于尽可能地复用 Sqoop 命令
list-databases	列出关系型数据库的所有数据库名
list-tables	列出关系型数据库的某一个数据库的所有表名
merge	将 HDFS 中不同目录下面的数据合并，合并时数据去重，并存放在指定的目录中
metastore	记录 Sqoop Job 的元数据信息。如果不启动 metastore 实例，则默认的元数据存储目录为~/.sqoop；如果要更改存储目录，可以在配置文件 sqoop-site.xml 中进行更改
version	显示 Sqoop 的版本信息

在这些命令选项中，最常用的就是 export 和 import。其中 export 命令选项的参数如表 8.2 所示。

表 8.2　export 命令选项的参数

参　数	说　明
--input-enclosed-by <char>	给字段值前后加上指定字符
--input-escaped-by <char>	对含有转义符的字段进行转义处理
--input-fields-terminated-by <char>	字段之间的分隔符
--input-lines-terminated-by <char>	行之间的分隔符
--input-optionally-enclosed-by <char>	给带有双引号或单引号的字段值前后加上指定字符

import 命令选项的参数如表 8.3 所示。

表 8.3　import 命令选项的参数

参　数	说　明
--enclosed-by <char>	给字段值前后加上指定字符
--escaped-by <char>	对字段中的双引号加转义符
--fields-terminated-by <char>	设定每个字段以什么符号结束，默认为逗号
--lines-terminated-by <char>	设定每行记录之间的分隔符，默认为\n
--mysql-delimiters	MySQL 默认的分隔符设置，字段之间以逗号分隔，行之间以\n 分隔，默认转义符是\，字段值以单引号包裹
--optionally-enclosed-by <char>	给带有双引号或单引号的字段值前后加上指定字符

8.3 Sqoop 导入

Sqoop 导入

Sqoop 导入用到的命令为 SQOOP IMPORT，SQOOP IMPORT 的语法如下。

```
SQOOP IMPORT
--connect JDBC_URL
--username USERNAME
--password PASSWORD
--table TABLE
--delete-target-dir
--hive-import
--split-by SPLIT_BY_COL
--m n
--hive-database HIVE_DB_NAME
--hive-table HIVE_TABLE_NAME
(--hive-partition-key partition_name
--hive-partition-value partititon_value
```

语法中出现的参数说明如表 8.4 所示。

表 8.4　SQOOP IMPORT 的语法的参数说明

参数	说　明
--connect	连接 RDBMS 的 JDBC 连接字符串。 示例：--connect jdbc:mysql:// MYSQL_SERVER: PORT / DBNAME。 其中，mysql 默认端口号为 3306。 示例：--connect jdbc:oracle:thin:USERNAME/PASSWORD@ORACLE_SERVER:PORT: SID。其中，oracle 默认端口号为 1521。 thin 是驱动方式，“瘦”的意思，直接使用原生的 Oracle JDBC 驱动。 SID 是数据库的唯一标识符，是建立数据库时系统自动赋予的一个初始 ID
--username	连接 RDBMS 所使用的用户名
--password	连接 RDBMS 所使用的密码
--table	将要导入 Hive 的表
--delete-target-dir	如果 HDFS 表存在，则删除
--split-by	分割导入任务所使用的字段。需要明确指定，推荐使用主键
-m n	使用 n 个 map 任务并行导入数据。默认 map 为 4 个，如果表比较大，建议使用多个 map
--hive-import	插入数据到 Hive 当中，使用 Hive 默认的分隔符
--hive-database	Hive 当中的数据库
-- hive-table	Hive 当中的表名
--hive-partition-key	Hive 分区的列名
--hive-partition-value	Hive 分区的值

HDFS 上默认的导入目录为/user/mingri/，该路径下不能存在与 TABLE(--table)同名的文件，否则导入失败。当导入成功时，会在该路径下生成数据文件 part-m-×××××，与导入成功的标志文件_SUCCESS。

8.3.1 使用 Sqoop 把 MySQL 数据导入 HDFS

下面以一个例子来演示如何使用 Sqoop 把 MySQL 数据导入 HDFS。

例如，将 MySQL 下 testDB 数据库中的 student 表数据导入 HDFS 的命令如下。

```
bin/sqoop import --connect jdbc:mysql://localhost:3306/testDB -username root -password
123456 --table student --delete-target-dir -m 1
```

执行上述语句后出现了“Class student not found”的错误信息，如图 8.14 所示。

```
java.lang.Exception: java.lang.RuntimeException: java.lang.ClassNotFoundException: Class student not found
        at org.apache.hadoop.mapred.LocalJobRunner$Job.runTasks(LocalJobRunner.java:492)
        at org.apache.hadoop.mapred.LocalJobRunner$Job.run(LocalJobRunner.java:552)
Caused by: java.lang.RuntimeException: java.lang.ClassNotFoundException: Class student not found
```

图 8.14　执行结果出错

执行结果信息很多，只截取了部分内容。

在执行 sqoop import 语句之前，需要将/tmp/sqoop-root/compile 下任一目录中的编译文件，包括图 8.15 所示的 student.class 和 student.jar 文件，复制到 Sqoop 安装目录的 lib 目录下，如图 8.16 所示。

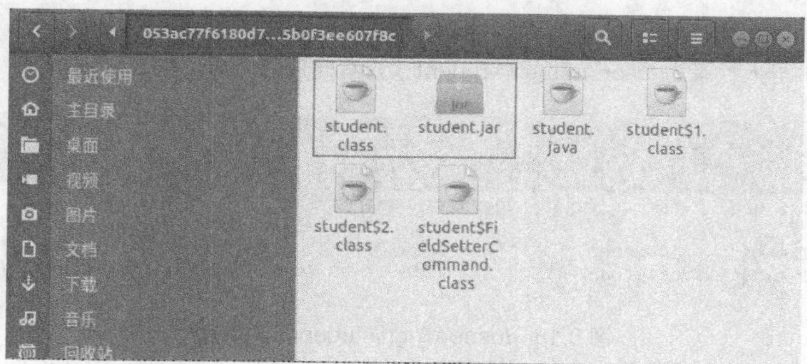

图 8.15　复制编译文件

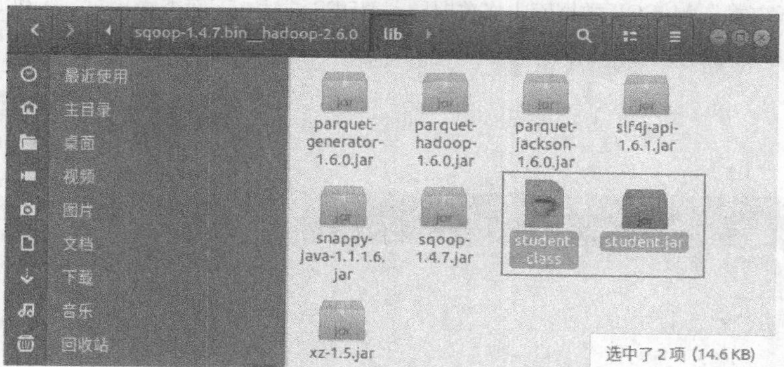

图 8.16　将编译文件复制到 Sqoop 安装目录的 lib 目录下

复制好编译文件之后，再来执行 sqoop import 命令，得到的执行结果如图 8.17 所示。

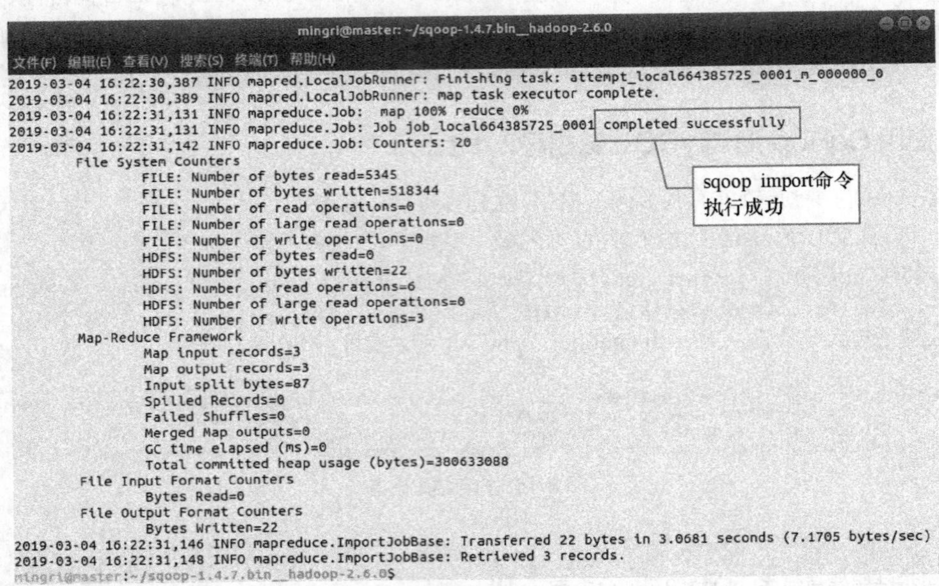

图 8.17　sqoop import 命令执行成功

执行结果信息很多，只截取部分内容。

HDFS 上默认的导入目录为/user/mingri/student，查看此目录内容，如图 8.18 所示。

```
mingri@master:~$ hadoop fs -ls /user/mingri/student
Found 2 items
-rw-r--r--   1 mingri supergroup          0 2019-03-04 16:22 /user/mingri/student/_SUCCESS
-rw-r--r--   1 mingri supergroup         22 2019-03-04 16:22 /user/mingri/student/part-m-00000
mingri@master:~$
```

图 8.18　/user/mingri/student 目录内容

从图 8.18 中可知，在目录/user/mingri/student 下新增了两个文件，分别为_SUCCESS 和 part-m-00000，其中_SUCCESS 标志着从 MySQL 数据库中将数据导入 HDFS 成功。下面查看 part-m-00000 文件内容，并且查看 student 表中数据，如图 8.19 所示。

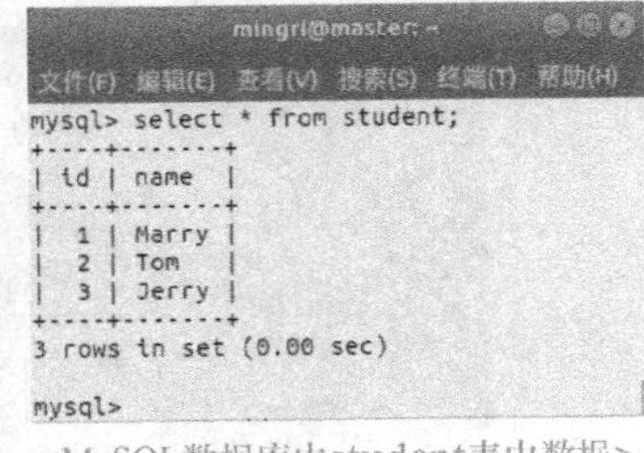

<part-m-00000文件内容>　<MySQL数据库中student表中数据>

图 8.19　使用 Sqoop 将 MySQL 数据成功导入 HDFS

通过 part-m-00000 文件内容和 MySQL 数据库的 student 表中数据的对比，发现两者数据一致，说明已成功将 MySQL 数据导入 HDFS 文件。

操作的数据表必须设置有主键，否则在导入时会出现“Import failed: No primary key could be found for table student.”的错误信息。

8.3.2 使用 Sqoop 把 MySQL 数据导入 Hive

在使用 Sqoop 把 MySQL 数据导入 Hive 的命令中，主要新增了两个选项，分别为：-hive-import，此选项指明数据的目标存储位置是 Hive，而不是 HDFS；-hive-table，执行 Hive 中用于存储导入数据的数据表。

下面以一个例子来演示如何使用 Sqoop 把 MySQL 数据导入 Hive。

例如，将 MySQL 下 testDB 数据库中的 student 表数据导入 Hive 的步骤如下。

（1）将 hive/lib 中的 hive-common-3.1.1.jar 文件复制到 Sqoop 的安装目录的 lib 目录中，如图 8.20 所示。

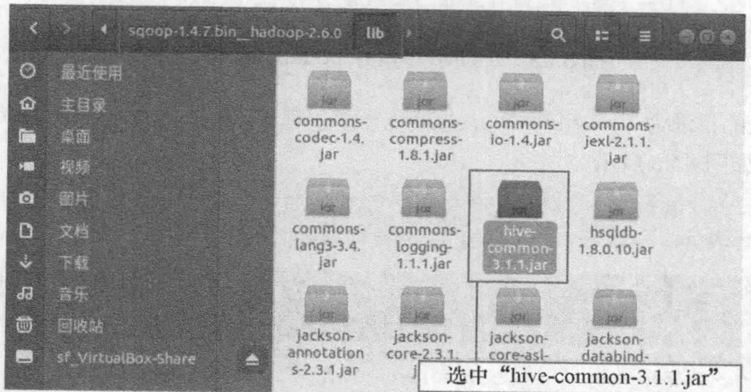

图 8.20　将 hive-common-3.1.1.jar 文件复制到 Sqoop 的安装目录的 lib 目录中

（2）确认 Hive 中不存在要导入的表 student，如存在则删除。

```
hive> show tables like 'student';
hive> drop table student;
```

（3）使用 Sqoop 实现数据导入。

```
bin/sqoop import --connect jdbc:mysql://localhost:3306/testDB -username root -password 123456 --table student --delete-target-dir -hive-import -hive-table student -m 1
```

执行结果如图 8.21 所示。

```
2019-03-05 11:21:28,768 INFO hive.HiveImport: Hive Session ID = 397ed07e-2fb8-41f0-a377-41669009795d
2019-03-05 11:21:30,149 INFO hive.HiveImport: OK
2019-03-05 11:21:30,150 INFO hive.HiveImport: Time taken: 1.273 seconds
2019-03-05 11:21:30,588 INFO hive.HiveImport: Loading data to table default.student
2019-03-05 11:21:30,874 INFO hive.HiveImport: OK
2019-03-05 11:21:30,874 INFO hive.HiveImport: Time taken: 0.722 seconds
2019-03-05 11:21:31,444 INFO hive.HiveImport: Hive import complete.
2019-03-05 11:21:31,455 INFO hive.HiveImport: Export directory is contains the _SUCCESS file only, removi
ng the directory.
```

图 8.21　数据导入 Hive

当 Hive 中存在与要导入数据表同名的数据表时，需要确定两者的数据结构是否一致。如果一致的话，默认会往表中追加数据；如果不一致，数据导入会出错。当 Hive 中不存在要导入的数据表时，执行 sqoop import 命令会自动创建对应的 Hive 表并将数据加载进此表。

（4）检验 Hive 是否被导入了 student 表。连接 Hive，查看 student 的建表语句，可以得到表备注 'Imported by sqoop on 2019/03/05 11:21:19'，说明此表是通过 Sqoop 导入 Hive 的，如图 8.22 所示。

```
mingri@master: ~/sda2/hive/apache-hive-3.1.1-bin/bin
文件(F) 编辑(E) 查看(V) 搜索(S) 终端(T) 帮助(H)
hive> show create table student;
OK
CREATE TABLE `student`(
  `id` int,
  `name` string)
COMMENT 'Imported by sqoop on 2019/03/05 11:21:19'
ROW FORMAT SERDE
  'org.apache.hadoop.hive.serde2.lazy.LazySimpleSerDe'
WITH SERDEPROPERTIES (
  'field.delim'='□',
  'line.delim'='\n',
  'serialization.format'='□')
STORED AS INPUTFORMAT
  'org.apache.hadoop.mapred.TextInputFormat'
OUTPUTFORMAT
  'org.apache.hadoop.hive.ql.io.HiveIgnoreKeyTextOutputFormat'
LOCATION
  'hdfs://master:9000/user/hive/warehouse/student'
TBLPROPERTIES (
  'bucketing_version'='2',
  'transient_lastDdlTime'='1551756090')
Time taken: 0.113 seconds, Fetched: 19 row(s)
hive>
```

图 8.22　在 Hive 中查看 student 的建表语句

Hive 默认被导入的目录为/user/hive/warehouse/表名，查看/user/hive/warehouse/student 目录文件，并查看此文件内容，如图 8.23 所示。

```
hadoop fs -ls -R /user/hive/warehouse/student
hadoop fs -cat /user/hive/warehouse/student/part-m-00000
```

```
mingri@master: ~
文件(F) 编辑(E) 查看(V) 搜索(S) 终端(T) 帮助(H)
mingri@master:~$ hadoop fs -ls -R /user/hive/warehouse/student
-rw-r--r--   1 mingri supergroup         22 2019-03-05 11:21 /user/hive/warehouse/student/part-m-00000
mingri@master:~$ hadoop fs -cat /user/hive/warehouse/student/part-m-00000
1,Marry
2,Tom
3,Jerry
mingri@master:~$
```

图 8.23　查看 Hive 中被导入的文件内容

由图 8.23 可知，已成功使用 Sqoop 将 MySQL 数据导入 Hive。

8.3.3　有选择地导入数据

上面的示例演示的都是将 MySQL 中表的全部数据导入 HDFS 或 Hive，下面介绍如何有选择地导入数据。例如，将 MySQL 的 testDB 数据库的 emp 表中工资大于 4000 的员工姓名和工资导入 Hive。

首先在 MySQL 数据库中查看 emp 表的数据，结果如图 8.24 所示。

```
mysql> use testDB;
Database changed
mysql> select * from emp;
+----+-------+--------+
| id | name  | salary |
+----+-------+--------+
|  1 | Black |   3500 |
|  2 | Alin  |   5000 |
|  3 | Sker  |   4800 |
+----+-------+--------+
3 rows in set (0.00 sec)
```

图 8.24　emp 表的数据

然后在/tmp/sqoop-root/compile 目录中找到编译文件，包括 emp.class 和 emp.jar，复制到 Sqoop 安装目录的 lib 目录下，如图 8.25 所示。

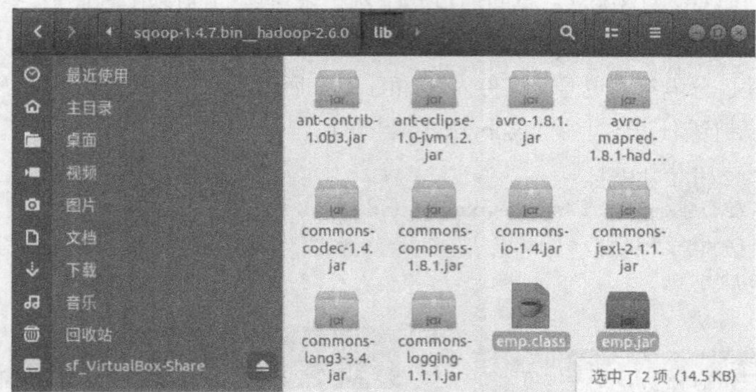

图 8.25　复制 emp 表的编译文件

最后使用 sqoop import 命令实现数据导入，命令如下。

```
bin/sqoop import --connect jdbc:mysql://localhost:3306/testDB -username root -password 123456 -table emp -columns name,salary -where "salary>4000" --delete-target-dir -hive-import -hive-table salary -m 1
```

其中，-columns 选项用来指定将哪几列数据导入 Hive，列与列之间使用逗号分隔。-where 选项用来指定数据筛选条件，相当于 SQL 语句中的 WHERE 子句。通过这两个选项即可使用 Sqoop 将 emp 表中工资大于 4000 的员工姓名和工资导入 Hive。

执行结果如图 8.26 所示。

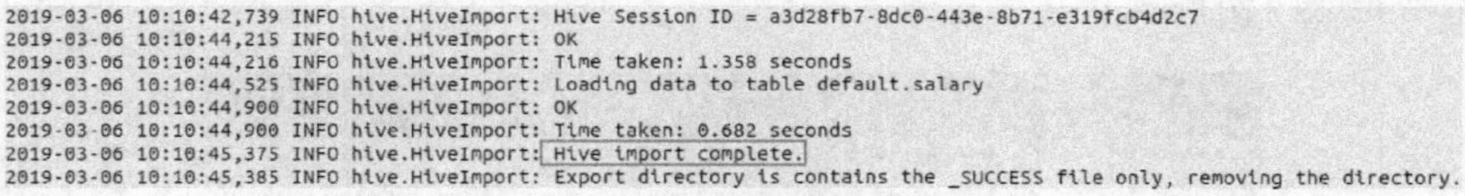

```
2019-03-06 10:10:42,739 INFO hive.HiveImport: Hive Session ID = a3d28fb7-8dc0-443e-8b71-e319fcb4d2c7
2019-03-06 10:10:44,215 INFO hive.HiveImport: OK
2019-03-06 10:10:44,216 INFO hive.HiveImport: Time taken: 1.358 seconds
2019-03-06 10:10:44,525 INFO hive.HiveImport: Loading data to table default.salary
2019-03-06 10:10:44,900 INFO hive.HiveImport: OK
2019-03-06 10:10:44,900 INFO hive.HiveImport: Time taken: 0.682 seconds
2019-03-06 10:10:45,375 INFO hive.HiveImport: Hive import complete.
2019-03-06 10:10:45,385 INFO hive.HiveImport: Export directory is contains the _SUCCESS file only, removing the directory.
```

图 8.26　导入数据成功

在 Hive 中查看导入的 salary 表，查询结果如图 8.27 所示。

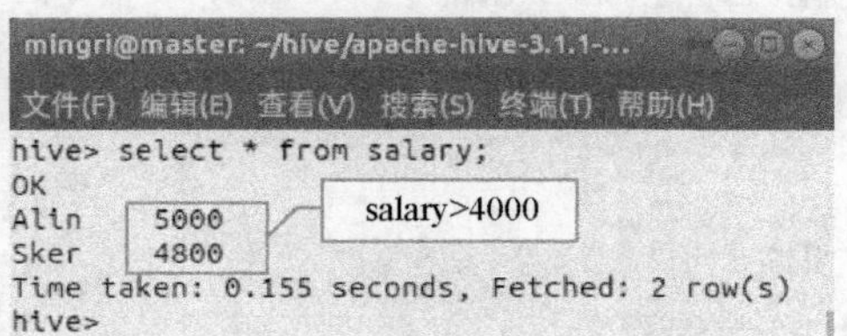

图 8.27　在 Hive 中查看导入数据

将此表与 MySQL 中的 emp 表相比，此表只有 name 和 salary 两列，并且 salary 列的数值大于 4000，说明成功导入数据。

8.4　Sqoop 导出

与 Sqoop 导入相比，Sqoop 导出的使用频率相对较低，一般用于将 Hive 的分析结果导出到关系型数据库以供用户查看或生成报表等。

8.4.1 使用 Sqoop 将 Hadoop 数据导出到 MySQL

Sqoop 导出用到的命令为 export，下面通过一个例子来讲解如何使用 Sqoop 将 Hadoop 数据导出到 MySQL，步骤如下。

（1）创建 stu 文件，分隔符为逗号，文件内容如图 8.28 所示。

（2）将 stu 文件复制到 HDFS 上的/exportdata 目录下。

```
hadoop fs -mkdir /expotdata
hadoop fs -put /home/mingri/stu /exportdata/stu
hadoop fs -cat /exportdata/stu
```

执行结果如图 8.29 所示。

图 8.28 stu 文件内容

图 8.29 将 stu 文件复制到 HDFS 上的/exportdata 目录下

（3）将 stu 文件中的数据导出到 MySQL 数据库中的 student 表中。

```
bin/sqoop export --connect jdbc:mysql://localhost:3306/testDB -username root -password
123456 -table student -export-dir /exportdata --input-fields-terminated-by ','
```

export 导出命令与 import 导入命令类似，其中“--input-fields-terminated-by ','”用于指定数据文件中的分隔符。需要注意的是，数据文件中的分隔符必须和要导出的数据表中的分隔符一致，才能正确地导出数据。

执行结果如图 8.30 所示。

```
mingri@master: ~/sqoop-1.4.7.bin__hadoop-2.6.0
文件(F) 编辑(E) 查看(V) 搜索(S) 终端(T) 帮助(H)
2019-03-29 10:28:13,879 INFO mapreduce.Job:  map 100% reduce 0%
2019-03-29 10:28:13,882 INFO mapreduce.Job: Job job_local600431743_0001 completed successfully
2019-03-29 10:28:13,899 INFO mapreduce.Job: Counters: 20
        File System Counters
                FILE: Number of bytes read=26414
                FILE: Number of bytes written=2074692
                FILE: Number of read operations=0
                FILE: Number of large read operations=0
                FILE: Number of write operations=0
                HDFS: Number of bytes read=210
                HDFS: Number of bytes written=0
                HDFS: Number of read operations=78
                HDFS: Number of large read operations=0
                HDFS: Number of write operations=0
        Map-Reduce Framework
                Map input records=3
                Map output records=3
                Input split bytes=506
                Spilled Records=0
                Failed Shuffles=0
                Merged Map outputs=0
                GC time elapsed (ms)=0
                Total committed heap usage (bytes)=1440743424
        File Input Format Counters
                Bytes Read=0
        File Output Format Counters
                Bytes Written=0
2019-03-29 10:28:13,903 INFO mapreduce.ExportJobBase: Transferred 210 bytes in 1.6239 seconds (
129.32 bytes/sec)
2019-03-29 10:28:13,906 INFO mapreduce.ExportJobBase: Exported 3 records.
mingri@master:~/sqoop-1.4.7.bin__hadoop-2.6.0$
```

导出数据成功

图 8.30 将 stu 文件中的数据导出到 MySQL 数据库中的 student 表中

（4）在 MySQL 数据库中，查看 student 表中数据。

```
use testDB;
select * from student;
```

执行结果如图 8.31 所示。

```
mysql> select * from student;
+----+-------+
| id | name  |
+----+-------+
|  1 | Marry |
|  2 | Tom   |
|  3 | Jerry |
+----+-------+
3 rows in set (0.00 sec)
```

<导出数据前，表中数据>

```
mysql> select * from student;
+----+-------+
| id | name  |
+----+-------+
|  1 | Marry |
|  2 | Tom   |
|  3 | Jerry |
|  4 | Black |
|  5 | Emma  |
|  6 | Abby  |
+----+-------+
6 rows in set (0.01 sec)
```

stu数据文件中的数据，已成功导出到student数据表

<导出数据后，表中数据>

图 8.31　查看 student 表中数据

从图 8.31 可以看出，已经成功地将 stu 文件中的数据导出到 MySQL 数据库的 student 表中。

8.4.2　使用 Sqoop 将 Hive 数据导出到 MySQL

下面以一个例子说明如何使用 Sqoop 将 Hive 数据导出到 MySQL。将 Hive 中的 salary 数据表导出到 MySQL 中。

（1）在 Hive 中查看 salary 表的建表信息和表中数据，命令如下。

```
hive> show create table salary;
hive> select * from salary;
```

执行结果如图 8.32 所示。

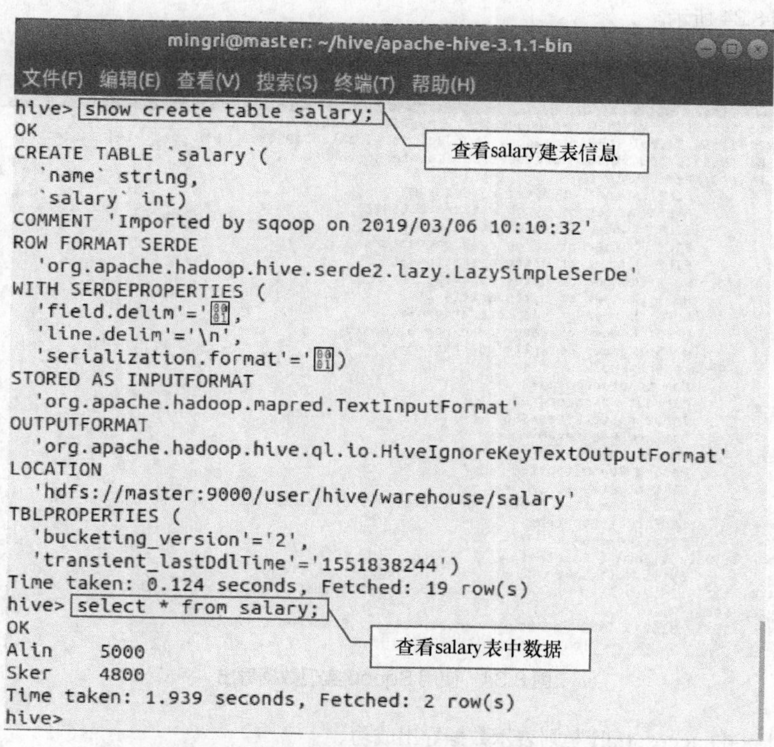

图 8.32　查看 salary 表的建表信息和表中数据

可以看到 salary 表的存储位置为/user/hive/warehouse/salary。

（2）在 MySQL 数据库中创建 salary 数据表，用来接收 Hive 的数据。

```
mysql> create table salary(
```

```
    -> name char(20),
    -> salary int(6));
```

执行结果如图 8.33 所示。

```
mingri@master: ~
文件(F) 编辑(E) 查看(V) 搜索(S) 终端(T) 帮助(H)
mysql> create table salary(
    -> name char(20),
    -> salary int(6));
Query OK, 0 rows affected (0.07 sec)

mysql>
```

图 8.33　在 MySQL 数据库中创建 salary 数据表

salary 表需要创建在 testDB 数据库中。

（3）使用 Sqoop 实现数据导出。

```
bin/sqoop export --connect jdbc:mysql://localhost:3306/testDB -username root -password 123456 --table salary -export-dir /user/hive/warehouse/salary -input-fields-terminated-by '\001'
```

执行结果如图 8.34 所示。

```
mingri@master: ~/sqoop-1.4.7.bin__hadoop-2.6.0
文件(F) 编辑(E) 查看(V) 搜索(S) 终端(T) 帮助(H)
2019-04-01 10:59:33,192 INFO mapreduce.Job:  map 100% reduce 0%
2019-04-01 10:59:33,201 INFO mapreduce.Job: Job job_local1834990368_0001 completed successfully
2019-04-01 10:59:33,234 INFO mapreduce.Job: Counters: 20
        File System Counters
                FILE: Number of bytes read=26930
                FILE: Number of bytes written=2085876
                FILE: Number of read operations=0
                FILE: Number of large read operations=0
                FILE: Number of write operations=0
                HDFS: Number of bytes read=192
                HDFS: Number of bytes written=0
                HDFS: Number of read operations=66
                HDFS: Number of large read operations=0
                HDFS: Number of write operations=0
        Map-Reduce Framework
                Map input records=2
                Map output records=2
                Input split bytes=556
                Spilled Records=0
                Failed Shuffles=0
                Merged Map outputs=0
                GC time elapsed (ms)=0
                Total committed heap usage (bytes)=1396703232
        File Input Format Counters
                Bytes Read=0
        File Output Format Counters
                Bytes Written=0
2019-04-01 10:59:33,239 INFO mapreduce.ExportJobBase: Transferred 192 bytes in 1.6603 seconds (115.6434 bytes/sec)
2019-04-01 10:59:33,243 INFO mapreduce.ExportJobBase: Exported 2 records.
mingri@master:~/sqoop-1.4.7.bin__hadoop-2.6.0$
```

图 8.34　使用 Sqoop 实现数据导出

出现“completed successfully”则表示数据导出成功。

如果执行命令出错，出现“ClassNotFoundException: salary”的错误信息，需要将 /tmp/sqoop-root/compile 目录下的编译文件 salary.class 和 salary.jar 复制到 Sqoop 安装目录的 lib 目录中。

在命令末尾用到了参数“-input-fields-terminated-by '\001'”，用来指定 Sqoop 文件的分隔符，使它能够正确地解析文件字段，而 Hive 默认的字段分隔符为'\001'。

（4）检验 MySQL 数据库中是否导入了 Hive 的 salary 数据。

查询 salary 表中是否存在数据，查询结果如图 8.35 所示。

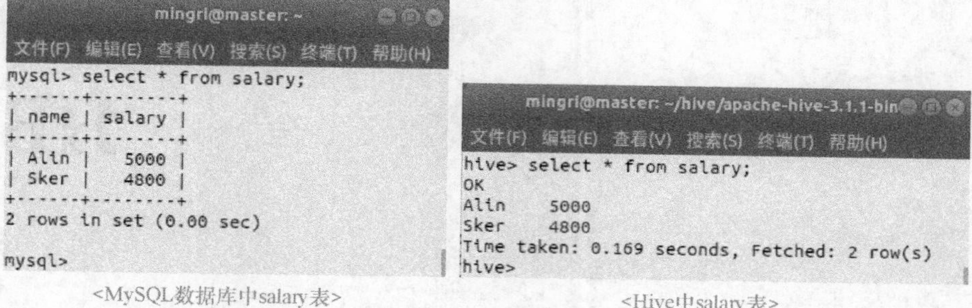

图 8.35　在 MySQL 数据库中查看 salary 表中的数据

由图 8.35 可知，MySQL 数据库中 salary 表中的数据与 Hive 中的数据一致，说明使用 Sqoop 已经成功地将 Hive 数据导出到 MySQL 数据库。

小 结

本章介绍了 Sqoop 的安装及基本使用方法，Sqoop 主要用于从外部数据源向 HDFS、Hive 甚至 MySQL 导入数据，用户也可以从 HDFS、Hive 甚至 MySQL 中导出数据到外部。但在实际情况中，Sqoop 导入和导出的速度往往受限于数据库的性能和硬件等。

习 题

8-1　Sqoop 连接并列出 MySQL 中的所有数据库的命令是什么？

8-2　Sqoop 如何查看 MySQL 下 testDB 数据库中的所有表？

8-3　执行 Sqoop 导入命令时，出现了“Class student not found”的错误信息，如何解决？

8-4　如何将 MySQL 下 testDB 数据库中的 people 表数据导入 Hive？

PART09

第9章 HBase

HBase 是 Hadoop 的数据库，能够对大型数据提供随机、实时的读写访问，是 Google 的 BigTable 的开源实现。HBase 的目标是存储并处理大型的数据，更具体地说是仅用普通的硬件配置处理由成千上万的行和列所组成的大型数据库。

本章要点

- 简单理解 HBase
- ZooKeeper 集群的安装与配置
- HBase 集群的安装与配置
- HBase 的基本应用

9.1 ZooKeeper 集群的安装与配置

ZooKeeper 集群的安装与配置

HBase 的安装与启动依赖于正在运行的 ZooKeeper 集群，HBase 使用 ZooKeeper 作为其协同服务组件，所以在安装 HBase 之前，先介绍 ZooKeeper 的安装。

9.1.1 ZooKeeper 简介

ZooKeeper 是 Hadoop 中非常重要的组件，它的主要功能是为分布式系统提供一致性协调服务，包括配置维护、域名服务、分布式同步和组服务等。Google 提供的类似服务叫作 Chubby。

ZooKeeper 是一个分布式的、开放源码的分布式应用程序协调服务，是 Google 的 Chubby 的开源实现，是 Hadoop 和 HBase 的重要组件。

ZooKeeper 的目标就是封装好复杂易出错的关键服务，将简单易用的接口和性能高效、功能稳定的系统提供给用户。

ZooKeeper 包含一个简单的原语集，提供 Java 和 C 的接口。

ZooKeeper 代码版本中，提供了分布式独享锁、选举、队列的接口，代码在 zookeeper-3.4.3\src\recipes。其中分布式独享锁和队列有 Java 和 C 两个版本，选举只有 Java 版本。

那么 ZooKeeper 能做什么事情呢？举一个简单的例子：使用 ZooKeeper 可以保证总服务器自动感知有多少提供搜索引擎的服务器，并向这些服务器发出搜索请求，当总服务器死机时自动启用备用的总服务器。

9.1.2 ZooKeeper 安装

1. ZooKeeper 安装包的下载

进入 Sqoop 的官方下载地址，单击 zookeeper-3.5.4-beta/链接，然后单击 zookeeper-3.5.4-beta.tar.gz 链接进行下载，如图 9.1 和图 9.2 所示。

```
Index of /dist/zookeeper - Mozilla Firefox
archive.apache.org/dist/zookeeper/
zookeeper-3.4.0/            2011-11-16 07:33  -
zookeeper-3.4.1/            2011-12-16 22:50  -
zookeeper-3.4.10/           2018-05-04 11:14  -
zookeeper-3.4.11/           2017-11-08 18:24  -
zookeeper-3.4.12/           2018-05-04 11:14  -
zookeeper-3.4.13/           2018-07-16 03:40  -
zookeeper-3.4.2/            2011-12-29 23:05  -
zookeeper-3.4.3/            2012-02-13 07:19  -
zookeeper-3.4.4/            2012-09-23 21:46  -
zookeeper-3.4.5/            2012-11-19 00:20  -
zookeeper-3.4.6/            2017-10-04 10:47  -
zookeeper-3.4.7/            2015-12-03 03:18  -
zookeeper-3.4.8/            2017-10-04 10:47  -
zookeeper-3.4.9/            2017-10-04 10:47  -
zookeeper-3.5.0-alpha/      2017-10-04 10:47  -
zookeeper-3.5.1-alpha/      2017-10-04 10:47  -
zookeeper-3.5.2-alpha/      2017-10-04 10:47  -
zookeeper-3.5.3-beta/       2018-05-04 11:13  -
zookeeper-3.5.4-beta/       2018-05-16 22:56  -
KEYS                        2019-02-06 13:18  54K
```

选择此版本

图 9.1　选择版本

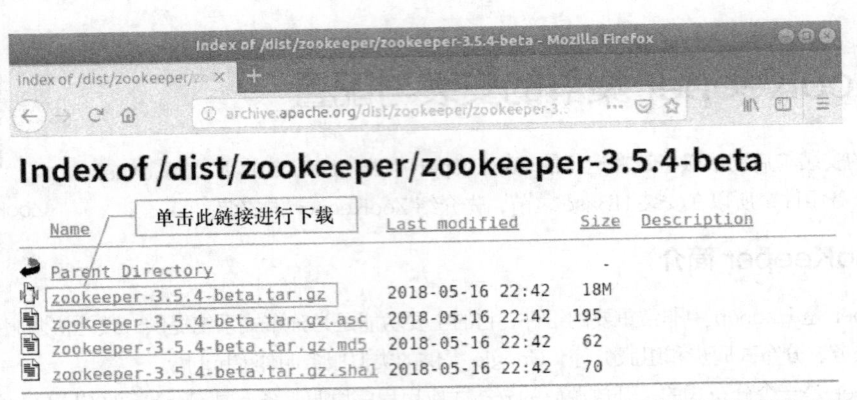

图 9.2　单击链接进行下载

下载完成后的安装包名称为 zookeeper-3.5.4-beta.tar.gz，将此安装包复制到 Master 节点上的主目录（/home/mingri），便于安装。

2. ZooKeeper 的安装

在终端输入如下命令。

```
tar -zxvf zookeeper-3.5.4-beta.tar.gz
```

执行结果如图 9.3 所示。

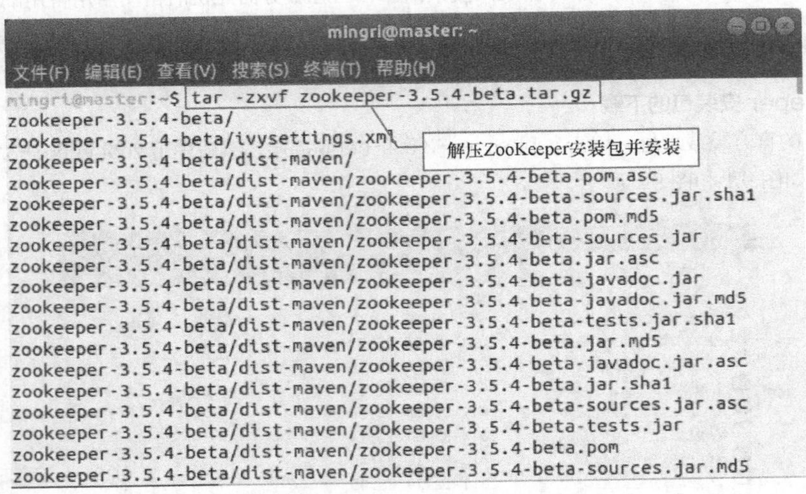

图 9.3　解压 ZooKeeper 安装包并安装

结果信息过多，图 9.3 中只截取了部分内容。

解压命令执行后，系统自动创建 ZooKeeper 的主安装目录 zookeeper-3.5.4-beta，图 9.4 所示为 ZooKeeper 的主安装目录下的文件和文件夹。

下面介绍一下 ZooKeeper 的主安装目录下主要的目录结构。

（1）bin 目录：ZooKeeper 的可执行脚本目录，包括 ZooKeeper 服务进程、ZooKeeper 客户端等脚本。其中，.sh 是 Linux 环境下的脚本，.cmd 是 Windows 环境下的脚本。

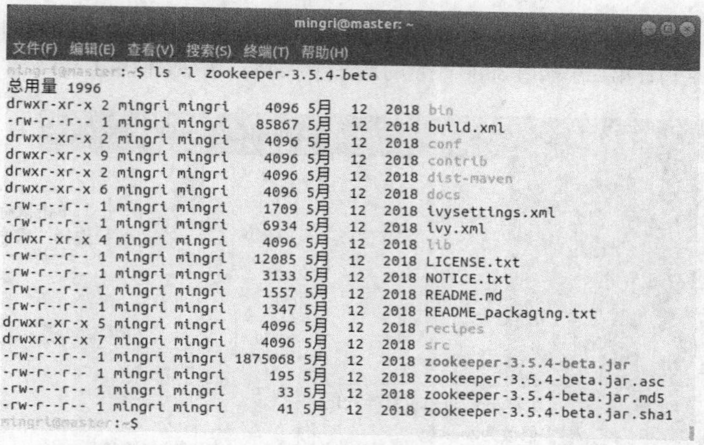

```
mingri@master:~$ ls -l zookeeper-3.5.4-beta
总用量 1996
drwxr-xr-x 2 mingri mingri    4096 5月  12  2018 bin
-rw-r--r-- 1 mingri mingri   85867 5月  12  2018 build.xml
drwxr-xr-x 2 mingri mingri    4096 5月  12  2018 conf
drwxr-xr-x 9 mingri mingri    4096 5月  12  2018 contrib
drwxr-xr-x 2 mingri mingri    4096 5月  12  2018 dist-maven
drwxr-xr-x 6 mingri mingri    4096 5月  12  2018 docs
-rw-r--r-- 1 mingri mingri    1709 5月  12  2018 ivysettings.xml
-rw-r--r-- 1 mingri mingri    6934 5月  12  2018 ivy.xml
drwxr-xr-x 4 mingri mingri    4096 5月  12  2018 lib
-rw-r--r-- 1 mingri mingri   12085 5月  12  2018 LICENSE.txt
-rw-r--r-- 1 mingri mingri    3133 5月  12  2018 NOTICE.txt
-rw-r--r-- 1 mingri mingri    1557 5月  12  2018 README.md
-rw-r--r-- 1 mingri mingri    1347 5月  12  2018 README_packaging.txt
drwxr-xr-x 5 mingri mingri    4096 5月  12  2018 recipes
drwxr-xr-x 7 mingri mingri    4096 5月  12  2018 src
-rw-r--r-- 1 mingri mingri 1875068 5月  12  2018 zookeeper-3.5.4-beta.jar
-rw-r--r-- 1 mingri mingri     195 5月  12  2018 zookeeper-3.5.4-beta.jar.asc
-rw-r--r-- 1 mingri mingri      33 5月  12  2018 zookeeper-3.5.4-beta.jar.md5
-rw-r--r-- 1 mingri mingri      41 5月  12  2018 zookeeper-3.5.4-beta.jar.sha1
mingri@master:~$
```

图 9.4　ZooKeeper 的主安装目录下的文件和文件夹

（2）conf 目录：配置文件目录。其中 zoo_sample.cfg 为样例配置文件，需要修改为自己的名称，一般为 zoo.cfg。log4j.properties 为日志配置文件。

（3）contrib 目录：包含一些用于操作 ZooKeeper 的工具包。

（4）lib 目录：包含 ZooKeeper 依赖的包。

（5）recipes 目录：包含 ZooKeeper 某些用法的代码示例。

9.1.3　配置 ZooKeeper 集群

单机模式的 ZooKeeper 进程虽然便于开发与测试，但并不适合在生产环境中使用。在生产环境中，一般需要使用集群模式来对 ZooKeeper 进行部署。

在集群模式下，建议至少部署三个 ZooKeeper 进程，或者部署奇数个 ZooKeeper 进程。如果只部署两个 ZooKeeper 进程，当其中一个 ZooKeeper 进程停止运行后，剩下的一个进程并不能构成一个 Quorum 机制的大多数。因此，部署两个进程甚至比单机模式更不可靠，因为两个进程其中一个不可用的可能性比一个进程不可用的可能性还大。

本书中 Hadoop 集群部署了三个服务器，所以 ZooKeeper 集群同样部署三个服务器。配置 ZooKeeper 集群的步骤如下。

1. 修改 ZooKeeper 配置文件

进入 ZooKeeper 安装目录的 conf 目录，复制 zoo_sample.cfg 文件并重命名为 zoo.cfg。使用 cp zoo_sample.cfg zoo.cfg 命令复制并重命名 zoo.cfg 文件；或者直接在 zoo_sample.cfg 文件上单击鼠标右键，选择“复制”，在空白处单击鼠标右键选择“粘贴”，并在 zoo_sample(复件).cfg 上单击鼠标右键选择“重命名”，将 zoo_sample(复件).cfg 修改为 zoo.cfg，如图 9.5 所示。

打开此文件进行编辑。可以使用 gedit 命令打开 zoo.cfg 文件，或者双击此文件，将如下代码添加到文件的末尾。

```
server.1=master:2888:3888
server.2=slave1:2888:3888
server.3=slave2:2888:3888
```

其中，代码格式为 server.*n*=主机名(IP 地址)：LF 通信端口：选举端口。

server.*n*，*n* 是一个数字，表示这个是第几号服务器；“=”后面是对应几号服务器的主机名或 IP 地址，本书中搭建的 Hadoop 集群中的各个主机名和 IP 地址如表 9.1 所示。如图 9.6 所示，第一个端口 2888 是集群中从服务器（Follower）连接到主服务器（Leader）的端口，也就是作为 Leader 时使用的，其他从服务器都连接到主服务器的这个端口；第二个端口 3888 表示的是进行 Leader 选举时使用的端口。

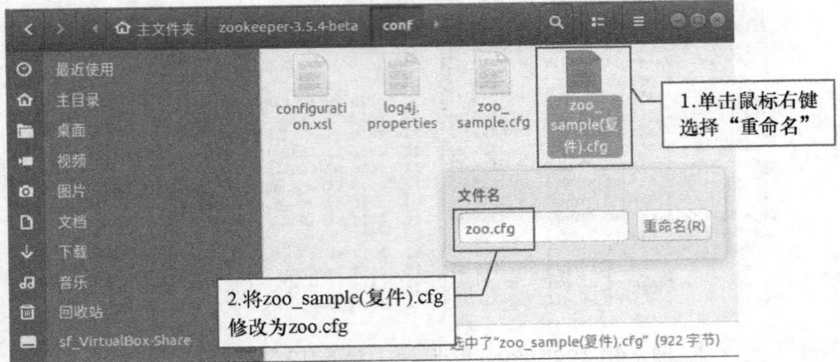

图 9.5　复制 zoo_sample.cfg 文件并重命名为 zoo.cfg

表 9.1　Hadoop 集群中的各个主机名和 IP 地址

主机名称	内部 IP 地址
master	192.168.1.10
slave1	192.168.1.1
slave2	192.168.1.2

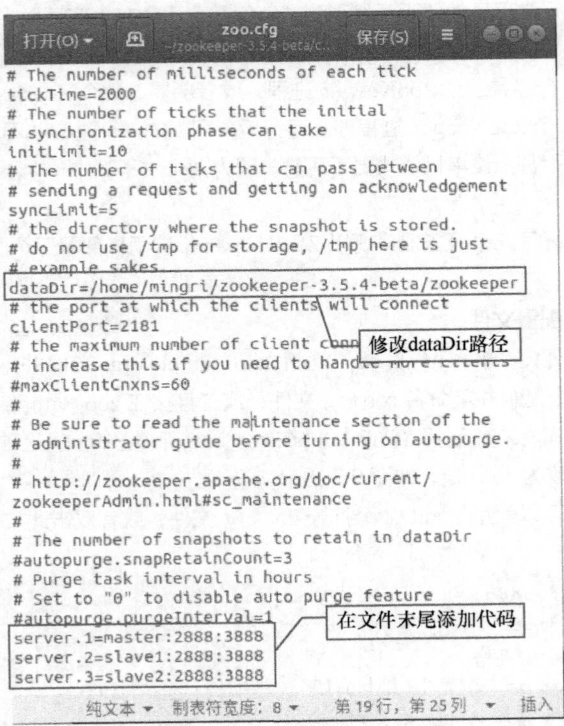

图 9.6　zoo.cfg 文件内容

除了添加集群信息之外，还需修改 dataDir 路径。

2. 复制 ZooKeeper 安装文件

将 Master 节点中已经配置好的 ZooKeeper 安装文件复制到 Slave 节点，分别为 slave1 和 slave2，命令如下。

```
scp -r zookeeper-3.5.4-beta slave1:~/
scp -r zookeeper-3.5.4-beta slave2:~/
```

执行结果如图 9.7 所示，由于结果信息过多，只截取部分信息。

```
mingri@master: ~
文件(F) 编辑(E) 查看(V) 搜索(S) 终端(T) 帮助(H)
mingri@master:~$ scp -r zookeeper-3.5.4-beta slave1:~/
zookeeper-3.5.4-beta-rest.jar                100%   41KB   1.6MB/s   00:00
log4j.properties                             100% 2496   226.3KB/s   00:00
rest.jks                                     100% 1363   222.9KB/s   00:00
README                                       100%  231    45.8KB/s   00:00
rest.cer                                     100%  595    75.2KB/s   00:00
rest.properties                              100% 2043   544.9KB/s   00:00
grizzly-framework-1.9.8.jar                  100%  222KB  30.9MB/s   00:00
jaxb-impl-2.1.12.jar                         100%  847KB  38.9MB/s   00:00
jaxb-api-2.1.jar                             100%   88KB   5.6MB/s   00:00
asm-3.1.jar                                  100%   42KB  15.0MB/s   00:00
slf4j-log4j12-1.7.5.jar                      100% 8869     9.1MB/s   00:00
jersey-json-1.1.5.1.jar                      100%  128KB  38.4MB/s   00:00
jsr311-api-1.1.1.jar                         100%   45KB  26.4MB/s   00:00
servlet-api-2.5.jar                          100%  103KB  37.4MB/s   00:00
jersey-core-1.1.5.1.jar                      100%  336KB  24.3MB/s   00:00
jettison-1.1.jar                             100%   66KB  43.2MB/s   00:00
grizzly-servlet-webserver-1.9.8.jar          100%  880KB  45.6MB/s   00:00
slf4j-api-1.7.5.jar                          100%   25KB  17.1MB/s   00:00
jersey-server-1.1.5.1.jar                    100%  567KB  44.5MB/s   00:00
activation-1.1.jar                           100%   62KB  35.4MB/s   00:00
grizzly-utils-1.9.8.jar                      100%  348KB  31.7MB/s   00:00
grizzly-http-servlet-1.9.8.jar               100%   44KB  26.5MB/s   00:00
```

图 9.7　复制 ZooKeeper 安装文件

3. 创建 ServerID 标识文件

除了修改 zoo.cfg 配置文件外，ZooKeeper 集群模式下还要配置一个 myid 文件。myid 文件里面有一个数据就是 ServerID，也是 *n* 值（该 *n* 为 zoo.cfg 文件中“server.*n*”中的 *n*，即 master 是 1，slave1 是 2，slave2 是 3）。

myid 文件的路径即为 zoo.cfg 文件中配置的 dataDir 路径，dataDir 路径为/home/mingri/ zookeeper-3.5.4-beta/zookeeper（在 zoo.cfg 文件中已做出修改）。但是这个路径需要用户自己创建，命令如下。

```
mkdir -p /home/mingri/zookeeper-3.5.4-beta/zookeeper
```

然后在/tmp/zookeeper 目录中，创建并编辑 myid 文件，命令如下。

```
sudo gedit /home/mingri/zookeeper-3.5.4-beta/zookeeper/myid
```

在 master、slave1 和 slave2 上都执行以上两条命令，但 myid 文件内容不一致。

在新创建的 myid 文件中，输入 ServerID 值。以节点 master 为例，在 myid 文件中，输入“1”，保存、退出即可，如图 9.8 所示。

图 9.8　节点 master 上的 myid 文件中内容

修改节点 slave1 和 slave2 中的 myid 文件，将其内容分别修改为“2”“3”，如图 9.9 所示。

图 9.9　节点 slave1 和 slave2 上的 myid 文件中内容

至此，ZooKeeper 集群配置完成。

9.1.4　启动 ZooKeeper 集群

要启动 ZooKeeper 集群，需要分别启动每个服务器上的 ZooKeeper 节点。例如，启动节点 master 上的 ZooKeeper。进入 ZooKeeper 的主安装目录，然后执行如下命令。

```
bin/zkServer.sh start
```

执行结果如图 9.10 所示，说明 ZooKeeper 启动成功。

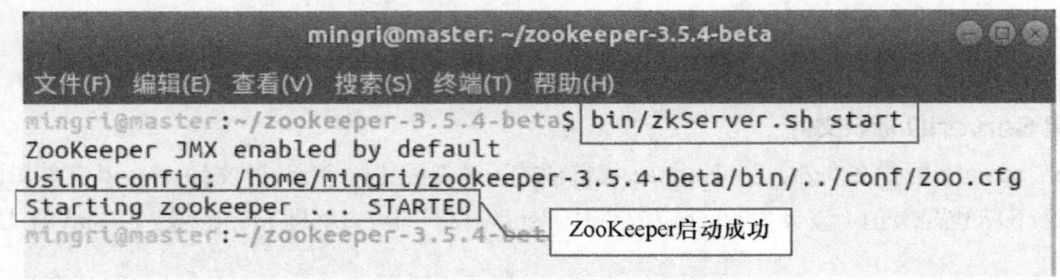

图 9.10　启动节点 master 上的 ZooKeeper

再分别启动节点 slave1 和 slave2 上的 ZooKeeper，但是并不能成功启动，出现错误信息“Error: JAVA_HOME is not set and java could not be found in PATH.”，如图 9.11 所示。

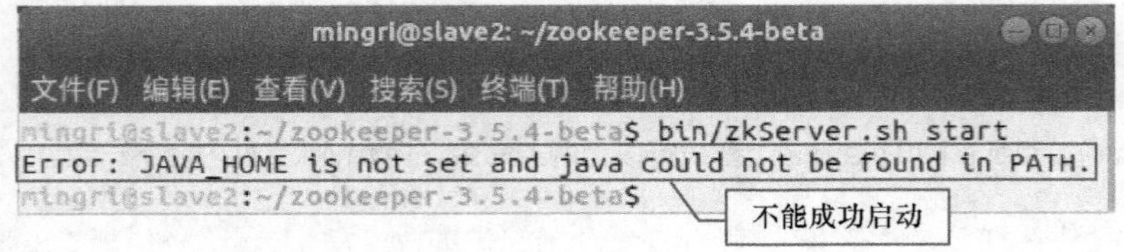

图 9.11　不能成功启动 ZooKeeper

出现找不到 JAVA_HOME 的错误，其解决办法为：打开 ZooKeeper 的主安装目录下 bin 目录中的 zkEnv.sh 文件，添加 export JAVA_HOME=/home/mingri/JDK/jdk1.8.0_191，如图 9.12 所示。

再来执行启动语句，即可成功启动 ZooKeeper，如图 9.13 所示。

至此，master、slave1 和 slave2 上的 ZooKeeper 已全部开启。下面查看 ZooKeeper 集群状态，在节点 master 上输入如下命令。

```
bin/zkServer.sh status
```

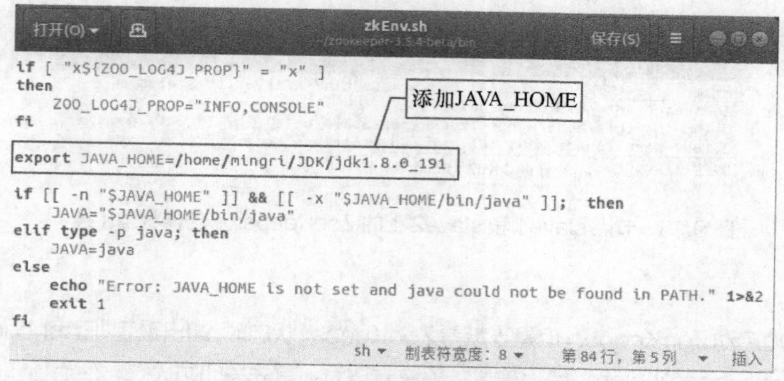

图 9.12　修改 zkEnv.sh 文件

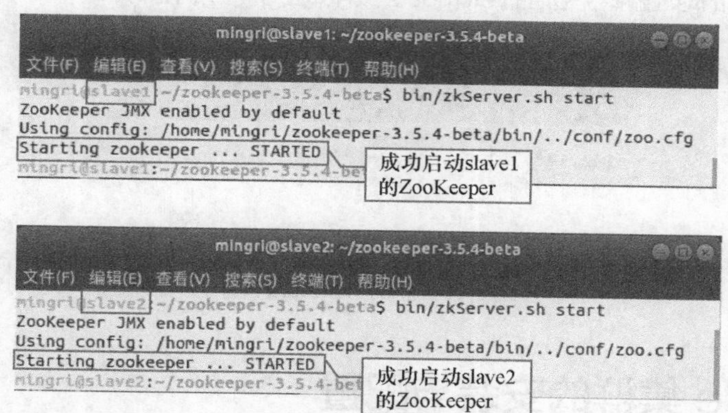

图 9.13　成功启动 slave1 和 slave2 的 ZooKeeper

执行结果如图 9.14 所示。

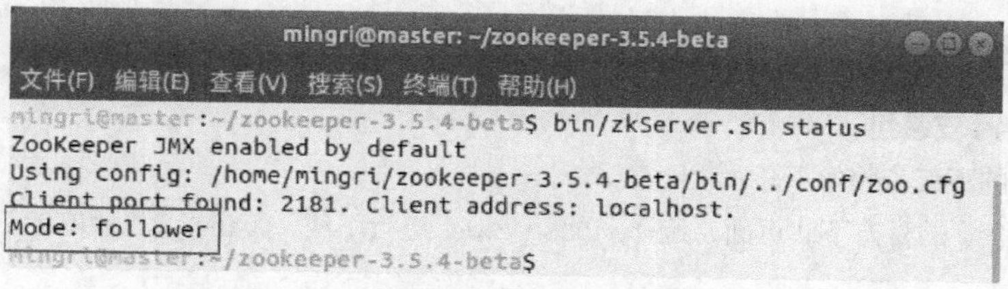

```
mingri@master: ~/zookeeper-3.5.4-beta
文件(F) 编辑(E) 查看(V) 搜索(S) 终端(T) 帮助(H)
mingri@master:~/zookeeper-3.5.4-beta$ bin/zkServer.sh status
ZooKeeper JMX enabled by default
Using config: /home/mingri/zookeeper-3.5.4-beta/bin/../conf/zoo.cfg
Client port found: 2181. Client address: localhost.
Mode: follower
mingri@master:~/zookeeper-3.5.4-beta$
```

图 9.14　master 上的 ZooKeeper 服务器状态

从图 9.14 中可以看到，节点 master 是一个从服务器。根据 ZooKeeper 的工作原理，集群中应当有一个主服务器。接下来查看节点 slave1 和 slave2 的 ZooKeeper 服务器状态，如图 9.15 所示。

从图 9.15 中可知，slave2 节点为主服务器。主服务器和从服务器的角色分配是由系统根据 ZooKeeper 选举机制确定的。

```
mingri@slave1: ~/zookeeper-3.5.4-beta
文件(F) 编辑(E) 查看(V) 搜索(S) 终端(T) 帮助(H)
mingri@slave1:~/zookeeper-3.5.4-beta$ bin/zkServer.sh status
ZooKeeper JMX enabled by default
Using config: /home/mingri/zookeeper-3.5.4-beta/bin/../conf/zoo.cfg
Client port found: 2181. Client address: localhost.
Mode: follower
mingri@slave1:~/
```

节点slave1为follower

图 9.15　节点 slave1 和 slave2 上的 ZooKeeper 服务器状态

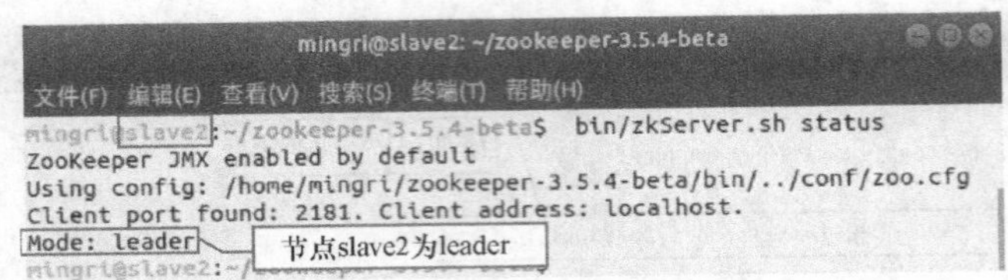

图 9.15 节点 slave1 和 slave2 上的 ZooKeeper 服务器状态（续）

若可以成功启动ZooKeeper，但是当查看ZooKeeper状态时，却出现了“Error contacting service. It is probably not running”错误信息，解决方法为：首先关闭防火墙，然后检查/etc/hosts 文件，将 localhost 的地址删掉，最后的/etc/hosts 文件如图 9.16 所示。

图 9.16 修改/etc/hosts 文件

9.2 HBase 集群的安装与配置

HBase 集群的安装与配置

成功安装 HBase 的前提是，配置好了成功启动 ZooKeeper 的 Hadoop 平台。HBase 同样需要部署集群，需要在 Master 节点和 Slave 节点上分别进行安装。

9.2.1 下载并安装 HBase

1. 下载 HBase 安装包

HBase 安装包的下载步骤如下。

（1）进入 HBase 的官方下载页面，选择 Hbase 2.0.4 进行下载，单击 2.0.4 版本的 bin 链接，如图 9.17 所示。

图 9.17 单击 2.0.4 版本的 bin 链接

（2）单击图 9.17 中的链接即可直接下载 HBase 的安装包 hbase-2.0.4-bin.tar.gz，将其复制到 /home/mingri 目录中，便于安装。

2. 解压并安装 HBase

在终端输入如下命令，将 HBase 的安装包解压缩。

```
tar -xvf hbase-2.0.4-bin.tar.gz
```

解压命令执行后，系统自动创建 HBase 的主安装目录 hbase-2.0.4，图 9.18 显示了 HBase 的主安装目录下的文件和文件夹。

```
mingri@master: ~
文件(F) 编辑(E) 查看(V) 搜索(S) 终端(T) 帮助(H)
mingri@master:~$ ls -l hbase-2.0.4
总用量 1864
drwxr-xr-x  4 mingri mingri   4096 12月 29 06:55 bin
-rw-r--r--  1 mingri mingri 833592 12月 29 07:17 CHANGES.md
drwxr-xr-x  2 mingri mingri   4096 3月  22 11:31 conf
drwxr-xr-x 10 mingri mingri   4096 12月 29 14:29 docs
drwxr-xr-x  7 mingri mingri   4096 12月 29 14:15 hbase-webapps
-rw-r--r--  1 mingri mingri    262 11月 14 14:10 LEGAL
drwxr-xr-x  4 mingri mingri  12288 3月  22 13:31 lib
-rw-r--r--  1 mingri mingri 129440 12月 29 14:36 LICENSE.txt
drwxr-xr-x  2 mingri mingri   4096 3月  22 13:31 logs
-rw-r--r--  1 mingri mingri 427592 12月 29 14:36 NOTICE.txt
-rw-r--r--  1 mingri mingri   1477 12月 29 06:55 README.txt
-rw-r--r--  1 mingri mingri 467800 12月 29 07:19 RELEASENOTES.md
mingri@master:~$
```

图 9.18　HBase 的主安装目录下的文件和文件夹

9.2.2　配置 HBase

1. 修改 hbase-env.sh

进入 HBase 安装目录的 conf 子目录，打开 hbase-env.sh 文件，做出以下三点修改。

（1）将 export JAVA_HOME=/usr/java/jdk1.8.0/前的“#”删掉，并根据实际的 JAVA_HOME 的值进行修改。

（2）将 export HBASE_CLASSPATH=前的“#”删掉，在=后面添加 Hadoop 的安装目录。

（3）将 export HBASE_MANAGES_ZK=true 前的“#”删掉，将 true 改为 false，禁止使用 HBase 自带的 ZooKeeper。

修改完成后如图 9.19 和图 9.20 所示。

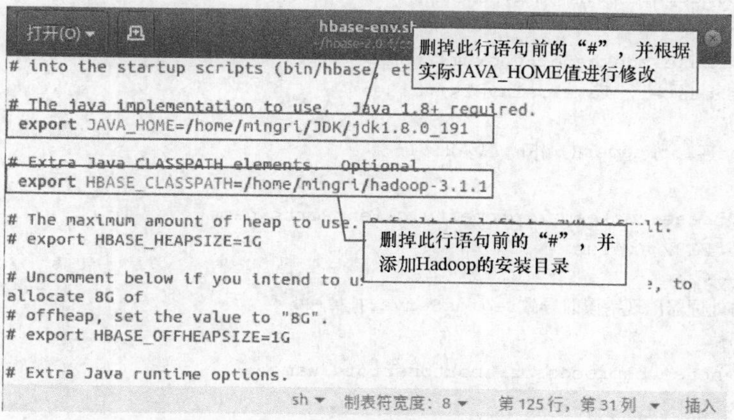

图 9.19　修改 hbase-env.sh（1）

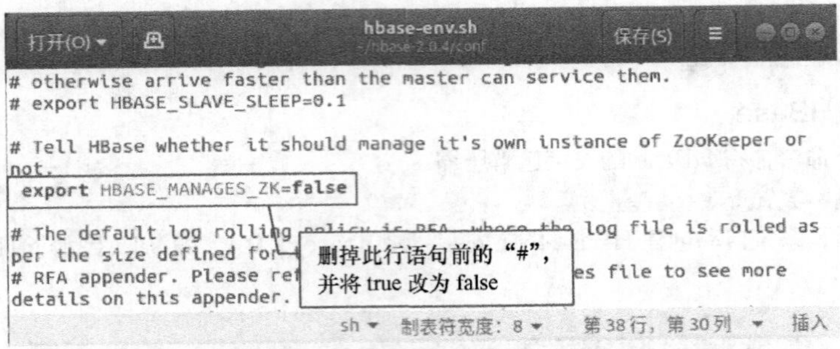

图 9.20　修改 hbase-env.sh（2）

2. 修改 hbase-site.xml

hbase-site.xml 配置文件同样在 HBase 安装目录的 conf 子目录下，将下面的代码放到<configuration>和</configuration>之间。

```
<!--hbase持久化的目录，被所有regionserver共享-->
<property>
    <name>hbase.rootdir</name>
    <value>hdfs://master:9000</value>
</property>
<!--启用分布式集群-->
<property>
    <name>hbase.cluster.distributed</name>
    <value>true</value>
</property>
<!--hbase master Web页面的端口-->
<property>
    <name>hbase.master.info.port</name>
    <value>16010</value>
</property>
<!--regionserver的Web页面端口-->
<property>
    <name>hbase.regionserver.info.port</name>
    <value>16030</value>
</property>
<!--启动ZooKeeper的服务器列表，逗号分隔-->
<property>
    <name>hbase.zookeeper.quorum</name>
    <value>master,slave1,slave2</value>
</property>
<!--client连ZooKeeper的端口，默认2181-->
<property>
    <name>hbase.zookeeper.property.clientPort</name>
    <value>2182</value>
</property>
<!--防止协处理器出现错误时导致regionServer挂掉-->
<property>
    <name>hbase.coprocessor.abortonerror</name>
    <value>false</value>
</property>
<!-- 指定ZooKeeper安装路径 -->
```

```
<property>
    <name>hbase.zookeeper.property.dataDir</name>
    <value>/home/mingri/zookeeper-3.5.4-beta</value>
</property>
```

hbase-site.xml 配置文件的文件内容如图 9.21 所示。

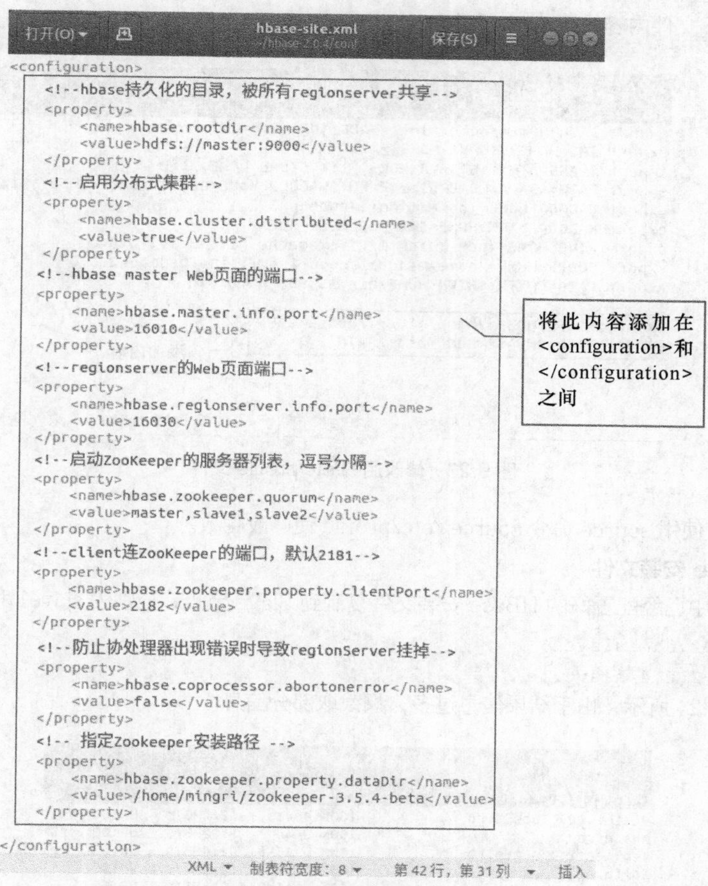


```
<configuration>
  <!--hbase持久化的目录，被所有regionserver共享-->
  <property>
      <name>hbase.rootdir</name>
      <value>hdfs://master:9000</value>
  </property>
  <!--启用分布式集群-->
  <property>
      <name>hbase.cluster.distributed</name>
      <value>true</value>
  </property>
  <!--hbase master Web页面的端口-->
  <property>
      <name>hbase.master.info.port</name>
      <value>16010</value>
  </property>
  <!--regionserver的Web页面端口-->
  <property>
      <name>hbase.regionserver.info.port</name>
      <value>16030</value>
  </property>
  <!--启动ZooKeeper的服务器列表，逗号分隔-->
  <property>
      <name>hbase.zookeeper.quorum</name>
      <value>master,slave1,slave2</value>
  </property>
  <!--client连ZooKeeper的端口，默认2181-->
  <property>
      <name>hbase.zookeeper.property.clientPort</name>
      <value>2182</value>
  </property>
  <!--防止协处理器出现错误时导致regionServer挂掉-->
  <property>
      <name>hbase.coprocessor.abortonerror</name>
      <value>false</value>
  </property>
  <!-- 指定Zookeeper安装路径 -->
  <property>
      <name>hbase.zookeeper.property.dataDir</name>
      <value>/home/mingri/zookeeper-3.5.4-beta</value>
  </property>
</configuration>
```

图 9.21　修改 hbase-site.xml

3. 设置 regionservers

regionservers 文件类似于 Hadoop 集群中的 workers 文件，保存了 regionserver 的列表。启动 HBase 集群的时候，系统会根据 regionservers 文件建立 HBase 集群。

进入 HBase 安装目录的 conf 子目录，打开 regionservers 文件，将文件中原本的内容 localhost 删除，添加 Slave 节点的主机名，修改完成后如图 9.22 所示。

图 9.22　设置 regionservers

4. 设置 Linux 环境变量

修改.bashrc 文件，使用 gedit 命令 sudo gedit /etc/profile 打开/etc/profile 文件，将如下内容添加到文件的末尾。

```
export HBASE_HOME=/home/mingri/hbase-2.0.4
export PATH=$HBASE_HOME/bin:$PATH
```

修改后的.bashrc 文件内容如图 9.23 所示。

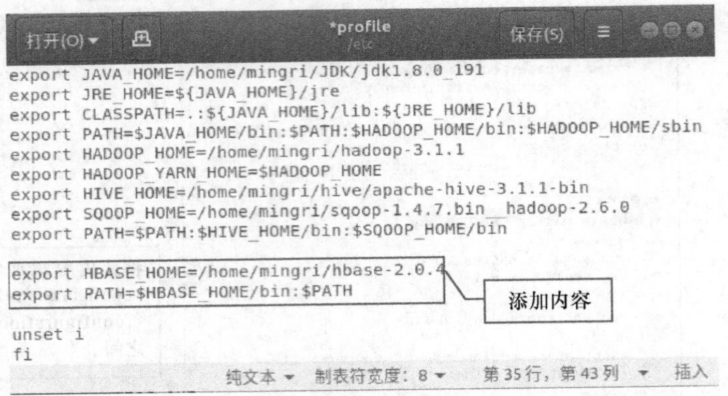

图 9.23 修改后的/etc/profile 文件

修改完成之后，使用 source 命令 source /etc/profile 使修改生效。

5. 复制 HBase 安装文件

将 Master 节点中已经配置好的 HBase 安装文件复制到 Slave 节点，分别为 slave1 和 slave2，命令如下。

```
scp -r hbase-2.0.4 slave1:~/
scp -r hbase-2.0.4 slave2:~/
```

执行结果如图 9.24 所示，由于结果信息过多，只截取部分信息。

```
mingri@master: ~
文件(F) 编辑(E) 查看(V) 搜索(S) 终端(T) 帮助(H)
visibility_labels.rb                100% 4941     2.2MB/s   00:00
hbase.rb                            100% 2446     1.2MB/s   00:00
replication_admin.rb                100%   13KB   2.4MB/s   00:00
admin.rb                            100%   56KB  12.6MB/s   00:00
quotas.rb                           100%   11KB   5.3MB/s   00:00
rsgroup_admin.rb                    100% 6010     3.5MB/s   00:00
taskmonitor.rb                      100% 6561     2.6MB/s   00:00
shell.rb                            100%   12KB   4.2MB/s   00:00
api-util-1.0.0-M20.jar              100%   78KB  14.7MB/s   00:00
hbase-mapreduce-2.0.4.jar           100%  396KB  19.6MB/s   00:00
httpcore-4.4.6.jar                  100%  316KB  18.8MB/s   00:00
jettison-1.3.8.jar                  100%   86KB  13.3MB/s   00:00
hbase-protocol-2.0.4.jar            100% 3149KB  23.5MB/s   00:00
libthrift-0.9.3.jar                 100%  229KB  18.6MB/s   00:00
hbase-http-2.0.4.jar                100%   68KB  10.8MB/s   00:00
hadoop-client-2.7.7.jar             100%   26KB   9.3MB/s   00:00
joni-2.1.11.jar                     100%  188KB  13.3MB/s   00:00
hadoop-mapreduce-client-common-     100%  756KB  19.5MB/s   00:00
commons-collections-3.2.2.jar       100%  575KB  20.9MB/s   00:00
jersey-common-2.25.1.jar            100%  699KB  30.1MB/s   00:00
hamcrest-core-1.3.jar               100%   44KB  14.3MB/s   00:00
jackson-module-jaxb-annotations     100%   32KB  10.2MB/s   00:00
jackson-core-asl-1.9.13.jar         100%  227KB  26.8MB/s   00:00
jackson-jaxrs-base-2.9.2.jar        100%   32KB  11.5MB/s   00:00
hbase-hadoop2-compat-2.0.4.jar      100%  142KB  23.2MB/s   00:00
hbase-protocol-shaded-2.0.4.jar     100% 5796KB  33.1MB/s   00:00
htrace-core4-4.2.0-incubating.j     100% 1471KB  38.5MB/s   00:00
jetty-6.1.26.jar                    100%  527KB  35.0MB/s   00:00
mingri@master:~$
```

图 9.24 复制 HBase 安装文件

9.2.3 启动并验证 HBase

1. 启动 HBase

在启动 HBase 之前，必须提前开启 Hadoop 集群和分别启动 Master 节点和 Slave 节点上的 ZooKeeper。

本书中使用的 HBase 版本为 HBase 2.0.4，必须分别启动 ZooKeeper 和 HBase。在更高的版本中，启动 HBase 时即可同时开启 ZooKeeper 和 HBase。

可以通过如下命令验证 HBase 是否安装成功。

```
hbase-2.0.4/bin/start-hbase.sh
```

执行结果如图 9.25 所示。

图 9.25　启动 HBase

如果出现图 9.26 所示的错误，其解决办法为打开 home/mingri/hbase-2.0.4/lib 目录下的 slf4j-log4j12-1.6.4.jar，删除此 JAR 包下的 org/slf4j/impl/StaticLoggerBinder.class 文件，如图 9.27 所示。

```
SLF4J: Class path contains multiple SLF4J bindings.
SLF4J: Found binding in [jar:file:/home/mingri/hbase-2.0.4/lib/slf4j-log4j12-1.7.25.jar
!/org/slf4j/impl/StaticLoggerBinder.class]
SLF4J: Found binding in [jar:file:/home/mingri/hadoop-3.1.1/share/hadoop/common/lib/slf
4j-log4j12-1.7.25.jar!/org/slf4j/impl/StaticLoggerBinder.class]
SLF4J: See http://www.slf4j.org/codes.html#multiple_bindings for an explanation.
SLF4J: Actual binding is of type [org.slf4j.impl.Log4jLoggerFactory]
running master, logging to /home/mingri/hbase-2.0.4/logs/hbase-mingri-master-master.out
```

图 9.26　出现 JAR 包错误

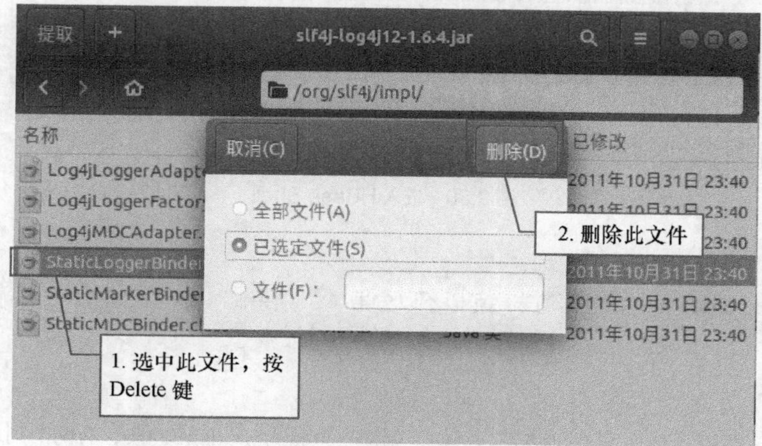

图 9.27　解决办法

开启 HBase 的顺序为，首先启动 Hadoop 集群，然后分别启动 Master 节点和 Slave 节点上的 ZooKeeper。

2. 验证 HBase

可以通过用 jps 命令查看已启动进程的方式来判断是否启动了 HBase。

首先验证 HBase 在 Master 节点上的启动情况。

```
jps
```

执行结果如图 9.28 所示。

其中 QuorumPeerMain 是 ZooKeeper 进程，HMaster 是 HBase 的主控点进程。

在 Slave 节点也可以通过 jps 命令来查看进程。例如，在节点 slave1 中输入 jps 命令，结果如图 9.29 所示。

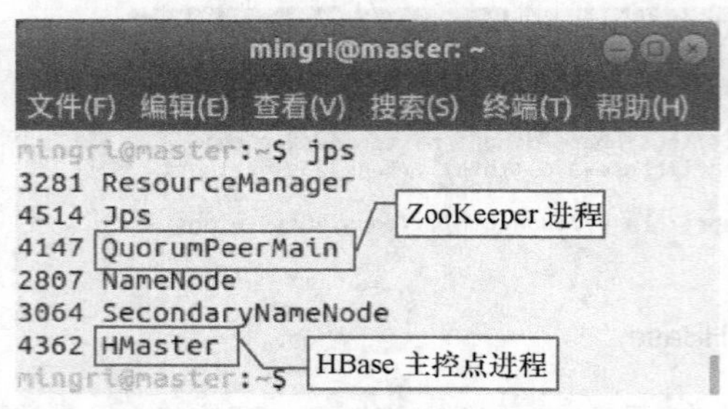

图 9.28　查看 Master 节点中进程

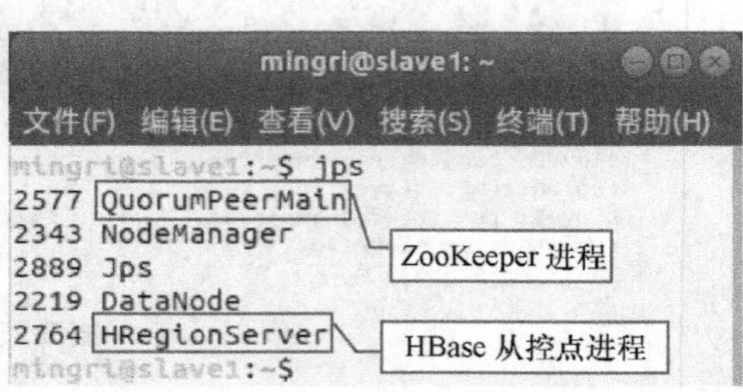

图 9.29　查看 slave1 节点中进程

9.3　HBase 的基本应用

一般使用 HBase Shell 来操作 HBase，执行如下命令即可进入 HBase Shell，如图 9.30 所示。

```
hbase-2.0.4/bin/hbase shell
```

图 9.30　进入 HBase Shell

在 HBase Shell 中，每条语句末尾可以不以分号“;”结束。

9.3.1　创建表

在 HBase 中，使用 create 命令创建表。例如，创建一个名为 student 的表，有两个列族，info 列族表示学生的基本信息，score 列族表示学生的各科成绩，命令如下。

```
create 'student','info','score'
```

HBase 列族即被分组的列，列族的所有列成员具有相同的前缀。例如，info:name 和 info:age 都是 info 列族的成员，冒号字符（:）从列族限定符中分隔列族。列族前缀必须由可打印字符组成。限定尾部，列族限定符可以由任意字节组成。必须在创建表时提前声明列族，而列不需要在创建表时定义，可以在表启动并运行时动态地变为列。

9.3.2 插入数据

插入数据用到的命令为 put，语法格式如下。

```
put 表名,行名,列名([列族:列名]),值
```

其中列名前需要加列族为前缀。

例如，向表 test 中插入一条数据，命令如下。

```
put 'student','id001','info:name','Marry'
```

在上面的命令中，id001 为行名，info 为列族名，:name 为列族 info 的成员名，而 Marry 就是成员的值。再向 student 表插入几条数据。

```
put 'student','id001','info:name','Marry'
put 'student','id001','info:age','20'
put 'student','id001','score:math','98'
```

9.3.3 扫描全表的数据

扫描，是一种获取 HBase 数据的方法，可以使用 scan 命令来扫描表的数据。例如，扫描 student 表中的所有数据，命令如下。

```
scan 'student'
```

9.3.4 获取某一行的数据

可以使用 get 命令来获得某一行的数据。例如，获取 student 表中 id001 行的数据，命令如下。

```
get 'student','id001'
```

9.3.5 删除表

使用 drop 命令删除表。例如，删除 student 表的命令如下。

```
drop 'student'
```

除了 drop 命令之外，还可以使用 disable 命令禁用数据表，禁用 student 表的命令如下。

```
disable 'student'
```

数据表被禁用之后，仍然可以通过 list 命令查看，但是无法扫描到此表的存在。使用 enable 命令，可以重新启用被禁用的表。

小 结

本章在第 8 章的基础上继续介绍数据库方面的知识，主要介绍了 HBase 的安装配置与 HBase Shell 基本使用。因为 HBase 使用 ZooKeeper 作为其协同服务组件，所以在介绍 HBase 之前，先介绍了 ZooKeeper 集群的安装与配置。HBase 为分布式数据库系统，可以将 HBase 安装为单节点模式，也可以安装为集群模式，本书为了与 Hadoop 集群相匹配，创建了包含三台服务器的 HBase 集群。

习题

9-1　如何进入 HBase Shell?

9-2　在 HBase 中，创建商品信息表 goods。goods 表中有两个列族，info 列族表示商品的基本信息，parameter 列族表示此商品的参数。

9-3　向 goods 表中插入一条数据。

9-4　删除 goods 表。

PART 10

第10章

Spark的介绍与安装

随着大数据处理的应用场景越来越多，人们对 Hadoop 的要求也越来越高，开发出的对应的系统也越来越多，人们迫切地需要一个综合的计算框架，Spark 应运而生。

本章要点

- Spark 系统架构
- Scala 的安装与配置
- Spark 的安装与配置
- 运行 Spark 程序

10.1 Spark 概述

Spark 是专为大规模数据处理而设计的快速通用的计算引擎，由加州大学伯克利分校的 AMP 实验室开发。Spark 是 Hadoop MapReduce 的通用并行框架，拥有 Hadoop MapReduce 所具有的优点。但不同于 MapReduce 的是 Job 中间输出结果可以保存在内存中，从而不再需要读写 HDFS，因此 Spark 更适用于数据挖掘与机器学习等需要迭代的 MapReduce 的算法。

Spark 是通过 Scala 语言实现的，它将 Scala 用作其应用程序框架。与 Hadoop 不同，Spark 和 Scala 能够紧密集成，其中的 Scala 可以像操作本地集合对象一样轻松地操作分布式数据集。

总的来说，Spark 的计算基于 Hadoop 的存储模块 HDFS，但 Spark 比 Hadoop 的计算模块 MapReduce 速度快，功能多。

Spark 也有自己独立的生态体系，MapReduce 属于 Hadoop 生态体系之一，Spark 则属于伯克利数据分析栈（Berkeley Data Analytics Stack，BDAS）生态体系之一。Spark 生态系统如图 10.1 所示。

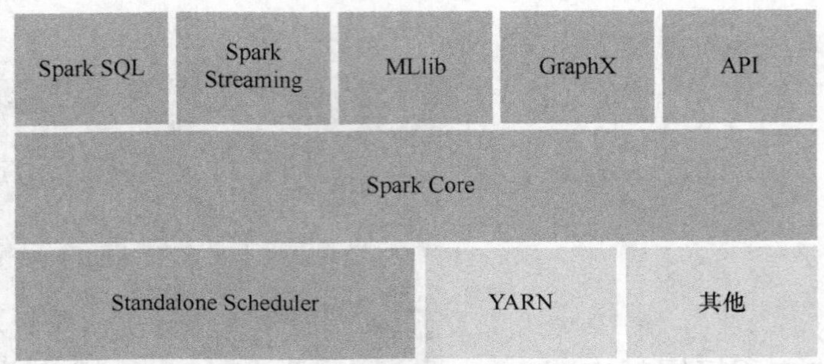

图 10.1 Spark 生态系统

Spark 生态系统中各组件的功能如下。

（1）Spark Core：Spark 生态系统的核心，包含 Spark 的基本功能，尤其是定义 RDD 的 API、操作以及这两者上的动作。其他 Spark 的库都是构建在 RDD 和 Spark Core 之上的。

（2）Spark SQL：提供通过 Apache Hive 的 SQL 变体 Hive 查询语言（HiveQL）与 Spark 进行交互的 API。每个数据库表被当作一个 RDD，Spark SQL 查询被转换为 Spark 操作。

（3）Spark Streaming：对实时数据流进行处理和控制。Spark Streaming 允许程序像普通 RDD 一样处理实时数据。

（4）MLlib：一个常用机器学习算法库，算法被实现为对 RDD 的 Spark 操作。这个库包含可扩展的学习算法，如分类、回归等需要对大量数据集进行迭代的操作。

（5）GraphX：控制图、并行图操作和计算的一组算法和工具的集合。GraphX 扩展了 RDD API，包含控制图、创建子图、访问路径上所有顶点等操作。

（6）Standalone Scheduler：Spark 自带，用于单机系统。

10.1.1 Spark 系统架构

Spark 的官方网站给出了 Spark 的系统架构，如图 10.2 所示。

Spark 的核心组件是集群管理器（Cluster Manager）和运行作业/任务的节点（Worker Node），此外还有每个应用的驱动程序（Driver Program）和每个节点上有具体任务的执行进程（Executor）。

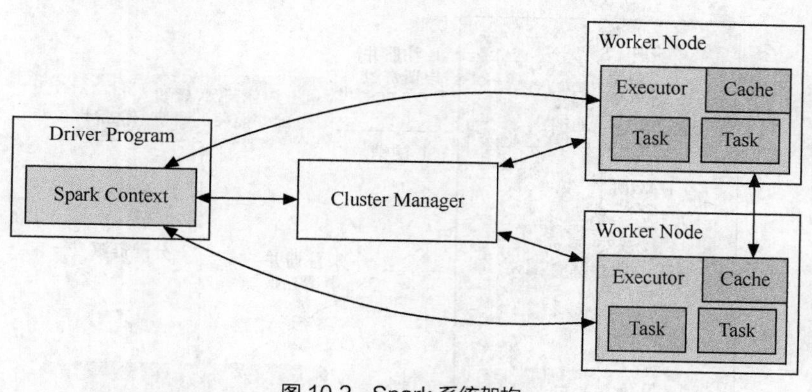

图 10.2 Spark 系统架构

Spark 系统架构中各个组件的详细说明如表 10.1 所示。

表 10.1 Spark 系统架构中各个组件的详细说明

组件	说 明
Driver Program	运行 Application 的 main()函数，并创建 SparkContext
Spark Context	整个应用的上下文，控制应用的生命周期
Cluster Manager	集群管理器。Spark 支持多种集群管理器，包括 Spark 自带的 Standalone 集群管理器、Mesos 或 YARN。在 Standalone 模式中集群管理器为 Master 主节点，控制整个集群，监控 Worker。在 YARN 模式中集群管理器为资源管理器
Worker Node	从节点，负责控制计算节点，启动 Executor 或者 Driver。在 YARN 模式中从节点为 NodeManager，负责计算节点的控制
Executor	Spark 各个 Worker 节点中负责执行任务的执行进程，该进程负责运行各个任务，并负责将数据存在内存或者磁盘上。 一个集群可以有多个 Executor 进程，每个 Executor 接收 Driver 的命令 Task，一个 Executor 可以执行多个 Task
Cache	分布式缓存，每个 Task 可将结果放置于 Cache，供多个后续 Task 读取
Task	承载业务逻辑的运算单元，是 Spark 中最小的工作单元，在一个 Executor 上完成一个特定的任务

10.1.2 Spark 运行流程

Spark 运行流程，如图 10.3 所示。

（1）构建 Spark Application 的运行环境，启动 SparkContext。

（2）SparkContext 向资源管理器（如 Standalone、Mesos、YARN）申请运行 Executor 的资源。

（3）Executor 向 SparkContext 申请 Task。

（4）SparkContext 将应用程序分发给 Executor。

（5）SparkContext 构建 DAG 图，将 DAG 图分解成 Stage，将 Taskset 发送给 Task Scheduler，最后由 Task Scheduler 将 Task 发送给 Executor 运行。

（6）Task 在 Executor 上运行，运行完以后释放所有资源。

在介绍 Spark 概述和系统架构时，出现了很多陌生的概念，下面对这些概念进行简单介绍。

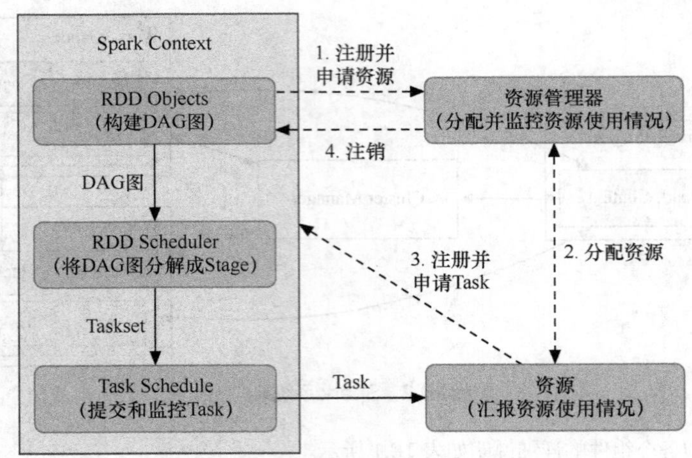

图 10.3　Spark 运行流程

（1）RDD：全称为 Resilient Distributed Dataset，中文名为弹性分布式数据集。

什么是 RDD 呢？RDD 是一个只读、分区记录的集合，可以将它理解为一个存储数据的数据结构，在 Spark 中一切操作都基于 RDD。

RDD 可以通过以下几种方式创建。

- 集合转换。
- 从文件系统（本地文件、HDFS、HBase）输入。
- 从父 RDD 转换。

（2）DAG：即有向无环图，Directed Acyclic Graph 的缩写。所谓有向无环图是指任意一条边都有方向，且不存在环路的图，常用于建模。Spark 中使用 DAG 对 RDD 的关系进行建模，描述了 RDD 的依赖关系。

Spark 处理数据时，会将计算转化为一个 DAG 的任务集，RDD 能够有效地恢复 DAG 中的故障和慢节点执行的任务，并且 RDD 提供一种基于粗粒度变换的接口，记录创建数据集的“血统”，能够实现高效的容错性。

10.2　安装与配置 Scala

安装与配置 Scala

Spark 支持 Scala、Java 和 Python 等语言，但因为 Spark 是由 Scala 语言开发的，所以在安装 Spark 之前需要先安装 Scala。

Scala 是 Scalable Language 的简写，是一门多范式的编程语言。Scala 最大的特点就是它是一种纯面向对象的语言，每个值都是对象。对象的数据类型以及行为由类和特质描述。类抽象机制的扩展有两种途径：一种是子类继承，另一种是灵活的混入机制。这两种途径能避免多重继承的种种问题。Scala 也是一种函数式语言，其函数也能当成值来使用。

10.2.1　下载 Scala

Scala 安装包的下载步骤如下。

（1）由于要安装的 Spark 版本为 2.4.0，而该版本的 Spark 建议使用 2.11 以上的 Scala，所以需要下载合适的 Scala 版本，本书选择 Scala 2.11.8 进行下载，如图 10.4 所示。

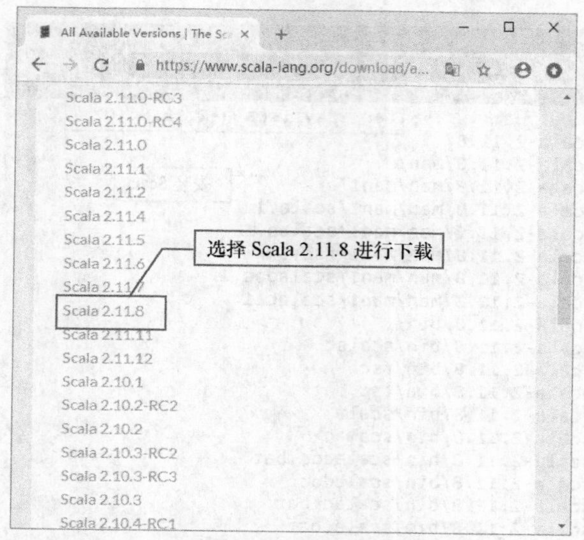

图 10.4　选择 Scala 2.11.8 进行下载

（2）将 Scala 2.11.8 下载页面拉到最下方，选择适合 Linux 系统的 Scala 版本进行下载，如图 10.5 所示。

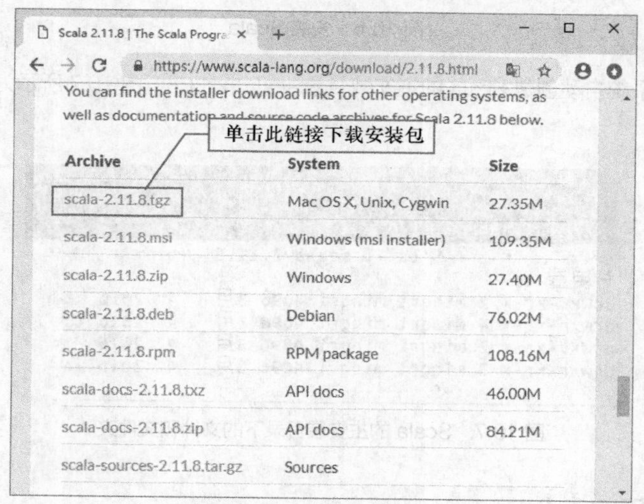

图 10.5　下载安装包

将下载好的安装包 scala-2.11.8.tgz 复制到 Master 节点的主目录（/home/mingri）下，便于安装。

10.2.2　安装 Scala

在终端输入如下命令。

```
tar -zxvf scala-2.11.8.tgz
```

执行结果如图 10.6 所示。

结果信息过多，图 10.6 中只截取了部分内容。

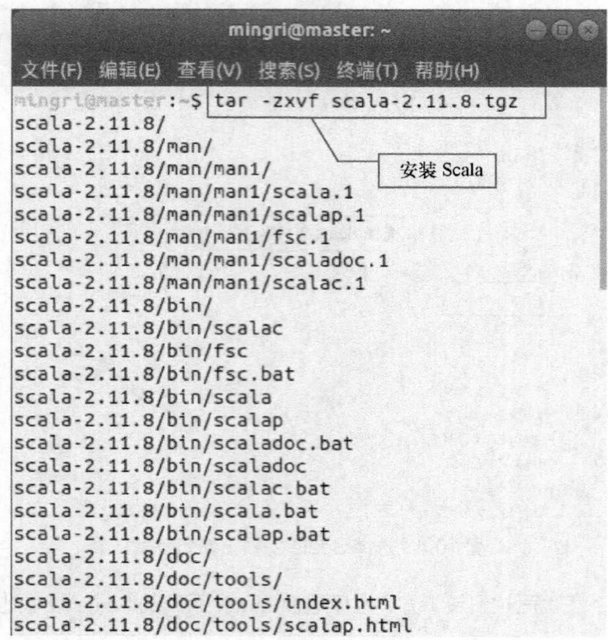

图 10.6　安装 Scala

解压命令执行后，系统自动创建 Scala 的主安装目录 scala-2.11.8，图 10.7 所示为 Scala 的主安装目录下的文件和文件夹。

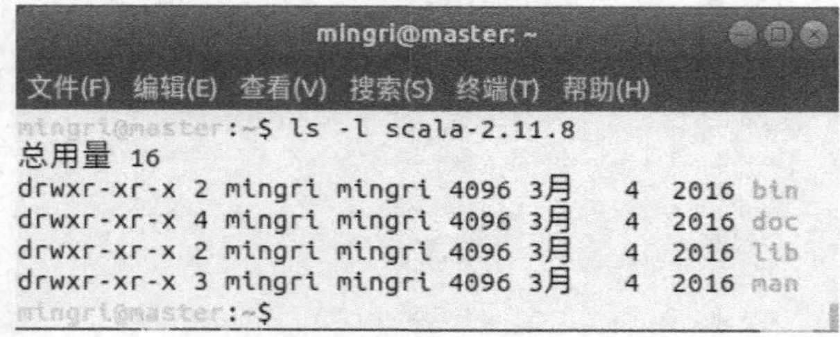

图 10.7　Scala 的主安装目录下的文件和文件夹

10.2.3　启动与应用 Scala

1. 启动 Scala

进入 Scala 安装目录下，执行 bin/scala 命令，即可启动 Scala，如图 10.8 所示。

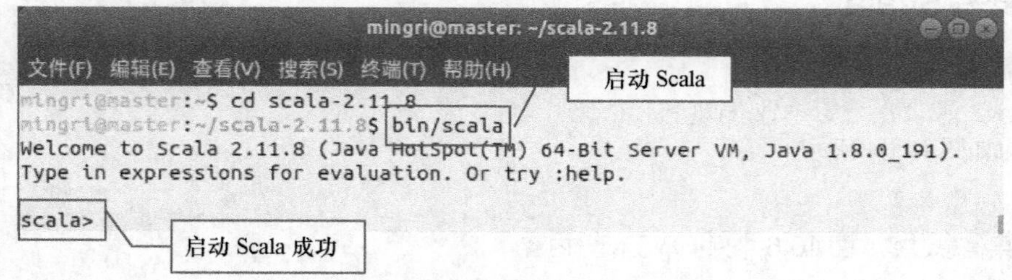

图 10.8　启动 Scala

出现“scala>”，说明已进入 Scala 的 Shell，即成功启动了 Scala。

当执行 bin/scala 命令时，虽然能进入 Scala 的 Shell（即“scala>”），但是出现了大量的异常信息，例如，“[ERROR] Failed to construct terminal; falling back to unsupported”，出现此异常的原因是安装的 Scala 的版本不兼容，将 Scala 版本换成 2.11.8 即可解决此问题。

2. 应用 Scala

在 Scala 的 Shell 中，用户可以输入 Scala 命令。

例如，输出“The secret of success is constancy to purpose”，命令如下。

```
println("The secret of success is constancy to purpose")
```

执行结果如图 10.9 所示。

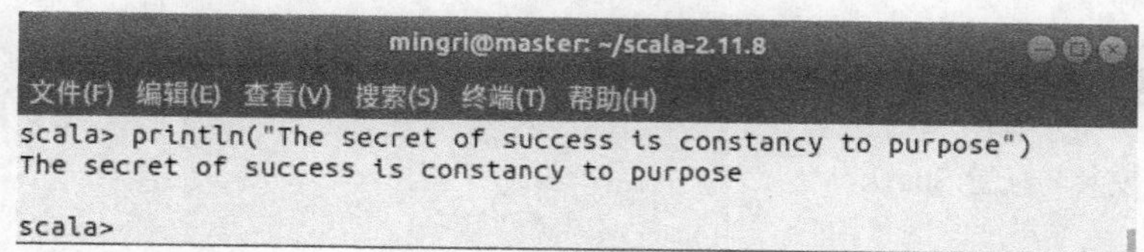

图 10.9　输出一段文字

例如，输出“21 × 12”的计算结果，执行结果如图 10.10 所示。

图 10.10　输出“21 × 12”的计算结果

可以输入:help 命令来显示 Scala 命令的使用方法，执行结果如图 10.11 所示。

```
mingri@master: ~/scala-2.11.8
文件(F) 编辑(E) 查看(V) 搜索(S) 终端(T) 帮助(H)
scala> :help
All commands can be abbreviated, e.g., :he instead of :help.
:edit <id>|<line>        edit history
:help [command]          print this summary or command-specific help
:history [num]           show the history (optional num is commands to show)
:h? <string>             search the history
:imports [name name ...] show import history, identifying sources of names
:implicits [-v]          show the implicits in scope
:javap <path|class>      disassemble a file or class name
:line <id>|<line>        place line(s) at the end of history
:load <path>             interpret lines in a file
:paste [-raw] [path]     enter paste mode or paste a file
:power                   enable power user mode
:quit                    exit the interpreter
:replay [options]        reset the repl and replay all previous commands
:require <path>          add a jar to the classpath
:reset [options]         reset the repl to its initial state, forgetting all session entries
:save <path>             save replayable session to a file
:sh <command line>       run a shell command (result is implicitly => List[String])
:settings <options>      update compiler options, if possible; see reset
:silent                  disable/enable automatic printing of results
:type [-v] <expr>        display the type of an expression without evaluating it
:kind [-v] <expr>        display the kind of expression's type
:warnings                show the suppressed warnings from the most recent line which had any

scala>
```

图 10.11　显示 Scala 命令的使用方法

退出 Scala 的命令为:quit 或者:q，执行结果如图 10.12 所示。

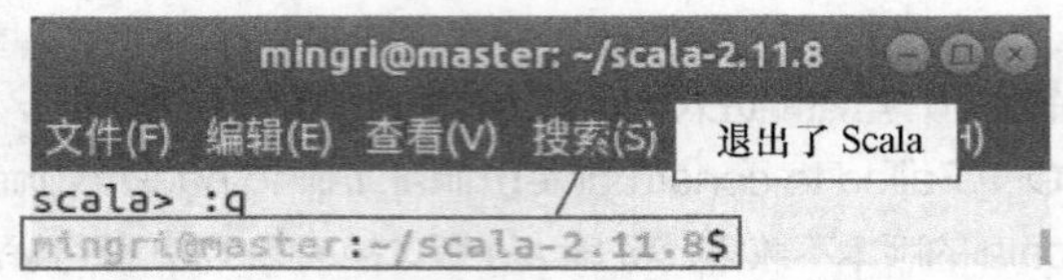

图 10.12 退出 Scala

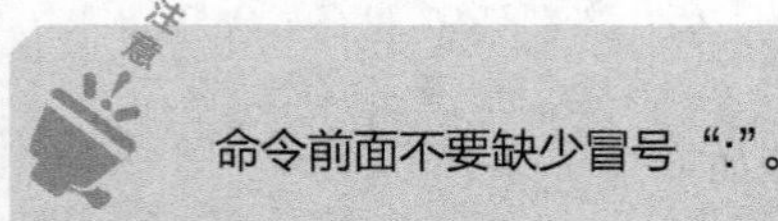

命令前面不要缺少冒号“:”。

10.3 安装与配置 Spark

安装与配置 Spark

本节介绍如何安装与配置 Spark。

10.3.1 安装模式

Spark 有两种安装模式：单机模式，即仅在一台计算机上安装 Spark；集群模式，即在 Linux 集群上安装 Spark 集群。其中集群模式又可以分为三种部署方式。

（1）Standalone 模式：在此模式下，使用的是 Spark 自带的简单集群管理器，不依赖第三方提供的集群管理器。这种部署模式比较方便快捷。

（2）YARN 模式：利用 YARN 担当资源管理器。本书使用这种部署模式。

（3）Mesos 模式：Apache Mesos 是由加州大学伯克利分校的 AMP 实验室开发的通用集群管理器，支持 Hadoop、Spark、Storm 和 Kafka 等平台。

10.3.2 安装 Spark

本书中采用 YARN 模式安装 Spark，安装步骤如下。

1. 下载 Spark

Spark 与 Hadoop 版本必须相互对应，因为 Spark 会读取 HDFS 并且在 YARN 上执行程序，所以需要根据目前安装的 Hadoop 版本来选择 Spark 的安装版本。本书所用的 Hadoop 是 Hadoop 3.1.1，选用的 Spark 是 Spark 2.4.0。

官方下载页面如图 10.13 所示。

将下载好的安装包 spark-2.4.0-bin-hadoop2.7.tgz 复制到 Master 节点的主目录（/home/mingri）下，便于安装。

2. 安装 Spark

Spark 需要安装在 Hadoop 集群上。因此，首先需要开启 Hadoop 集群，然后在 Master 节点上安装和配置 Spark，最后将 Master 节点上的安装目录复制到 Slave 节点上。

在 Master 节点的终端输入如下命令。

```
tar -zxvf spark-2.4.0-bin-hadoop2.7.tgz
```

执行结果如图 10.14 所示。

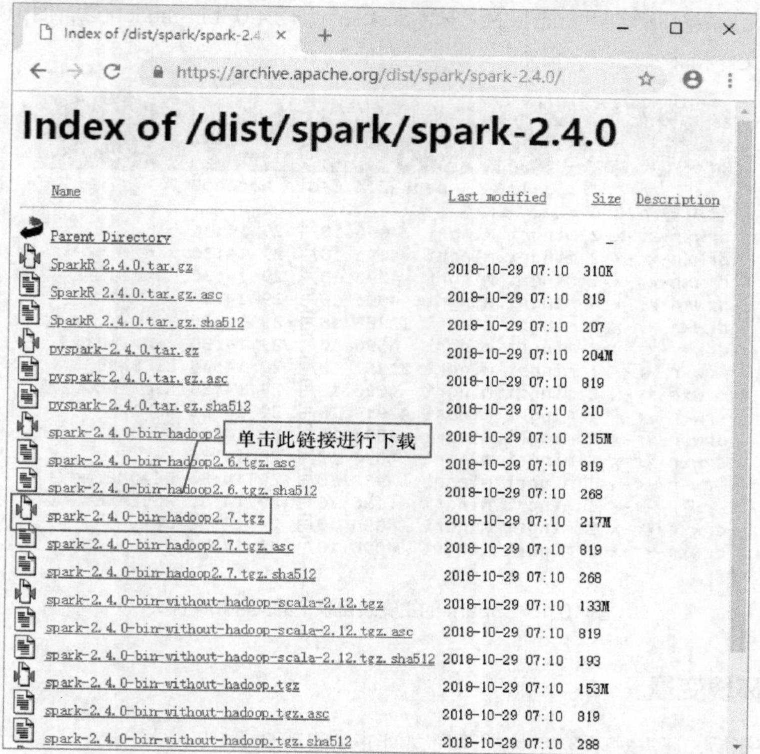

图 10.13　下载 Spark

```
mingri@master: ~
文件(F) 编辑(E) 查看(V) 搜索(S) 终端(T) 帮助(H)
mingri@master:~$ tar -zxvf spark-2.4.0-bin-hadoop2.7.tgz
spark-2.4.0-bin-hadoop2.7/
spark-2.4.0-bin-hadoop2.7/python/
spark-2.4.0-bin-hadoop2.7/python/setup.cfg
spark-2.4.0-bin-hadoop2.7/python/pyspark/
spark-2.4.0-bin-hadoop2.7/python/pyspark/resultiterable.py
spark-2.4.0-bin-hadoop2.7/python/pyspark/python/
spark-2.4.0-bin-hadoop2.7/python/pyspark/python/pyspark/
spark-2.4.0-bin-hadoop2.7/python/pyspark/python/pyspark/shell.py
spark-2.4.0-bin-hadoop2.7/python/pyspark/heapq3.py
spark-2.4.0-bin-hadoop2.7/python/pyspark/join.py
spark-2.4.0-bin-hadoop2.7/python/pyspark/version.py
spark-2.4.0-bin-hadoop2.7/python/pyspark/rdd.py
spark-2.4.0-bin-hadoop2.7/python/pyspark/java_gateway.py
spark-2.4.0-bin-hadoop2.7/python/pyspark/find_spark_home.py
spark-2.4.0-bin-hadoop2.7/python/pyspark/_globals.py
spark-2.4.0-bin-hadoop2.7/python/pyspark/worker.py
spark-2.4.0-bin-hadoop2.7/python/pyspark/accumulators.py
spark-2.4.0-bin-hadoop2.7/python/pyspark/mllib/
spark-2.4.0-bin-hadoop2.7/python/pyspark/mllib/feature.py
spark-2.4.0-bin-hadoop2.7/python/pyspark/mllib/random.py
spark-2.4.0-bin-hadoop2.7/python/pyspark/mllib/recommendation.py
spark-2.4.0-bin-hadoop2.7/python/pyspark/mllib/fpm.py
spark-2.4.0-bin-hadoop2.7/python/pyspark/mllib/classification.py
```

安装 Spark

图 10.14　安装 Spark

结果信息过多，图 10.14 中只截取了部分内容。

解压命令执行后，系统自动创建 Spark 的主安装目录 spark-2.4.0-bin-hadoop2.7，图 10.15 所示为 Spark 的主安装目录下的文件和文件夹。

```
mingri@master: ~
文件(F) 编辑(E) 查看(V) 搜索(S) 终端(T) 帮助(H)
mingri@master:~$ ls -l spark-2.4.0-bin-hadoop2.7
总用量 128
drwxr-xr-x 2 mingri mingri  4096 10月 29 14:36 bin
drwxr-xr-x 2 mingri mingri  4096 10月 29 14:36 conf
drwxr-xr-x 5 mingri mingri  4096 10月 29 14:36 data
drwxr-xr-x 4 mingri mingri  4096 10月 29 14:36 examples
drwxr-xr-x 2 mingri mingri 12288 10月 29 14:36 jars
drwxr-xr-x 4 mingri mingri  4096 10月 29 14:36 kubernetes
-rw-r--r-- 1 mingri mingri 21357 10月 29 14:36 LICENSE
drwxr-xr-x 2 mingri mingri  4096 10月 29 14:36 licenses
-rw-r--r-- 1 mingri mingri 42919 10月 29 14:36 NOTICE
drwxr-xr-x 9 mingri mingri  4096 10月 29 14:36 python
drwxr-xr-x 3 mingri mingri  4096 10月 29 14:36 R
-rw-r--r-- 1 mingri mingri  3952 10月 29 14:36 README.md
-rw-r--r-- 1 mingri mingri   156 10月 29 14:36 RELEASE
drwxr-xr-x 2 mingri mingri  4096 10月 29 14:36 sbin
drwxr-xr-x 2 mingri mingri  4096 10月 29 14:36 yarn
mingri@master:~$
```

图 10.15 Spark 的主安装目录下的文件和文件夹

10.3.3 配置环境变量

Spark 安装完毕后，还需对环境变量进行配置才能正常启动 Spark。

1. 配置 spark-env.sh 环境变量

在 Spark 的安装目录的 conf 子目录下，系统提供了 spark-env.sh 文件的模板文件 spark-env.sh.template。配置 spark-env.sh 环境变量的步骤如下。

首先将模板文件重命名为 spark-env.sh，命令如下。

```
cd spark-2.4.0-bin-hadoop2.7/conf
cp spark-env.sh.template spark-env.sh
```

然后使用 gedit 命令打开 spark-env.sh 文件进行修改。

```
sudo gedit spark-env.sh
```

将下面的代码添加到文件中。

```
export SPARK_MASTER_IP=192.168.1.10
export JAVA_HOME=/home/mingri/JDK/jdk1.8.0_191
export HADOOP_HOME=/home/mingri./hadoop-3.1.1
export HADOOP_CONF_DIR=$HADOOP_HOME/etc/hadoop
export SCALA_HOME=/home/mingri/scala-2.11.8
```

其中，SPARK_MASTER_IP 设置 Master 节点的 IP 地址；HADOOP_CONF_DIR 设置 Hadoop 配置目录。修改完成后的 spark-env.sh 文件内容如图 10.16 所示。

2. 配置 slaves 文件

在 Spark 的安装目录的 conf 子目录下，系统提供了 slaves 文件的模板文件 slaves.template。配置 slaves 文件的步骤如下。

首先将模板文件重命名为 slaves，命令如下。

```
cd spark-2.4.0-bin-hadoop2.7/conf
cp slaves.template slaves
```

然后使用 gedit 命令打开 slaves 文件进行修改。

图 10.16　修改完成后的 spark-env.sh 文件内容

```
sudo gedit slaves
```

在 slaves 文件中增加 Slave 节点的名称。

```
slave1
slave2
```

修改完成后的 slaves 文件内容如图 10.17 所示。

图 10.17　修改完成后的 slaves 文件内容

3. 将配置好的 Spark 安装文件复制到 Slave 节点

使用 scp 命令将 Master 节点中配置好的 Spark 安装文件复制到 Slave 节点（slave1 和 slave2），命令如下。

```
scp -r ~/spark-2.4.0-bin-hadoop2.7 slave1:~/
scp -r ~/spark-2.4.0-bin-hadoop2.7 slave2:~/
```

图 10.18 所示为将节点 master 上的 Spark 安装文件复制到节点 slave1 中的部分过程。

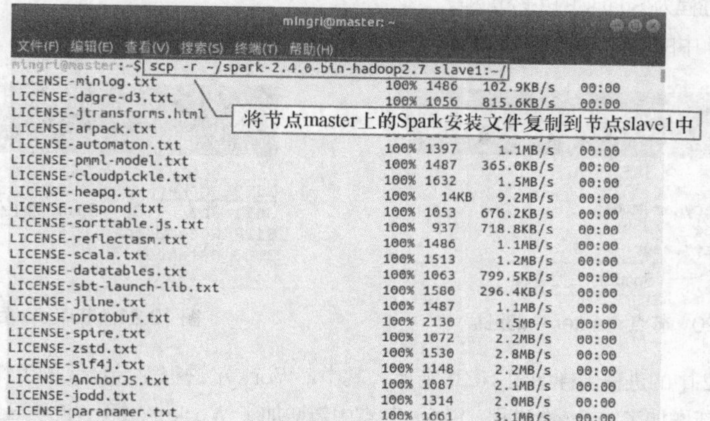

图 10.18　将节点 master 上的 Spark 安装文件复制到节点 slave1 中

由于本书的 Hadoop 集群中 Slave 节点只包括 slave1 和 slave2，所以分别向 slave1 和 slave2 复制。读者需要根据自身集群的情况进行调整，若有其他 Slave 节点，也需要进行复制操作。

至此，Spark 集群已搭建完毕。

10.3.4 启动并验证 Spark

1. 启动 Spark 集群

在启动 Spark 集群之前首先启动 Hadoop 集群，然后在 Master 节点上，进入 Spark 安装目录，执行如下命令来启动 Spark 集群。

```
cd spark-2.4.0-bin-hadoop2.7
sbin/start-all.sh
```

执行结果如图 10.19 所示。

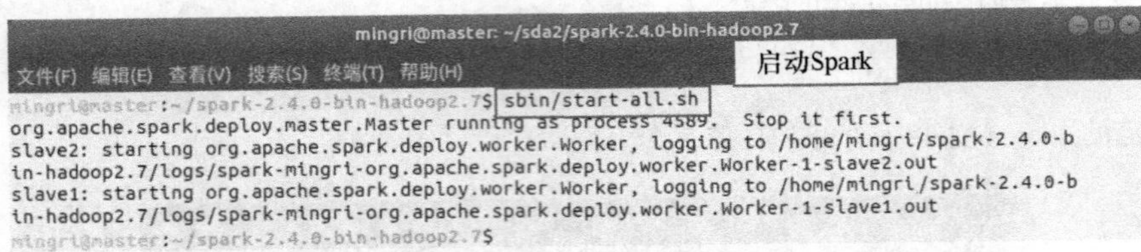

图 10.19　启动 Spark

或者进入 spark-2.4.0-bin-hadoop2.7/sbin 目录，执行 start-all.sh 命令，同样可以开启 Spark 集群。

通过启动 Spark 的命令 sbin/start-all.sh 可以发现，启动 Spark 集群的命令与启动 Hadoop 的命令一样，都是 start-all.sh。不同的是，启动 Spark 集群时需要进入 Spark 的安装目录，并且在 start-all.sh 命令前加上 sbin 子目录名，这样就保证了执行的是 Spark 的启动命令，而不是 Hadoop 的启动命令。

2. 验证 Spark 集群是否搭建成功

通过 jps 命令分别查看 Master 节点和 Slave 节点上的进程。

查看节点 master 中的进程如图 10.20 所示。

其中，master 进程为 Spark 的主控进程。

查看节点 slave1 中的进程如图 10.21 所示。

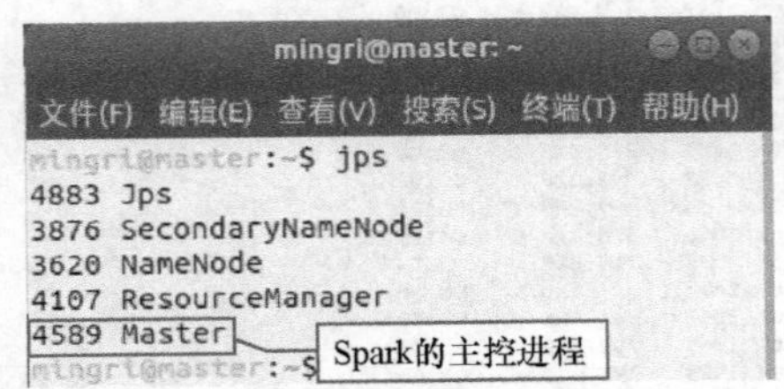

图 10.20　节点 master 中的进程

图 10.21　节点 slave1 中的进程

查看节点 slave2 中的进程同样如图 10.21 所示，其中，Worker 进程为 Spark 的工作进程。

Master 节点中新增加了 Master 进程，Slave 节点中新增加了 Worker 进程，说明 Spark 集群已经成功启动了。

3. 退出 Spark 集群

进入 Spark 安装目录，执行如下命令可以退出 Spark 集群。

```
sbin/stop-all.sh
```

10.4 运行 Spark 程序

运行 Spark 程序

Spark 安装目录下的 examples/jars 子目录提供了示例程序，下面通过运行此示例程序来演示如何运行 Spark 程序。

Spark 安装目录下的 examples/jars 子目录中有两个 JAR 包，分别为 scopt_2.11-3.7.0.jar 和 spark-examples_2.11-2.4.0.jar，要用到的 JAR 包为 spark-examples_2.11-2.4.0.jar。此示例程序可以实现求圆周率。

运行 Spark 程序的步骤如下。

（1）开启 Hadoop 集群，开启 Spark 集群，执行结果如图 10.22 所示。

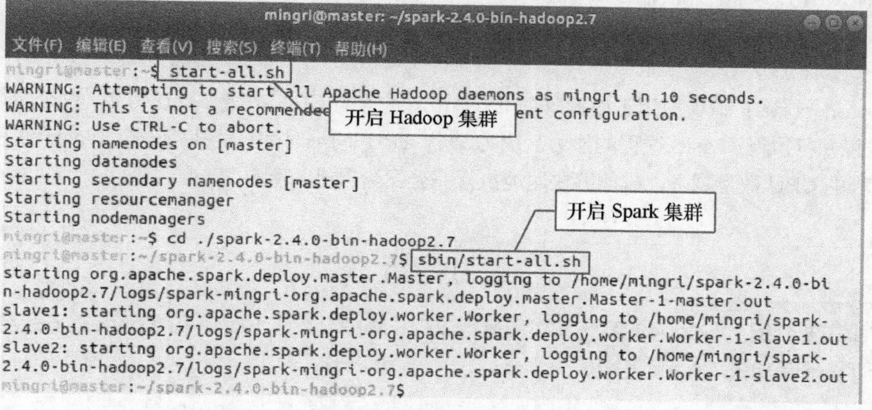

图 10.22　开启 Hadoop 集群，开启 Spark 集群

（2）执行如下命令。

```
./bin/spark-submit --class org.apache.spark.examples.SparkPi --master local --num-executors 3 --executor-memory 512m --executor-cores 1 examples/jars/spark-examples_2.11-2.4.0.jar
```

执行结果如图 10.23 所示。

上面命令中的参数说明如下。

--master：该参数用来指定通过何种模式执行程序，在此命令中值为 local，表明通过本地模式执行程序。除了 local 以外，还有两种执行模式，分别为 YARN 集群模式“yarn-cluster”和终端模式“yarn-client”。

--num-executors：该参数用于设置 Spark 作业总共要用多少个 Executor 进程来执行，默认为 2。Driver 向 YARN 集群管理器申请资源时，YARN 集群管理器会启动相应数量的 Executor 进程。这个参数非常重要，如果不设置，默认只会启动少量的 Executor 进程，那么 Spark 作业的运行速度就会非常慢。

--executor-memory：该参数用于设置每个 Executor 进程的内存，默认为 1GB。Executor 内存的大小，很多时候直接决定了 Spark 作业的性能。

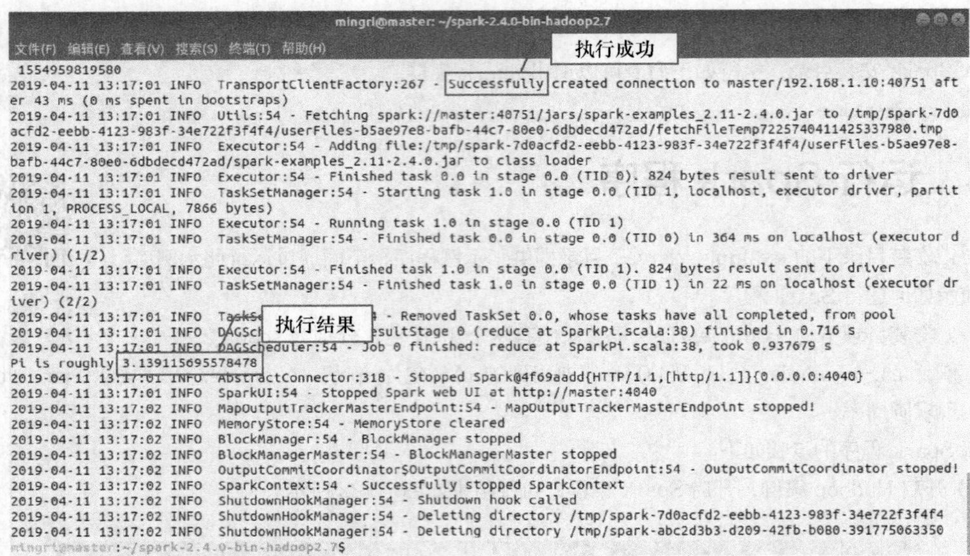

图 10.23 执行结果

--executor-cores：该参数用于设置每个 Executor 进程的 CPU 数量，默认为 1。这个参数决定了每个 Executor 进程并行执行 Task 线程的能力。因为每个 CPU 同一时间只能执行一个 Task 线程，所以每个 Executor 进程的 CPU 数量越多，越能够快速地执行完分配给自己的所有 Task 线程。

小 结

本章主要介绍了 Spark 的系统架构和运行流程，详细介绍了 Scala 和 Spark 的安装与配置，并运行了一个简单的 Spark 程序。

习 题

10-1 简述 Spark 的运行流程。

10-2 简述如何启动 Scala。

10-3 简述如何验证 Spark 集群是否搭建成功。

PART11

第11章 综合案例——网络爬虫大数据分析

随着大数据时代的来临，网络信息量也变得更大，网络爬虫在互联网中的地位将越来越高。本章将介绍如何通过 Python 语言实现网络爬虫，并通过一个实战项目详细介绍爬虫爬取数据的整个过程。

本章要点

- 了解网络爬虫
- 搭建 Python 开发环境
- 搭建 Qt
- 安装并配置 PyCharm 工具
- 设计并实现快手爬票项目

11.1 网络爬虫概述

网络爬虫概述

11.1.1 网络爬虫

网络爬虫，又被称作网络蜘蛛、网络机器人，在某社区中还经常被称为网页追逐者，可以按照指定的规则（网络爬虫的算法）自动浏览或抓取网络中的信息。通过 Python 可以很轻松地编写爬虫程序或者脚本。

一个通用的网络爬虫基本工作流程如图 11.1 所示。

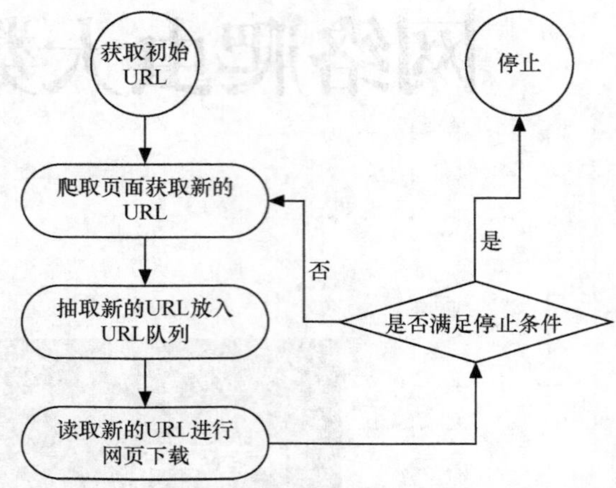

图 11.1　通用的网络爬虫基本工作流程

网络爬虫的基本工作流程如下。

（1）获取初始 URL，该 URL 地址是用户自己设定的初始爬取的网页。

（2）爬取对应 URL 地址的网页时，获取新的 URL 地址。

（3）将新的 URL 地址放入 URL 队列。

（4）从 URL 队列中读取新的 URL，然后依据新的 URL 爬取网页，同时从新的网页中获取新的 URL 地址，重复上述的爬取过程。

（5）设置停止条件，如果没有设置停止条件，爬虫会一直爬取下去，直到无法获取新的 URL 地址为止。设置了停止条件后，爬虫将会在满足停止条件时停止爬取。

11.1.2 网络爬虫——快手爬票

本章要实现的网络爬虫项目为快手爬票。

无论是出差还是旅行，都无法离开交通工具的支持。如今随着科技水平的提高，高铁与动车成为了人们喜爱的交通工具。如果想要知道车次信息，可能需要在各类网站中进行查询。本节将通过 Python 的爬虫技术实现一个快手爬票工具，如图 11.2 所示。

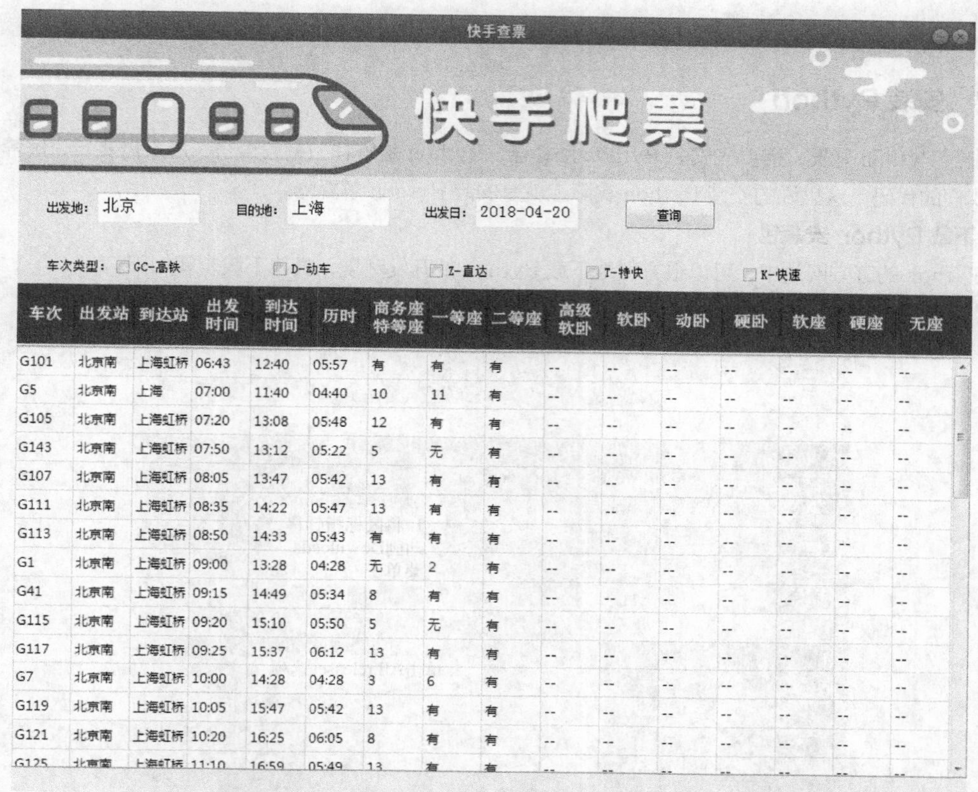

图 11.2　快手爬票

11.1.3　开发语言选择

本项目选择脚本语言 Python 作为开发语言。Python 是一种跨平台的、开源的、免费的、解释型的高级编程语言。而且，Python 的应用领域非常广泛，如 Web 编程、图形处理、“黑客”编程、大数据处理、网络爬虫和科学计算等。

最重要的是，Python 能够很方便地联结其他语言开发的模块，例如，在实际开发中，下面的三个过程是通过不同语言实现的，通过 Python 可以很好地联结这三个过程，如图 11.3 所示。

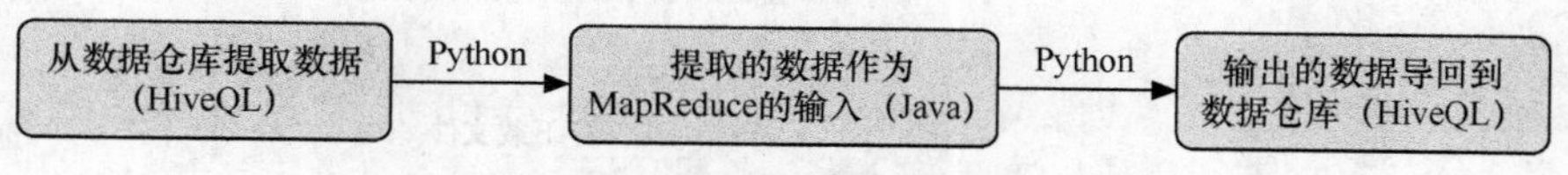

图 11.3　通过 Python 联结这三个过程

11.2　搭建 Python 开发环境

搭建 Python
开发环境

11.2.1　开发环境概述

所谓“工欲善其事，必先利其器”。在正式学习 Python 开发前，需要先搭建 Python 开发环境。Python 是跨平台的，所以可以在多个操作系统上进行编程，并且编写好的程序可以在不同系统上运行。

11.2.2 安装 Python

要进行 Python 开发，需要先安装 Python 解释器。Python 是解释型编程语言，所以需要一个解释器，才能运行我们的代码。这里说的安装 Python 实际上就是安装 Python 解释器。

1. 下载 Python 安装包

在 Python 的官方网站中，可以很方便地下载 Python 的开发环境，具体下载步骤如下。

（1）打开浏览器，进入 Python 官方网站，如图 11.4 所示。

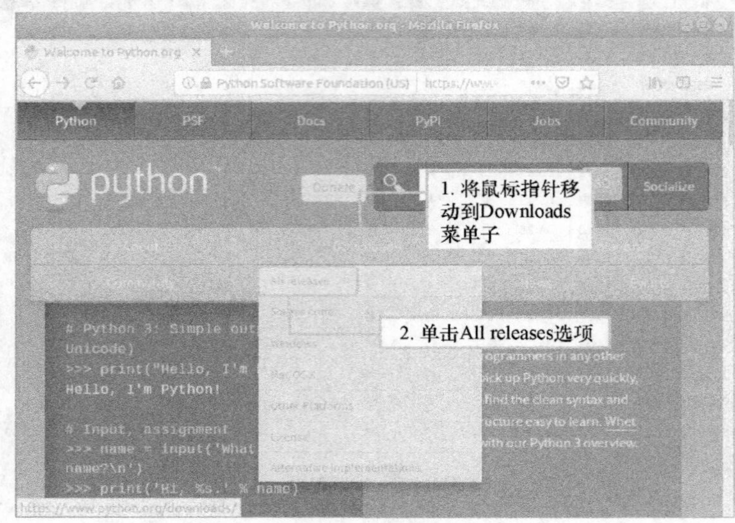

图 11.4 Python 官方网站首页

（2）将鼠标指针移动到 Downloads 菜单上，将显示和下载有关的选项。单击 All releases 选项，进入图 11.3 所示的下载列表。

本项目使用的 Python 版本为 3.6.4，所以找到 Python 3.6.4 - Dec. 19，2017，单击 Gzipped source tarball 超链接，即可下载此版本的 Python 安装包，下载步骤如图 11.5 所示。

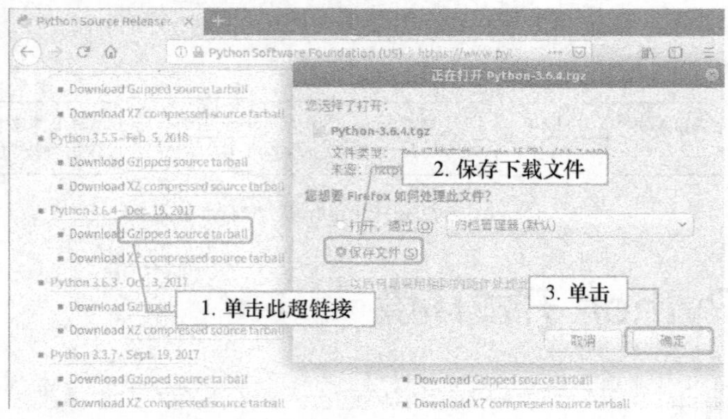

图 11.5 选择下载 Linux 版本的 Python 安装包

将下载好的安装包 Python-3.6.4.tgz 复制到 Master 节点的主目录（/home/mingri）下，便于安装。

2. 安装 Python

在 Linux 系统上安装 Python 3.6.4 的步骤如下。

（1）安装包解压缩，命令如下。

```
tar -zxvf Python-3.6.4.tgz
```

（2）安装 Python，命令如下。

```
cd Python-3.6.4
sudo ./configure
```

但是出现了错误，如图 11.6 所示。

图 11.6　出现错误

出现图 11.6 所示的错误，是因为当前系统中没有 C 编译器，解决方法为安装 GNU 编译器套件(GNU Compiler Collection，GCC)，安装命令如下。

```
sudo apt-get update
sudo apt-get install gcc
```

命令执行过程中，需要连网，并输入“y”继续执行安装，如图 11.7 所示。

```
mingri@master: ~/Python-3.6.4
文件(F) 编辑(E) 查看(V) 搜索(S) 终端(T) 帮助(H)
mingri@master:~/Python-3.6.4$ sudo apt-get install gcc
正在读取软件包列表... 完成
正在分析软件包的依赖关系树
正在读取状态信息... 完成
将会同时安装下列软件:
  cpp cpp-7 gcc-7 gcc-7-base gcc-8-base libasan4 libatomic1 libc-dev-bin libc6-dev
  libcc1-0 libcilkrts5 libgcc-7-dev libgcc1 libgomp1 libitm1 liblsan0 libmpx2
  libquadmath0 libstdc++6 libtsan0 libubsan0 linux-libc-dev manpages-dev
建议安装:
  cpp-doc gcc-7-locales gcc-multilib make autoconf automake libtool flex bison
  gcc-doc gcc-7-multilib gcc-7-doc libgcc1-dbg libgomp1-dbg libitm1-dbg
  libatomic1-dbg libasan4-dbg liblsan0-dbg libtsan0-dbg libubsan0-dbg
  libcilkrts5-dbg libmpx2-dbg libquadmath0-dbg glibc-doc
下列【新】软件包将被安装:
  gcc gcc-7 libasan4 libatomic1 libc-dev-bin libc6-dev libcilkrts5 libgcc-7-dev
  libitm1 liblsan0 libmpx2 libquadmath0 libtsan0 libubsan0 linux-libc-dev
  manpages-dev
下列软件包将被升级:
  cpp cpp-7 gcc-7-base gcc-8-bas  输入“y”继续安装GCC  bstdc++6
升级了 8 个软件包，新安装了 16                         490 个软件包未被升级。
需要下载 19.4 MB/24.2 MB 的归档。
解压缩后会消耗 73.4 MB 的额外空间。
您希望继续执行吗？ [Y/n] y
获取:1 http://mirrors.aliyun.com/ubuntu bionic-updates/main amd64 gcc-8-base amd64 8.3.0-6ubuntu1~1
8.04 [18.6 kB]
获取:2 http://mirrors.aliyun.com/ubuntu bionic-updates/main amd64 libstdc++6 amd64 8.3.0-6ubuntu1~1
8.04 [400 kB]
获取:3 http://mirrors.aliyun.com/ubuntu bionic-updates/main amd64 libgomp1 amd64 8.3.0-6ubuntu1~18.
04 [76.4 kB]
```

图 11.7　安装 GCC

GCC 成功安装之后，再来执行 sudo ./configure 命令，执行结果如图 11.8 所示。

```
mingri@master: ~/sda2/Python-3.6.4
文件(F) 编辑(E) 查看(V) 搜索(S) 终端(T) 帮助(H)
mingri@master:~/sda2/Python-3.6.4$ sudo ./configure
[sudo] mingri 的密码:
checking build system type... x86_64-pc-linux-gnu
checking host system type... x86_64-pc-linux-gnu
checking for python3.6... python3.6
checking for --enable-universalsdk... no
checking for --with-universal-archs... no
checking MACHDEP... linux
checking for --without-gcc... no
checking for --with-icc... no
checking for gcc... gcc
checking whether the C compiler works... yes
checking for C compiler default output file name... a.out
checking for suffix of executables...
checking whether we are cross compiling... no
checking for suffix of object files... o
checking whether we are using the GNU C compiler... yes
checking whether gcc accepts -g... yes
checking for gcc option to accept ISO C89... none needed
checking how to run the C preprocessor... gcc -E
checking for grep that handles long lines and -e... /bin/grep
checking for a sed that does not truncate output... /bin/sed
checking for --with-cxx-main=<compiler>... no
```

安装 Python

图 11.8　安装 Python

3. 测试 Python 是否安装成功

Python 安装完成后，需要检测 Python 是否真的安装成功，检测方法如下。

（1）进入 Python 安装目录，执行 python3 命令进入 Python Shell，命令如下。

```
python3
```

执行结果如图 11.9 所示。

```
mingri@master: ~/Python-3.6.4
文件(F) 编辑(E) 查看(V) 搜索(S) 终端(T) 帮助(H)
mingri@master:~/Python-3.6.4$ python3
Python 3.6.5 (default, Apr  1 2018, 05:46:30)
[GCC 7.3.0] on linux
Type "help", "copyright", "credits" or "license" for more informati
on.
>>> 
```

图 11.9　进入 Python Shell

图 11.9 中的信息是作者计算机中安装的 Python 的相关信息，包括 Python 的版本、该版本发行的时间、安装包的类型等。所以如果信息与此不完全相同也没关系，只要命令提示符变为“>>>”就说明 Python 已经准备就绪，正在等待用户输入 Python 命令，这也表示我们的 Python 安装成功了。

（2）测试 Python 命令，例如，使用 Python 输出一段文字。在 Python 提示符“>>>”的右侧输入如下命令。

```
print("人生得意须尽欢，我用Python笑开颜")
```

执行结果如图 11.10 所示。

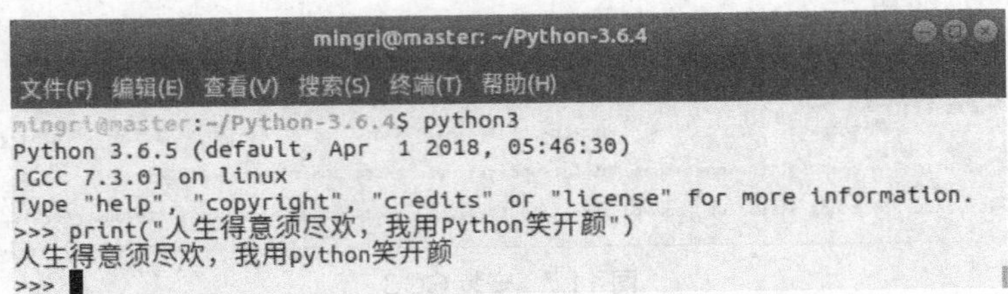

图 11.10　使用 Python 输出一段文字

通过命令 exit()可以退出 Python 的编辑状态。

至此，Python 已经成功安装。

11.3 搭建 Qt 环境

搭建 Qt 环境

Qt 是 Python 开发窗体的工具之一，它不仅与 Python 有着良好的兼容性，还可以通过可视化拖曳的方式进行窗体的创建，提高开发人员的开发效率，因此受到开发人员的喜爱。Qt 工具支持 Windows、Linux、Mac OS 10 三种操作系统。

11.3.1 安装 Qt

1. 下载 Qt

本书中使用的 Qt 版本为 5.11.3，进入官方下载地址单击 qt-opensource-linux-x64-5.11.3.run 超链接进行下载，如图 11.11 所示。

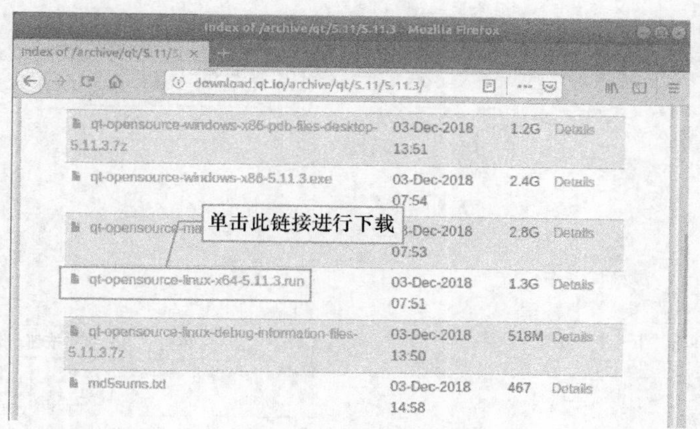

图 11.11 下载 Qt

将下载好的安装包 qt-opensource-linux-x64-5.11.3.run 复制到 Master 节点的主目录（/home/mingri）下，便于安装。

2. 安装 Qt

执行如下命令打开 Qt 安装界面。

```
sudo ./qt-opensource-linux-x64-5.11.3.run
```

安装步骤如下。

（1）在 Qt 的安装界面单击“Next”按钮，如图 11.12 所示。

（2）用户信息填写界面单击“Skip”按钮，如图 11.13 所示。

（3）在图 11.14 所示的界面单击“下一步”按钮。

（4）在图 11.15 所示的界面中设置安装路径。修改文本框中内容，将 Qt 的安装路径修改为“/home/mingri/Qt5.11.3”，修改完成后，单击“下一步”按钮。

（5）在选择组件界面，选中“Qt5.11.3”复选框，然后单击“下一步”按钮，如图 11.16 所示。进入许可协议界面，选中“I have read and agree to the terms contained in the license agreements.”前面的单选按钮，并单击“下一步”按钮，如图 11.17 所示。

图 11.12　Qt 的安装界面

图 11.13　用户信息填写界面

图 11.14　继续安装 Qt

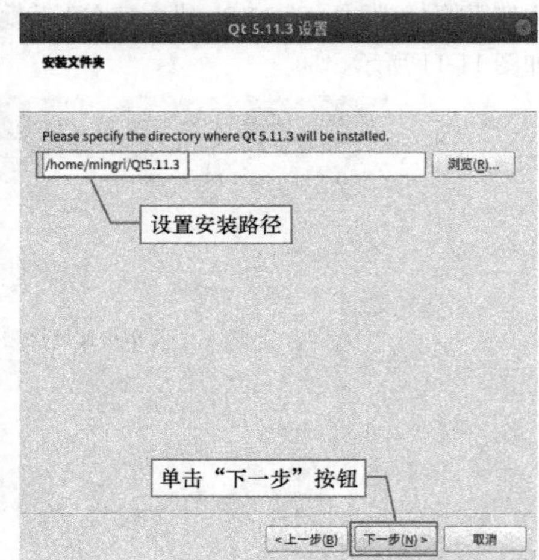

图 11.15　设置 Qt 的安装路径

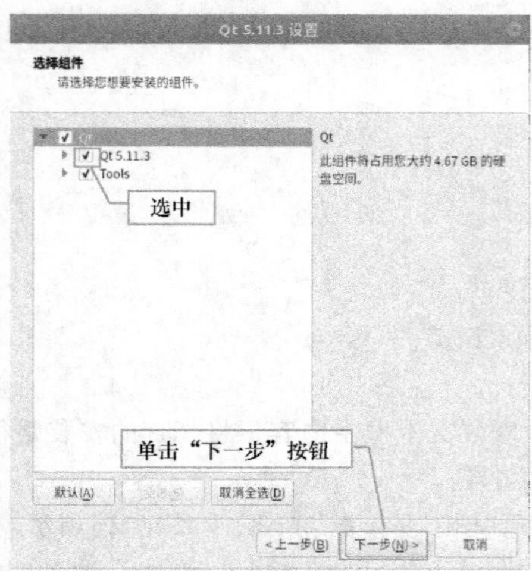

图 11.16　选择组件界面

图 11.17　许可协议界面

（6）单击“安装”按钮，如图 11.18 所示。然后进入 Qt 的正在安装界面，如图 11.19 所示。

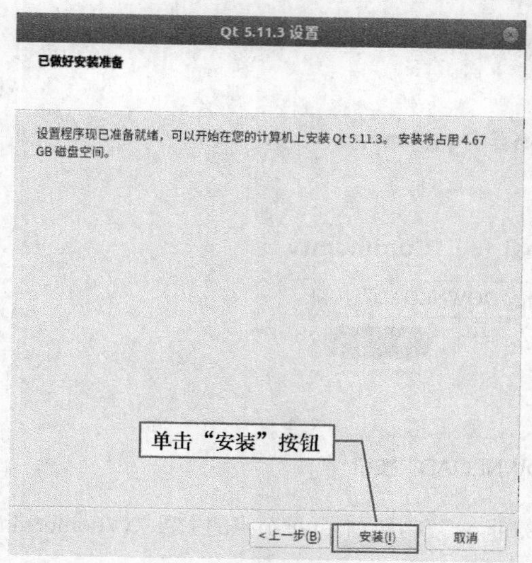

图 11.18　单击“安装”按钮

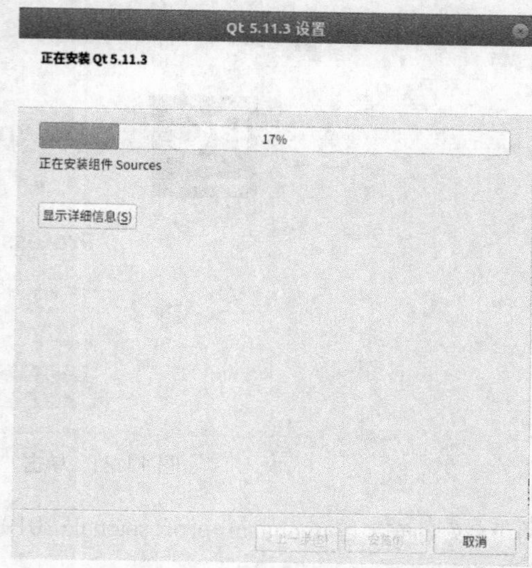

图 11.19　正在安装界面

Qt 安装成功后，出现图 11.20 所示界面，单击“完成”按钮退出安装程序。

图 11.20　Qt 安装完成

11.3.2　安装 PyCharm 开发工具

PyCharm 是 Python 语言的开发工具，下面介绍 PyCharm 的下载和安装。

1. 下载 PyCharm

要下载的是 PyCharm 的专业版（Professional），在 PyCharm 的官方下载地址单击“Professional”下的“DOWNLOAD”按钮，进行 PyCharm 的下载，如图 11.21 所示。

图 11.21　单击“DOWNLOAD”按钮

将下载好的安装包 pycharm-professional-2019.1.2.tar.gz 复制到 Master 节点的主目录(/home/mingri)下，便于安装。

2. 安装 PyCharm

安装 PyCharm 的步骤如下。

（1）解压 PyCharm 的安装包，命令如下。

```
tar -zxvf pycharm-professional-2019.1.2.tar.gz
```

（2）解压出的文件目录名为 pycharm-2019.1.2，进入 pycharm-2019.1.2/bin 目录，然后通过命令打开 PyCharm 的安装程序，进行安装，命令如下。

```
cd pycharm-2019.1.2/bin
sh ./pycharm.sh
```

执行结果如图 11.22 所示。

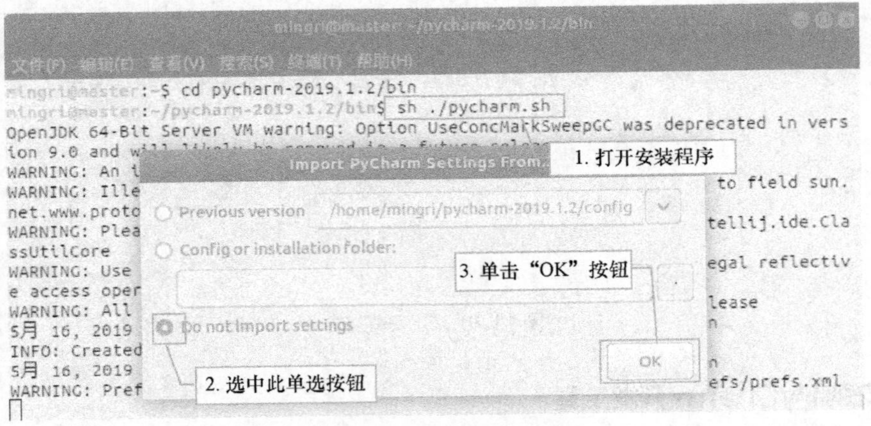

图 11.22　打开 PyCharm 的安装程序

出现 Import PyCharm Settings From...界面。如果需要导入先前安装版本的配置，就选第一个选项；如果先前没有安装过 PyCharm，则选第三个选项。然后单击“OK”按钮。

（3）进入 PyCharm User Agreement（PyCharm 用户协议）界面，选中“I confirm that I have read and accept the terms of this User Agreem...”前面的单选按钮，然后单击“Continue”按钮，如图 11.23 所示。

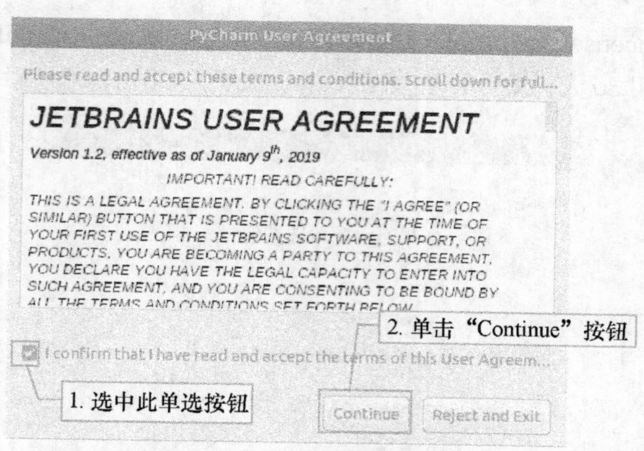

图 11.23　PyCharm 用户协议界面

（4）进入 Data Sharing（数据分享）界面。如果愿意将数据共享到社区，可以单击“Send Usage Statistics”按钮；如果不愿意分享数据，则可以单击“Don't send”按钮。这里单击“Don't send”按钮，如图 11.24 所示。

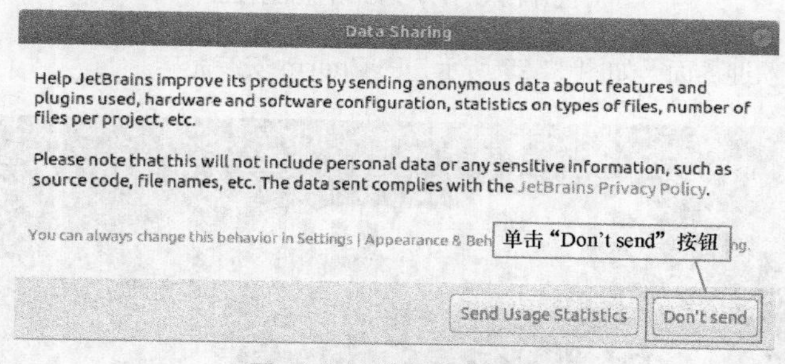

图 11.24　数据分享界面

（5）进入 Customize PyCharm（PyCharm 界面定制）界面，有两种界面风格可以选择，为黑白两色背景，这里选中“Light”前面的单选按钮，选择白色背景的 PyCharm 界面，然后单击“Skip Remaining and Set Defaults”按钮，如图 11.25 所示。

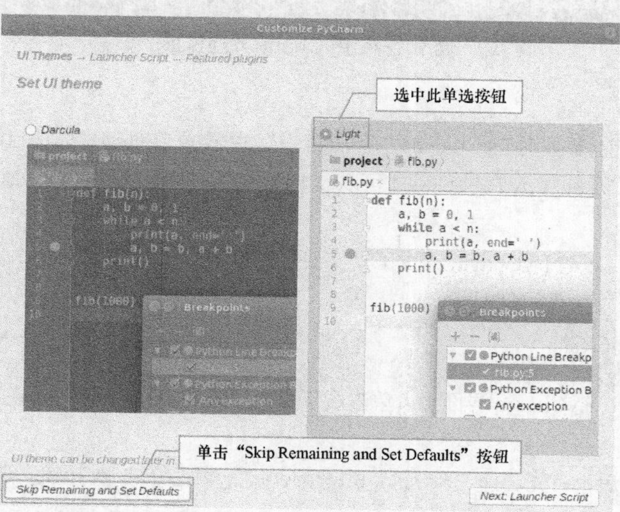

图 11.25　PyCharm 界面定制界面

（6）进入 PyCharm License Activation（PyCharm 激活）界面，选中“Evaluate for free”前面的单选按钮，PyCharm 可免费试用 30 天，然后单击“Evaluate”按钮，如图 11.26 所示。

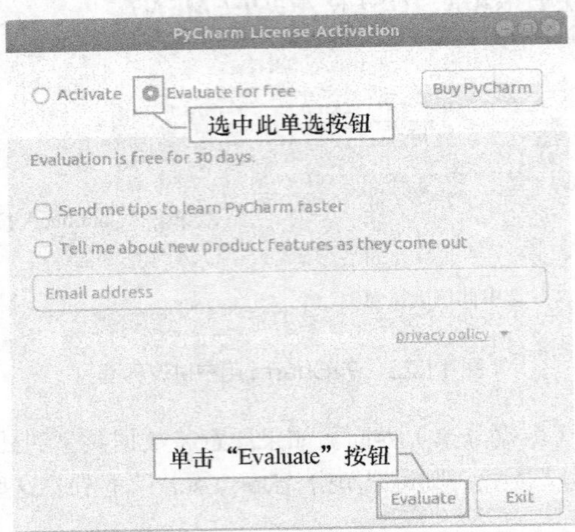

图 11.26　PyCharm 激活界面

随后打开 PyCharm 欢迎界面，如图 11.27 所示，PyCharm 安装完毕。

图 11.27　PyCharm 欢迎界面

3. 配置 PyCharm

在使用 PyCharm 之前，需要对 PyCharm 进行一些配置。由于 Qt 在创建窗体项目时会自动生成扩展名为.ui 的文件，该文件转换为扩展名为.py 的文件后才可以被 Python 所识别，所以需要对 Qt 与 PyCharm 开发工具进行配置，具体步骤如下。

（1）确保 Python、Qt 与 PyCharm 开发工具安装完成后，打开 PyCharm 开发工具，在终端输入如下命令即可打开 PyCharm 开发工具。

```
cd pycharm-2019.1.2/bin
sh pycharm.sh &
```

（2）在 Welcome to PyCharm 界面上，单击右下角的“Configure”下拉按钮，选择“Settings”，如图 11.28 所示。

（3）打开设置界面后，首先选择“Project Interpreter”，然后单击 ⚙ 按钮，选择“Show All...”，如图 11.29 所示。

图 11.28　打开设置界面

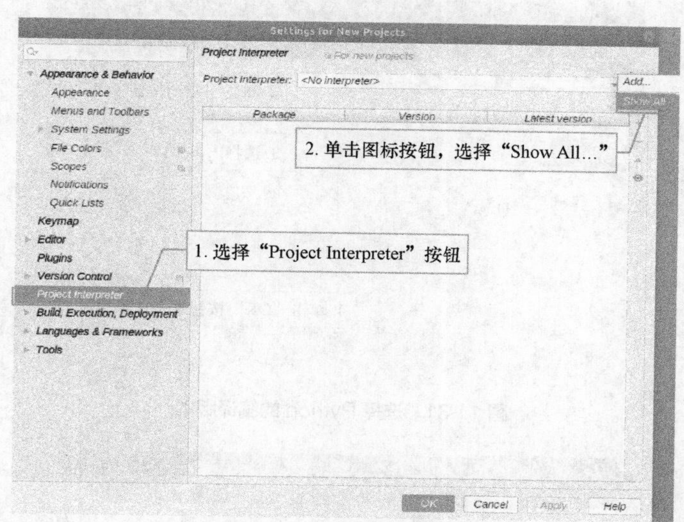

图 11.29　设置界面的操作

然后在弹出的 Project Interpreters 界面中，单击右侧的“+”图标，如图 11.30 所示。

（4）在弹出的界面中选择“System Interpreter”，然后在右侧的下拉列表中选择默认的 Python 对应版本的安装路径，单击“OK”按钮即可，如图 11.31 所示。然后返回“Project Interpreters”，可以看到在左侧的显示框中显示了刚才选择的 Python 版本，如图 11.32 所示。单击“OK”按钮返回设置界面。

（5）下面添加启动 Qt Designer 的快捷工具，在设置界面中依次选择“Tools”→“External Tools”，然后在右侧单击添加按钮，如图 11.33 所示。

（6）在弹出的界面中添加启动 Qt Designer 的快捷工具。首先在 Name 所对应的文本框中填写工具名称“Qt Designer”；然后在 Program 所对应的文本框中填写 Qt 开发工具的安装路径，本书中的目录为“/home/mingri/Qt5.11.3/5.11.3/gcc_64/bin/designer”，读者计算机中的 Qt 安装目录可能与此不同，可以通过搜索 designer 来定位 Qt 安装目录；最后在 Working directory 所对应的文本框中填写“$ProjectFileDir$”，该值代表项目文件目录，单击“OK”按钮即可，如图 11.34 所示。

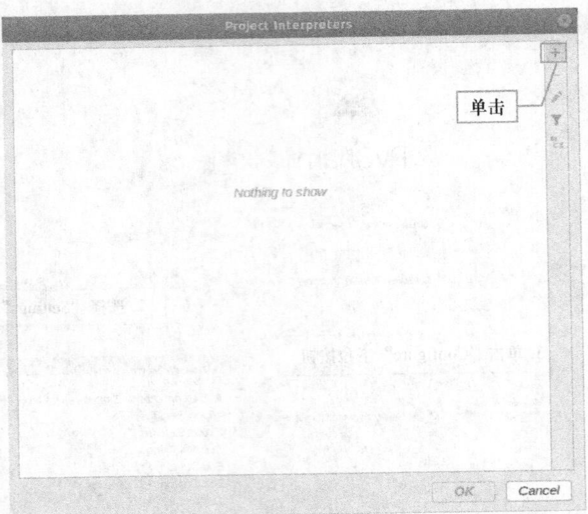

图 11.30　Project Interpreters 界面

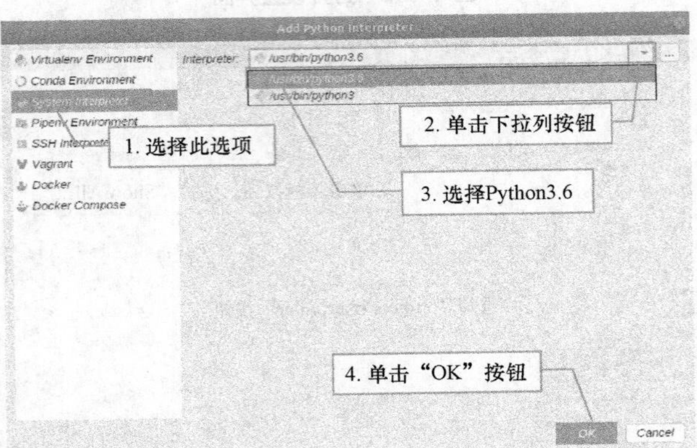

图 11.31　选择 Python 的编译版本

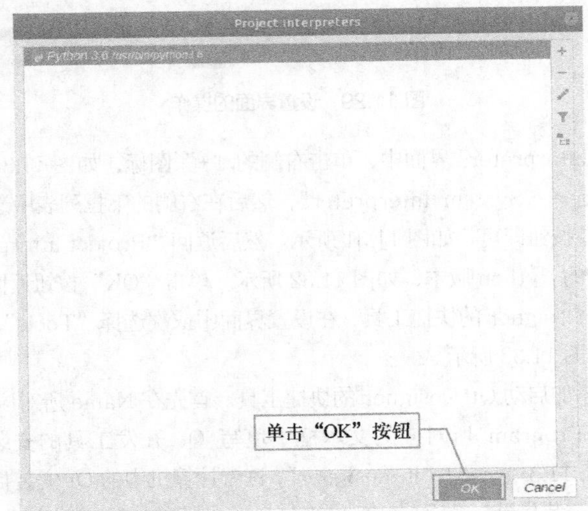

图 11.32　显示 Python 的编译版本

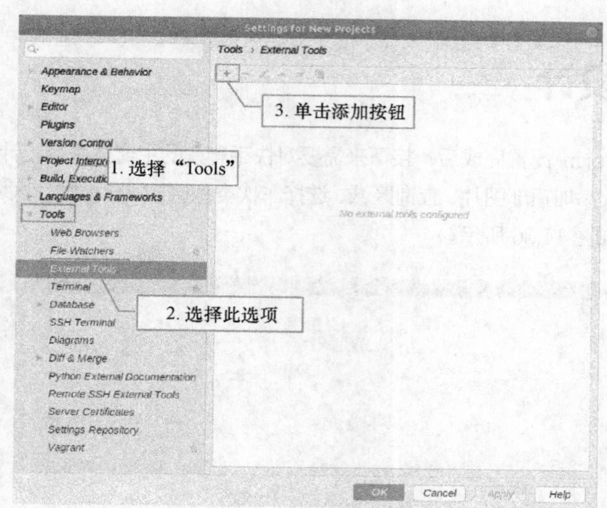

图 11.33　添加外部工具

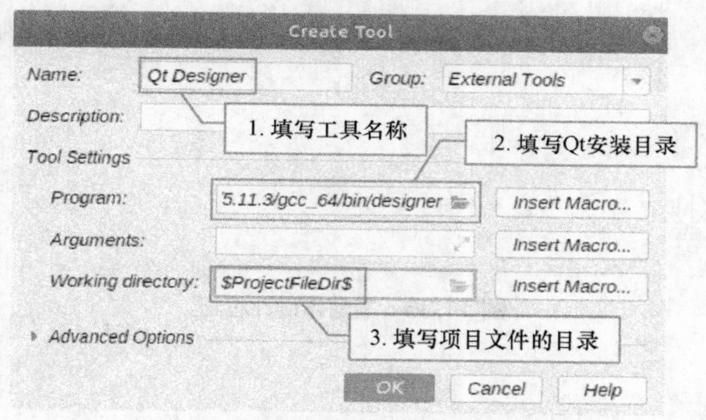

图 11.34　添加启动 Qt Designer 的快捷工具

（7）根据步骤（5）与步骤（6）的操作方法，添加将 Qt 生成的.ui 文件转换为.py 文件的快捷工具。在 Name 所对应的文本框中填写工具名称“PyUIC”；在 Program 所对应的文本框中填写 Python 的安装路径；在 Arguments 所对应的文本框中填写将.ui 文件转换为.py 文件的 Python 代码（-m PyQt5.uic.pyuic $FileName$ -o $FileNameWithoutExtension$.py）；在 Working directory 所对应的文本框中填写“$FileDir$”，该值为文件目录，如图 11.35 所示。最后单击“OK”按钮即可。

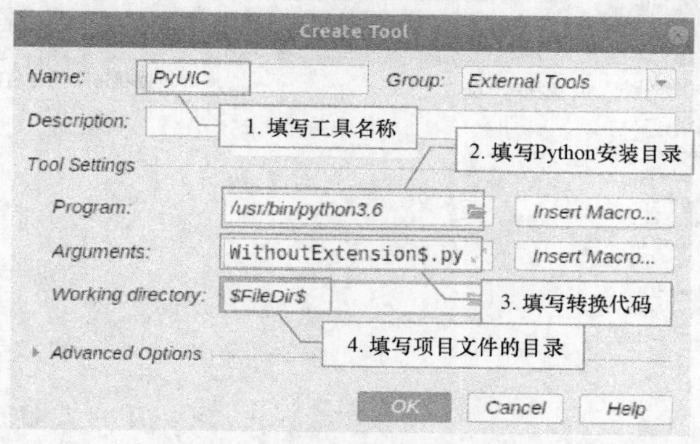

图 11.35　添加将 Qt 生成的.ui 文件转换为.py 文件的快捷工具

11.4 主窗体设计

Python、Qt 与 PyCharm 配置完成后，接下来需要对快手爬票的主窗体进行设计。首先创建主窗体，然后依次添加顶部图片、查询区域、选择车次类型区域、分类图片区域、信息表格区域。设计思路如图 11.36 所示。

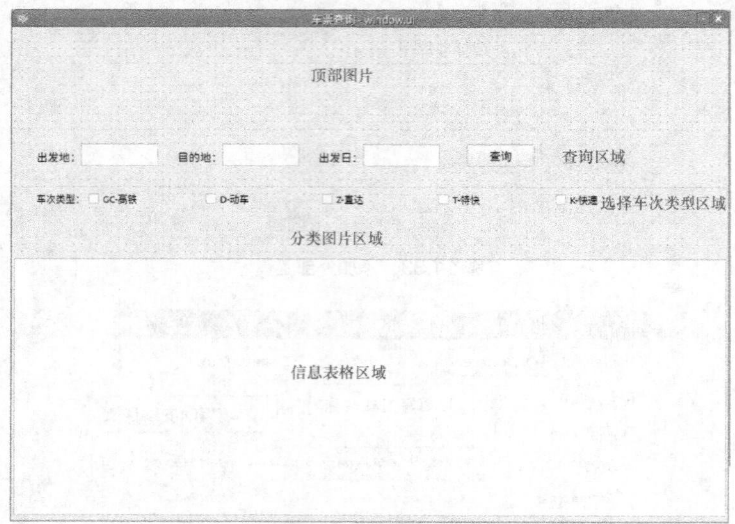

图 11.36 主窗体设计思路

11.4.1 Qt 拖曳控件

了解了窗体设计思路以后，接下来需要实现快手爬票的窗体。由于在前面的步骤中已经对 Python、Qt 与 PyCharm 三个开发工具进行了环境配置，所以创建窗体时只需要启动 PyCharm 开发工具即可。实现窗体的具体步骤如下。

（1）在 PyCharm 开发工具的菜单栏中，选择“File”→“New Project”，在打开的 New Project 界面中创建新的 Python 项目，并在右侧设置项目路径与名称，如图 11.37 所示。

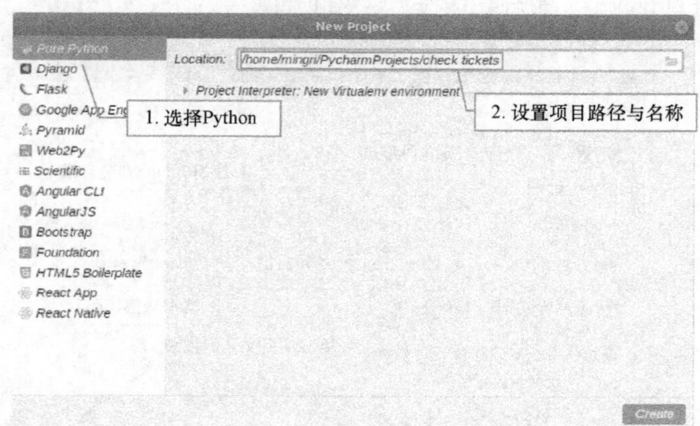

图 11.37 创建 Python 项目

（2）项目打开后，在顶部的菜单栏选择“Tools”→“External Tools”→“Qt Designer”，如图 11.38 所示。

（3）单击 Qt Designer 快捷工具后，Qt 的窗口编辑工具将自动打开，并且会自动弹出一个新建窗体界面，在该界面中选择一个主窗体的模板，这里选择“Main Window”，然后单击“创建”按钮即可，如图 11.39 所示。

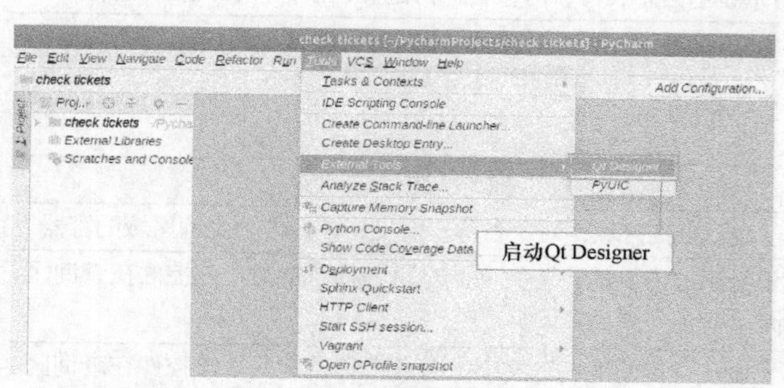

图 11.38 启动 Qt Designer

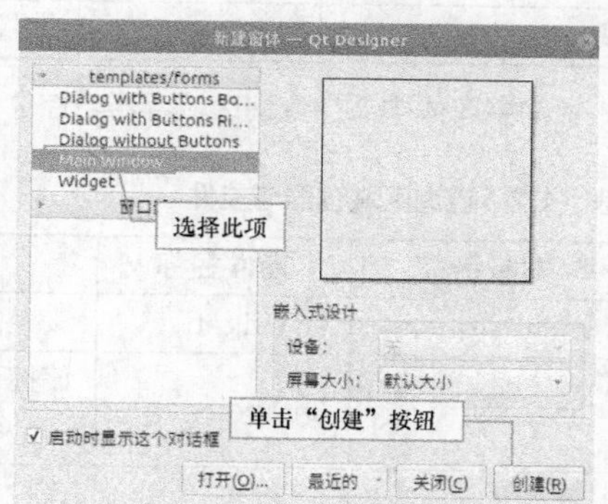

图 11.39 选择主窗体模板

（4）主窗体创建完成后，自动进入 Qt Designer 的设计界面，顶部区域是菜单栏与菜单快捷选项，左侧区域是各种控件与布局。中间的区域为编辑区域，可以将控件拖曳至此处，也可以在此处预览窗体的设计效果。右侧上方是对象查看器，此处列出所有控件以及彼此所属的关系层。右侧中间的位置是属性编辑器，此处可以设置控件的各种属性。右侧底部的位置分别为信号/槽编辑器、动作编辑器以及资源浏览器，具体位置与功能如图 11.40 所示。

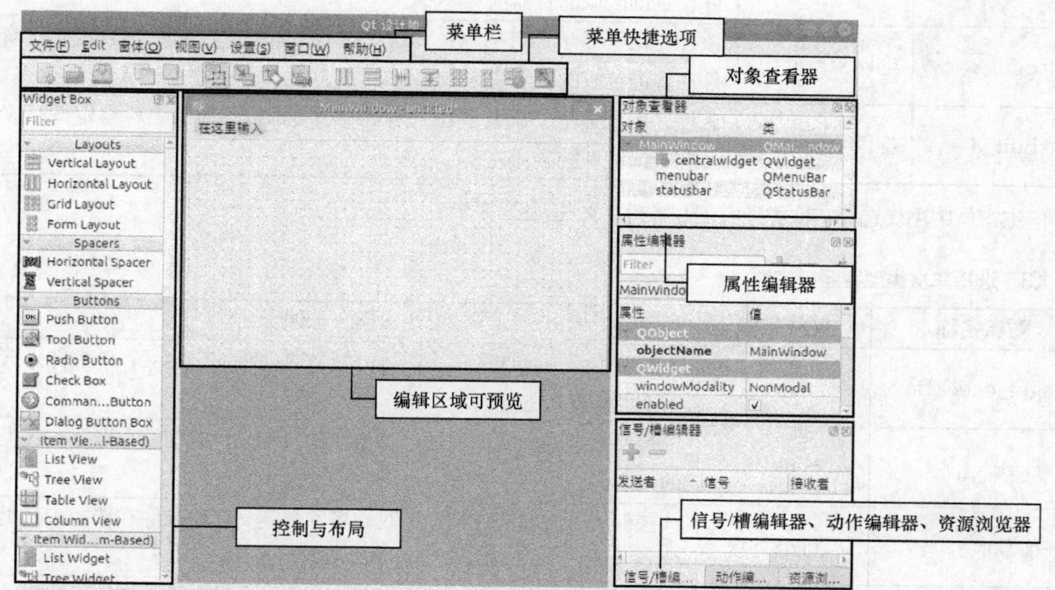

图 11.40 Qt Designer 的设计界面

（5）根据图 11.36 所示的设计思路依次将指定的控件拖曳至主窗体中，首先添加至主窗体容器内的控件如表 11.1 所示。

表 11.1　主窗体容器与控件

对象名称	控件名称	描　述
centralwidget	QWidget	该控件与对象名称是创建主窗体后默认生成的，为主窗体外层容器
label_title_img	QLabel	该控件用于设置顶部图片，对象名称自定义，该控件在主窗体容器内
label_train_img	QLabel	该控件用于设置分类图片，对象名称自定义，该控件在主窗体容器内
tableView	QTableView	该控件用于显示信息表格，对象名称自定义，该控件在主窗体容器内

向主窗体中添加查询区域容器与控件，如表 11.2 所示。

表 11.2　查询区域容器与控件

对象名称	控件名称	描　述
widget_query	QWidget	该控件用于显示查询区域，对象名称自定义，该控件为查询区域的容器
label	QLabel	该控件用于显示“出发地：”文字，对象名称自定义，该控件在查询区域的容器内
label_2	QLabel	该控件用于显示“目的地：”文字，对象名称自定义，该控件在查询区域的容器内
label_3	QLabel	该控件用于显示“出发日：”文字，对象名称自定义，该控件在查询区域的容器内
pushButton	QPushButton	该控件用于显示“查询”按钮，对象名称自定义，该控件在查询区域的容器内
textEdit	QTextEdit	该控件用于显示“出发地：”所对应的文本框，对象名称自定义，该控件在查询区域的容器内
textEdit_2	QTextEdit	该控件用于显示“目的地：”所对应的文本框，对象名称自定义，该控件在查询区域的容器内
textEdit_3	QTextEdit	该控件用于显示“出发日：”所对应的文本框，对象名称自定义，该控件在查询区域的容器内

向主窗体中添加选择车次类型容器与控件，如表 11.3 所示。

表 11.3　选择车次类型容器与控件

对象名称	控件名称	描　述
widget_checkBox	QWidget	该控件用于显示选择车次类型区域，对象名称自定义，该控件为选择车次类型区域的容器
checkBox_D	QCheckBox	该控件用于选择动车类型，对象名称自定义，该控件在选择车次类型的容器内
checkBox_G	QCheckBox	该控件用于选择高铁类型，对象名称自定义，该控件在选择车次类型的容器内
checkBox_K	QCheckBox	该控件用于选择快车类型，对象名称自定义，该控件在选择车次类型的容器内
checkBox_T	QCheckBox	该控件用于选择特快类型，对象名称自定义，该控件在选择车次类型的容器内

续表

对象名称	控件名称	描　述
checkBox_Z	QCheckBox	该控件用于选择直达类型，对象名称自定义，该控件在选择车次类型的容器内
label_type	QLabel	该控件用于显示“车次类型：”文字，对象名称自定义，该控件在选择车次类型的容器内

除了主窗体默认创建的 QWidget 控件以外，其他每个 QWidget 都是一个显示区域的容器，都需要自行拖曳到主窗体当中，然后将每个区域对应的控件拖曳并摆放在当前的容器中。

在拖曳控件时可以通过控件边缘的调节点设置控件的位置与大小，如图 11.41 所示。如果需要非常精确的参数值可以在“属性编辑器”中进行设置，也可以在生成后的 Python 代码中对窗体的详细参数进行修改。在设置控件文字时，可以选中控件，然后在右侧的“属性编辑器”的“text”中进行设置，如图 11.42 所示。

图 11.41　拖曳控件与设置大小

图 11.42　设置控件显示的文字

（6）窗体设计完成后，按快捷键<Ctrl+S>保存窗体设计文件名称为“window.ui”，然后关闭 Qt 编辑器，回到 PyCharm 中发现 window.ui 文件已被保存在当前项目的目录当中。选中该文件再单击鼠标右键，在弹出的快捷菜单中依次选择“External Tools”→“PyUIC”，将窗体设计的.ui 文件转换为.py 文件，如图 11.43 所示。转换后的.py 文件将显示在当前目录中，如图 11.44 所示。

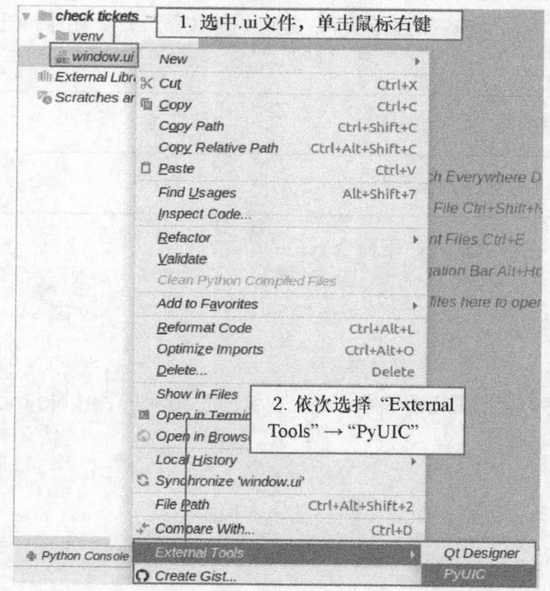

图 11.43　将.ui 文件转换为.py 文件

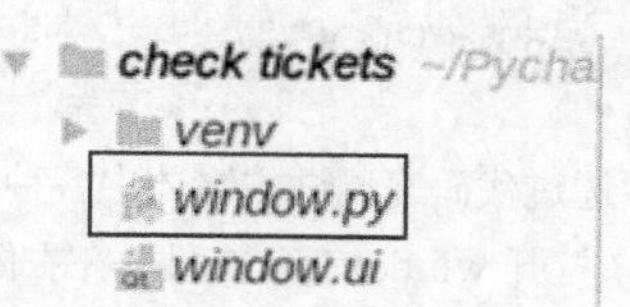

图 11.44　显示转换后的.py 文件

11.4.2 代码调试细节

本项目主要用到了 PyQt5 模块。

PyQt5 是一套 Python 绑定 Digia Qt5 应用的框架，它可用于 Python 2.x 和 3.x，是功能最强大的 GUI 库之一。PyQt5 作为 Python 的一个模块，有 620 多个类、6000 个函数和方法。这是一个跨平台的工具包，它可以运行在主要的操作系统上，包括 Linux、Windows、Mac OS 等。PyQt5 的类别分为多个模块，常见的模块如表 11.4 所示。

表 11.4 PyQt5 的常见类别模块

模块名称	描 述
QtCore	此模块用于处理时间、文件和目录、各种数据类型、流、URL、MIME 类型、线程或进程
QtGui	此模块包含类窗口系统集成、事件处理、二维图形、基本成像、字体和文本。它还包含了一套完整的 OpenGL 和 OpenGL ES 的绑定
QtWidgets	此模块中包含的类，提供了一组用于创建经典桌面风格用户界面的 UI 元素
QtMultimedia	此模块中包含的类，用于处理多媒体内容和 API 访问的相机、收音机功能
QtNetwork	此模块中包含网络编程的类。这些类使网络编程更简单，更便携，便于 TCP / IP 和 UDP 客户端和服务器的编码
QtPositioning	此模块中包含的类，利用各种可能的来源确定位置，包括卫星、Wi-Fi 等
QtWebSockets	此模块中包含实现 WebSocket 协议的类
QtXml	此模块中包含用于处理 XML 文件中的类。该模块为 SAX 和 DOM API 提供了解决方法
QtSvg	此模块中提供了用于显示 SVG 文件内容的类。SVG 是可缩放矢量图形，用于描述 XML 中的二维图形
QtSql	此模块提供了用于处理数据库的类
QtTest	此模块包含的功能是 PyQt5 应用程序的单元测试

在使用 PyQt5 模块之前，需要安装此模块，在终端输入如下命令。

```
sudo apt-get install python3-pyqt5
```

部分执行结果如图 11.45 所示。

如果没有安装 PyQt5 组件，在运行程序时会出现错误信息“ModuleNotFoundError: No module named 'PyQt5'”。

下面通过代码来调试主窗体中各种控件的细节，以及相应的属性。具体步骤如下。

（1）打开 window.py 文件，在右侧代码区域的 setupUi()方法中修改主窗体的最大值与最小值，用于保持主窗体大小不变（无法扩大或缩小），代码如下。

```
MainWindow.setObjectName("MainWindow")  # 设置窗体对象名称
MainWindow.resize(960, 786)  # 设置窗体大小
MainWindow.setMinimumSize(QtCore.QSize(960, 786))  # 主窗体最小值
MainWindow.setMaximumSize(QtCore.QSize(960, 786))  # 主窗体最大值
self.centralwidget = QtWidgets.QWidget(MainWindow)  # 主窗体的Widget控件
self.centralwidget.setObjectName("centralwidget")  # 设置对象名称
```

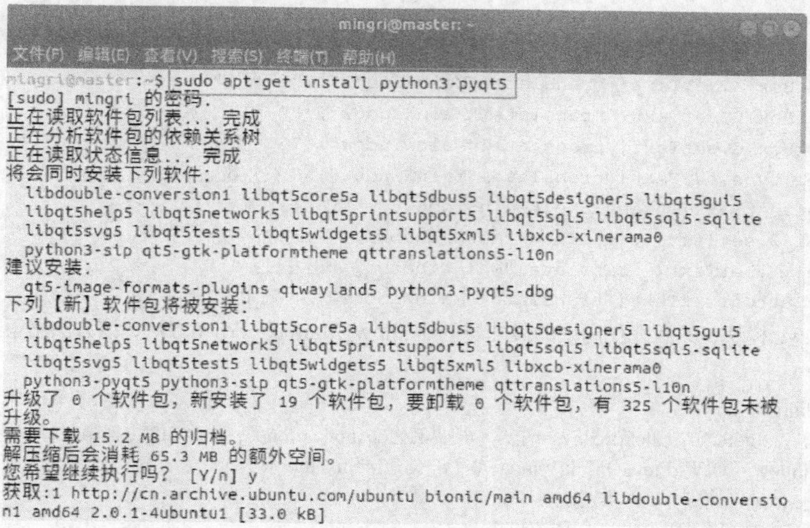

```
mingri@master: ~
文件(F) 编辑(E) 查看(V) 搜索(S) 终端(T) 帮助(H)
mingri@master:~$ sudo apt-get install python3-pyqt5
[sudo] mingri 的密码:
正在读取软件包列表... 完成
正在分析软件包的依赖关系树
正在读取状态信息... 完成
将会同时安装下列软件:
  libdouble-conversion1 libqt5core5a libqt5dbus5 libqt5designer5 libqt5gui5
  libqt5help5 libqt5network5 libqt5printsupport5 libqt5sql5 libqt5sql5-sqlite
  libqt5svg5 libqt5test5 libqt5widgets5 libqt5xml5 libxcb-xinerama0
  python3-sip qt5-gtk-platformtheme qttranslations5-l10n
建议安装:
  qt5-image-formats-plugins qtwayland5 python3-pyqt5-dbg
下列【新】软件包将被安装:
  libdouble-conversion1 libqt5core5a libqt5dbus5 libqt5designer5 libqt5gui5
  libqt5help5 libqt5network5 libqt5printsupport5 libqt5sql5 libqt5sql5-sqlite
  libqt5svg5 libqt5test5 libqt5widgets5 libqt5xml5 libxcb-xinerama0
  python3-pyqt5 python3-sip qt5-gtk-platformtheme qttranslations5-l10n
升级了 0 个软件包，新安装了 19 个软件包，要卸载 0 个软件包，有 325 个软件包未被
升级。
需要下载 15.2 MB 的归档。
解压缩后会消耗 65.3 MB 的额外空间。
您希望继续执行吗？ [Y/n] y
获取:1 http://cn.archive.ubuntu.com/ubuntu bionic/main amd64 libdouble-conversio
n1 amd64 2.0.1-4ubuntu1 [33.0 kB]
```

图 11.45　安装 PyQt5

（2）将图片资源 img 文件夹复制到该项目，然后导入 PyQt5.QtGui 模块的 QPalette、QPixmap、QColor 用于对控件设置背景图片；为对象名 label_title_img 的 Label 控件设置背景图片，该控件用于显示顶部图片。关键代码如下。

```
from PyQt5.QtGui import QPalette, QPixmap, QColor  # 导入QtGui模块

# 通过Label控件显示顶部图片
self.label_title_img = QtWidgets.QLabel(self.centralwidget)
self.label_title_img.setGeometry(QtCore.QRect(0, 0, 960, 141))
self.label_title_img.setObjectName("label_title_img")
title_img = QPixmap('img/bg1.png')  # 打开顶部位图
self.label_title_img.setPixmap(title_img)  # 设置调色板
```

（3）设置查询部分 Widget 控件的背景图片，该控件起到容器的作用。在设置背景图片时并没有 Label 控件那么简单，首先需要为该控件开启自动填充背景功能，然后创建调色板对象，指定调色板背景图片，最后为控件设置对应的调色板。关键代码如下。

```
# 查询部分Widget
self.widget_query = QtWidgets.QWidget(self.centralwidget)
self.widget_query.setGeometry(QtCore.QRect(0, 141, 960, 80))
self.widget_query.setObjectName("widget_query")
# 开启自动填充背景
self.widget_query.setAutoFillBackground(True)
palette = QPalette()  # 调色板类
# 设置背景图片
palette.setBrush(QPalette.Background, QtGui.QBrush(QtGui.QPixmap('img/bg2.png')))
self.widget_query.setPalette(palette)  # 为控件设置对应的调色板即可
```

根据以上两种设置背景图片的方法，分别为显示火车信息图片的 Label 控件与选择车次类型的 Widget 控件设置背景图片。

（4）通过代码修改窗体或控件文字时，需要在 retranslateUi()方法中进行设置，关键代码如下。

```
MainWindow.setWindowTitle(_translate("MainWindow", "车票查询"))
self.checkBox_T.setText(_translate("MainWindow", "T-特快"))
self.checkBox_K.setText(_translate("MainWindow", "K-快速"))
self.checkBox_Z.setText(_translate("MainWindow", "Z-直达"))
self.checkBox_D.setText(_translate("MainWindow", "D-动车"))
self.checkBox_G.setText(_translate("MainWindow", "GC-高铁"))
self.label_type.setText(_translate("MainWindow", "车次类型: "))
self.label.setText(_translate("MainWindow", "出发地: "))
self.label_3.setText(_translate("MainWindow", "目的地: "))
self.label_4.setText(_translate("MainWindow", "出发日: "))
self.pushButton.setText(_translate("MainWindow", "查询"))
```

（5）导入 sys 模块，然后在代码块的最外层创建 show_MainWindow()方法，该方法用于显示窗体。关键代码如下。

```
def show_MainWindow():
    app = QtWidgets.QApplication(sys.argv)  # 实例化QApplication类，作为GUI主程序入口
    MainWindow = QtWidgets.QMainWindow()  # 创建MainWindow
    ui = Ui_MainWindow()  # 实例UI类
    ui.setupUi(MainWindow)  # 设置窗体UI
    MainWindow.show()  # 显示窗体
    sys.exit(app.exec_())  # 当窗口创建完成，需要结束主循环过程
```

sys 是 Python 自带模块，该模块提供了一系列有关 Python 运行环境的变量和函数。sys 模块的常见用法与描述如表 11.5 所示。

表 11.5 sys 模块的常见用法与描述

常见用法	描　述
sys.argv	该方法用于获取当前正在执行的命令行参数的参数列表
sys.path	该方法用于获取指定模块路径的字符串集合
sys.exit()	该方法用于退出程序，当参数非 0 时，会引发一个 SystemExit 异常，从而可以在主程序中捕获该异常
sys.platform	该方法用于获取当前系统平台
sys.modules	该方法是用于加载模块的字典，每当程序员导入新的模块，sys.modules 将自动记录该模块。当相同模块第二次导入时，Python 将从该字典中进行查询，从而加快程序的运行速度
sys.getdefaultencoding()	该方法用于获取当前系统编码方式

（6）在代码块的最外层模拟 Python 的程序入口，然后调用显示窗体的 show_MainWindow()方法。关键代码如下。

```
if __name__ == "__main__":
    show_MainWindow()
```

在该文件中单击鼠标右键，在快捷菜单中单击“Run ‘window’”，将显示图 11.46 所示的快手爬票主窗体界面。

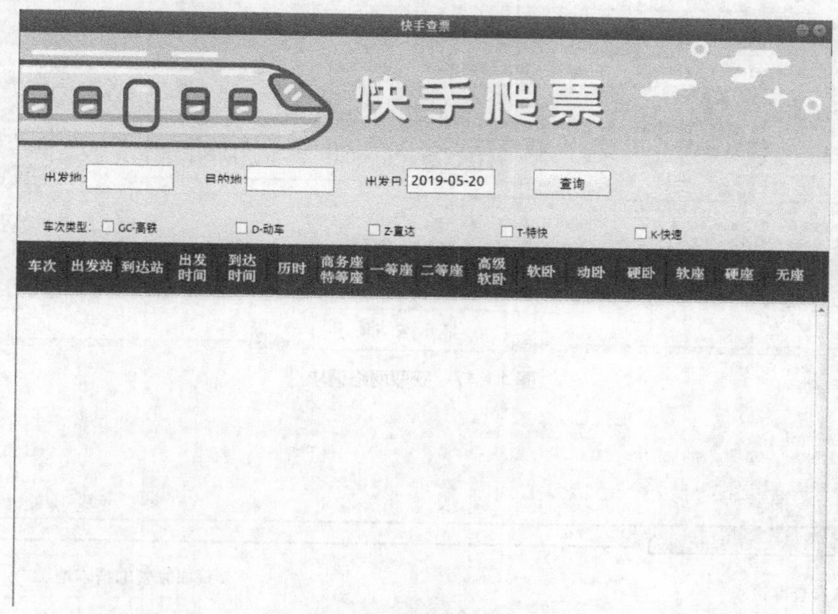

图 11.46　快手爬票主窗体界面

11.5　分析网页请求参数

分析网页请求参数

既然是爬票，那么一定需要一个爬取的对象，本节实例将通过 12306 中国铁路客户服务中心所提供的查票请求地址来获取火车票的相关信息。在发送请求时，地址中需要填写必要的参数，否则后台将无法返回前端所需要的正确信息，所以首先需要分析网页请求参数，具体步骤如下。

（1）使用 Firefox 浏览器打开 12306 官方网站，单击右侧导航栏中的“余票查询”，然后输入出发地与目的地，出发日默认即可。按快捷键<Ctrl + Shift + E>打开网络监视器，然后单击网页中的“查询”按钮，在网络监视器中将显示查询按钮所对应的网络请求，如图 11.47 所示。

（2）单击网络请求将显示请求细节的窗口，在该窗口中默认会显示消息头的相关数据，此处可以获取完整的请求地址，如图 11.48 所示。

随着 12306 官方网站的更新，请求地址会发生改变，要以当时获取的地址为准。

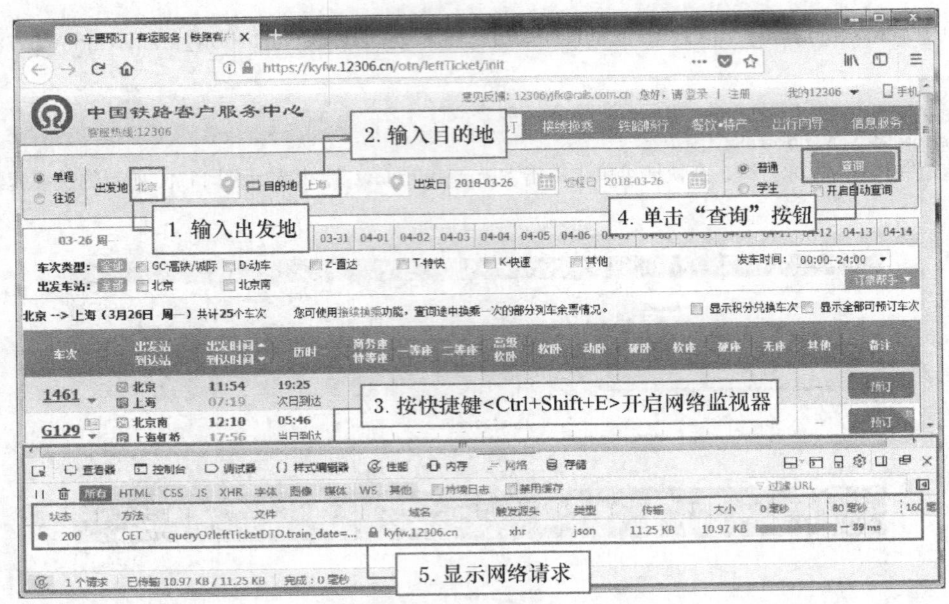

图 11.47　获取网络请求

图 11.48　获取完整的请求地址

（3）在请求地址的上方选择参数选项，将显示该请求地址中的必要参数，如图 11.49 所示。

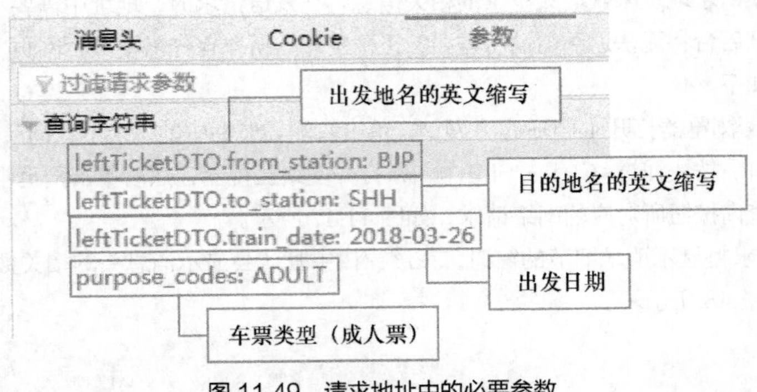

图 11.49　请求地址中的必要参数

11.6 下载站名文件

下载站名文件

得到了请求地址与请求参数后，可以发现请求参数中的出发地与目的地均为车站名的英文缩写。而这个英文缩写的字母是通过输入中文车站名转换而来的，所以需要在网页中仔细查找是否有将车站名自动转换为英文缩写的请求信息，具体步骤如下。

（1）关闭并重新打开网络监视器，按快捷键 F5 进行余票查询网页的刷新，此时在网络监视器中选择类型为 JS 的网络请求。在文件类型中仔细分析文件内容是否有与车站名相关的网络请求，如图 11.50 所示。

在分析车站名信息时，可以想到查询按钮仅实现了发送查票的网络请求，而并没有将文字转换为车站名缩写的相关处理，此时可以判断在进入余票查询页面前就已经得到了将车站名转换为英文缩写的相关信息，可以试图刷新页面查看网络监视器中的网络请求。

（2）选中与车站名相关的网络请求，在请求细节中找到该请求的完整地址，然后在网页中打开该地址测试返回数据，如图 11.51 所示。

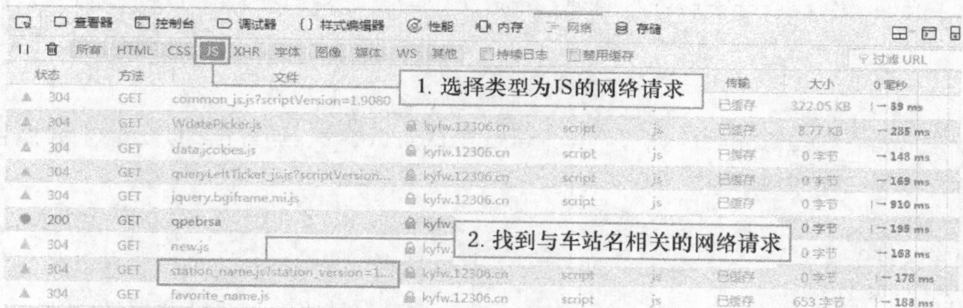

图 11.50　找到车站名相关信息

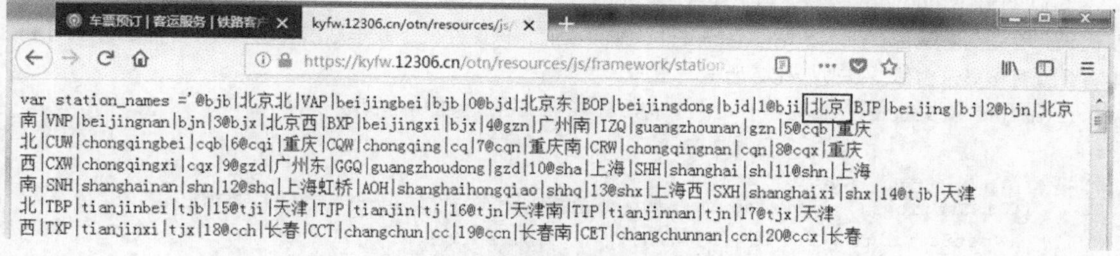

图 11.51　返回车站名英文缩写信息

看到返回的车站名信息，此时可以确认根据该信息可以进行车站名汉字与对应的英文缩写之间的转换。例如，北京对应的是 BJP 可以在该条信息中找到。由于该条信息并没有自动转换的功能，所以需要将该信息以文件的方式保存在项目中。当需要转换时在文件中查找对应的英文缩写即可。

（3）打开 PyCharm 开发工具，在 check tickets 目录中单击鼠标右键，在快捷菜单中选择“New”→“Python File”，创建 get_stations.py 文件，然后在菜单栏中依次选择“File”→“Default Settings”。

（4）创建 getStation()方法，该方法用于发送获取地址信息的网络请求，并将返回的数据转换为需要的类型。关键代码如下。

```
def getStation():
    # 发送请求获取所有车站名称，将输入的车站名称转换为查询地址的参数
    url = 'https://kyfw.12306.cn/otn/resources/js/framework/
   station_name.js?station_version=1.9050'
    response = requests.get(url, verify=True)  # 请求并进行验证
    # 获取需要的车站名称
    stations = re.findall(u'([\u4e00-\u9fa5]+)\|([A-Z]+)', response.text)
    stations = dict((stations), indent=4)  # 转换为字典类型
    stations = str(stations)               # 转换为字符串类型，否则无法写入文件
    write(stations)                        # 调用写入方法
```

随着 12306 官方网站的更新，请求地址会发生改变，要以当时获取的地址为准。

（5）分别创建 write()、read()以及 isStations()方法，分别用于写入文件、读取文件以及判断车站文件是否存在，代码如下。

```
def write(stations):
    file = open('stations.text', 'w', encoding='utf_8_sig')  # 以写模式打开文件
    file.write(stations)  # 写入文件
    file.close()
def read():
    file = open('stations.text', 'r', encoding='utf_8_sig')  # 以读模式打开文件
    data = file.readline()  # 读取文件
    file.close()
    return data
def isStations():
    isStations = os.path.exists('stations.text')  # 判断车站文件是否存在
    return isStations
```

（6）打开 window.py 文件，导入 get_stations 文件下的所有方法，然后在模拟 Python 的程序入口处修改代码。首先判断是否有所有车站信息的文件，如果没有，该文件就下载车站信息的文件，然后显示窗体；如果有，就直接显示窗体。修改后代码如下。

```
from get_stations import *      #导入get_stations文件下的所有方法

if __name__ == "__main__":
    if isStations() == False:     # 判断是否有所有车站的文件，没有就下载，有就直接显示窗体
        getStation()  # 下载所有车站文件
        show_MainWindow()  # 调用显示窗体的方法
    else:
        show_MainWindow()  # 调用显示窗体的方法
```

（7）在 window.py 文件下，单击鼠标右键，在快捷菜单中选择“Run ‘window’”，运行主窗体，主窗体界面显示后在 check tickets 目录下将自动下载 stations.text 文件，如图 11.52 所示。通过该文件可以实现车站名称与对应的英文缩写之间的转换。

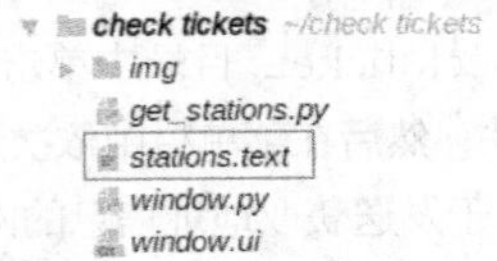

图 11.52　下载 stations.text 文件

11.7 车票信息的请求与显示

车票信息的请求与显示

11.7.1 发送与分析车票信息的查询请求

得到了获取车票信息的网络请求地址，然后又分析出请求地址的必要参数以及车站名称转换的文件，接下来就需要将主窗体中输入的出发地、目的地以及出发日三个重要的参数配置到查票的请求地址中，然后分析并接收所查询车票的对应信息，具体步骤如下。

（1）在浏览器中打开 11.5 节步骤（2）中的查询请求地址，然后在浏览器中将以 json 的方式返回加密的车票信息，如图 11.53 所示。

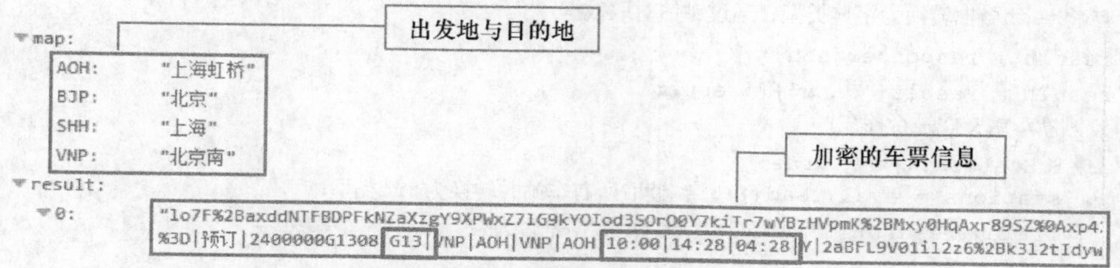

图 11.53 返回加密的车票信息

在看到加密信息后，先分析数据中是否含有可用的数据，如网页中的预订、时间、车次等。可以看到图 11.53 中的加密信息内含有 G13 的字样，以及时间信息。然后对照浏览器中余票查询的页面，查找对应车次信息，如图 11.54 所示。此时可以判断返回的加密信息确实含有可用数据。

图 11.54 对照可用数据

（2）发现可用数据后，在项目中创建 query_request.py 文件，首先在该文件中导入 get_stations 文件下的所有方法，然后分别创建名称为 data 与 type_data 的列表，分别用于保存整理好的车次信息与分类后的车次信息，代码如下。

```
from get_stations import *

data = []  # 保存整理好的车次信息
type_data = []  # 保存分类后的车次信息
```

从返回的加密信息中可以看出，信息很乱，所以需要创建 data = [] 列表来保存后期整理好的车次信息。然后需要将车次分类，如高铁、动车等，所以需要创建 type_data = [] 列表来保存分类后的车次信息。

（3）创建 query()方法，在调用该方法时需要三个参数，分别为出发日、出发地以及目的地；然后创建查询请求的完整地址并通过 format()方法对地址进行格式化；再将返回的 json 数据转换为字典类型；最后通过字典类型键值对的方法取出对应的数据，并进行整理与分类，代码如下。

```
def query(date, from_station, to_station):
    data.clear()  # 清空数据
    # 查询请求地址
    url = 'https://kyfw.12306.cn/otn/leftTicket/queryO?
leftTicketDTO.train_date={}&leftTicketDTO.from_station={}&
leftTicketDTO.to_station={}&purpose_codes=ADULT'.format(
        date, from_station, to_station)
    # 发送查询请求
    response = requests.get(url)
    # 将json数据转换为字典类型，通过键值对取数据
    result = response.json()
    result = result['data']['result']
    # 判断车站文件是否存在
    if isStations() == True:
        stations = eval(read())  # 读取所有车站并转换为dic类型
        if len(result) != 0:  # 判断返回数据是否为空
            for i in result:
                # 分割数据并添加到列表中
                tmp_list = i.split('|')
                # 因为查询结果中出发站和到达站为站名的缩写字母
                # 所以需要在车站库中找到对应的车站名称
                from_station =
                list(stations.keys())[list(stations.values()).index(tmp_list[6])]
                to_station =
 list(stations.keys())[list(stations.values()).index(tmp_list[7])]
                # 创建座位数组，由于返回的座位数据含有空格，所以将空格改成"--"以便识别
                seat = [tmp_list[3], from_station, to_station, tmp_list[8],
 tmp_list[9], tmp_list[10], tmp_list[32], tmp_list[31],
 tmp_list[30], tmp_list[21], tmp_list[23], tmp_list[33],
 tmp_list[28], tmp_list[24], tmp_list[29], tmp_list[26]]
                newSeat = []
                # 循环将座位信息中的空格改成"--"以便识别
                for s in seat:
                    if s == "":
                        s = "--"
                    else:
                        s = s
                    newSeat.append(s)  # 保存新的座位信息
                data.append(newSeat)
        return data  # 返回整理好的车次信息
```

由于返回的 json 信息顺序比较乱，因此在获取指定的数据时，只有将通过 tmp_list 分割后的列表中的数据与浏览器余票查询页面中的数据逐个对比，才能找出数据所对应的位置。对比后找到的数据位置如下。

```
'''5-7 目的地  3 车次  6 出发地  8 出发时间  9 到达时间  10 历时  26 无座  29 硬座
   24 软座  28 硬卧  33 动卧  23 软卧  21 高级软卧  30 二等座  31 一等座  32 商务座特等座
'''
```

数字为数据分割后 tmp_list 的索引值。

（4）依次创建获取高铁信息、移除高铁信息、获取动车信息、移除动车信息、获取直达车信息、移除直达车信息、获取特快车信息、移除特快车信息、获取快速车信息以及移除快速车信息的方法。以上方法用于车次分类数据的处理，代码如下。

```
# 获取高铁信息的方法
def g_vehicle():
    if len(data) != 0:
        for g in data:  # 循环所有火车数据
            i = g[0].startswith('G')  # 判断车次首字母是不是高铁
            if i:  # 如果是，将该条信息添加到高铁数据中
                type_data.append(g)
#移除高铁信息的方法
def r_g_vehicle():
    if len(data) != 0:
        for g in data:
            i = g[0].startswith('G')
            if i:   #移除高铁信息
                type_data.remove(g)
# 获取动车信息的方法
def d_vehicle():
    if len(data) != 0:
        for d in data:  # 循环所有火车数据
            i = d[0].startswith('D')  # 判断车次首字母是不是动车
            if i == True:  # 如果是，将该条信息添加到动车数据中
                type_data.append(d)
# 移除动车信息的方法
def r_d_vehicle():
    if len(data) != 0:
        for d in data:
            i = d[0].startswith('D')
            if i == True:   #移除动车信息
                type_data.remove(d)

'''由于代码几乎相同，此处省略部分代码，可在源码中进行查询
   省略……
'''

# 获取快速车数据的方法
def k_vehicle():
    if len(data) != 0:
        for k in data:  # 循环所有火车数据
            i = k[0].startswith('K')  # 判断车次首字母是不是快速车
            if i == True:  # 如果是，将该条信息添加到快速车数据中
                type_data.append(k)
# 移除快速车数据的方法
def r_k_vehicle():
    if len(data) != 0:
```

```
        for k in data:
            i = k[0].startswith('K')
            if i == True:  # 移除快速车信息
                type_data.remove(k)
```

11.7.2 主窗体中显示查票信息

完成了车票信息查询请求的文件后，接下来需要将获取的车票信息显示在快手爬票的主窗体当中。具体实现步骤如下。

（1）打开 window.py 文件，导入 PyQt5.QtCore 模块中的 Qt 类，然后导入 PyQt5.QtWidgets 与 PyQt5.QtGui 模块下的所有方法，再导入 query_request 文件中的所有方法，代码如下。

```
from PyQt5.QtCore import Qt                        # 导入Qt类
from PyQt5.QtWidgets import *                      # 导入对应模块的所有方法
from query_request import *
from PyQt5.QtGui import *
```

（2）在 setupUi()方法中找到用于显示车票信息的 tableView 表格控件，然后为该控件设置相关属性，关键代码如下。

```
# 显示车次信息的列表
self.tableView = QtWidgets.QTableView(self.centralwidget)
self.tableView.setGeometry(QtCore.QRect(0, 320, 960, 440))
self.tableView.setObjectName("tableView")
self.model = QStandardItemModel();  # 创建存储数据的模式
# 根据空间自动改变列宽度并且不可修改列宽度
self.tableView.horizontalHeader().setSectionResizeMode(QHeaderView.Stretch)
# 设置表头不可见
self.tableView.horizontalHeader().setVisible(False)
# 纵向表头不可见
self.tableView.verticalHeader().setVisible(False)
# 设置表格内容文字大小
font = QtGui.QFont()
font.setPointSize(10)
self.tableView.setFont(font)
# 设置表格内容不可编辑
self.tableView.setEditTriggers(QAbstractItemView.NoEditTriggers)
#垂直滚动条始终开启
self.tableView.setVerticalScrollBarPolicy(Qt.ScrollBarAlwaysOn)
```

（3）导入 time 模块，该模块提供了用于处理时间的各种方法。然后在代码块的最外层创建 get_time()方法用于获取系统的当前日期，再创建 is_valid_date()方法用于判断输入的日期是否是一个有效的日期字符串，代码如下。

```
import time

# 获取系统当前时间并转换为请求数据所需要的格式
def get_time():
    # 获得当前时间时间戳
    now = int(time.time())
    # 转换为其他日期格式，如:"%Y-%m-%d %H:%M:%S"
    timeStruct = time.localtime(now)
    strTime = time.strftime("%Y-%m-%d", timeStruct)
    return strTime
```

```
def is_valid_date(str):
    '''判断是否是一个有效的日期字符串'''
    try:
        time.strptime(str, "%Y-%m-%d")
        return True
    except:
        return False
```

（4）依次创建 change_G()、change_D()、change_Z()、change_T()、change_K()方法，这些方法均用于车次分类复选框的事件处理，由于代码几乎相同，此处提供如下关键代码。

```
# 高铁复选框事件处理
def change_G(self, state):
    # 选中将高铁信息添加到最后要显示的数据当中
    if state == QtCore.Qt.Checked:
        #获取高铁信息
        g_vehicle()
        # 通过表格显示该车型数据
        self.displayTable(len(type_data), 16, type_data)
    else:
        # 取消选中状态将移除该数据
        r_g_vehicle()
        self.displayTable(len(type_data), 16, type_data)
```

（5）创建 messageDialog()方法，该方法用于显示主窗体非法操作的消息提示框。然后创建 displayTable()方法，该方法用于显示车次信息的表格与内容。代码如下。

```
# 显示消息提示框，参数title为提示框标题文字，message为提示信息
def messageDialog(self, title, message):
    msg_box = QMessageBox(QMessageBox.Warning, title, message)
    msg_box.exec_()
# 显示车次信息的表格
# train参数为共有多少趟列车，该参数作为表格的行
# info参数为每趟列车的具体信息，如有座、无座、卧铺等，该参数作为表格的列
def displayTable(self, train, info, data):
    self.model.clear()
    for row in range(train):
        for column in range(info):
            # 添加表格内容
            item = QStandardItem(data[row][column])
            # 向表格存储模式中添加表格具体信息
            self.model.setItem(row, column, item)
    # 设置表格存储数据的模式
    self.tableView.setModel(self.model)
```

（6）创建 on_click()方法，该方法是查询按钮的单击事件。在该方法中首先需要获取出发地、目的地与出发日三个文本框的输入内容；然后对三个文本框中输入的内容进行合法检测，符合规范后调用 query()方法提交车票查询的请求并且将返回的数据赋值给 data；最后通过调用 displayTable()方法实现在表格中显示车票查询的全部信息，代码如下。

```
# 查询按钮的单击事件
def on_click(self):
    get_from = self.textEdit.toPlainText()  # 获取出发地
    get_to = self.textEdit_2.toPlainText()  # 获取到达地
```

```
    get_date = self.textEdit_3.toPlainText()  # 获取出发日
    # 判断车站文件是否存在
    if isStations() == True:
        stations = eval(read())  # 读取所有车站并转换为dic类型
        # 判断所有参数是否为空，出发地、目的地、出发日
        if get_from != "" and get_to != "" and get_date != "":
            # 判断输入的车站名称是否存在，以及时间格式是否正确
            if get_from in stations and get_to in stations and is_valid_date(get_date):
                # 获取输入的日期距当前年初的天数
                inputYearDay = time.strptime(get_date, "%Y-%m-%d").tm_yday
                # 获取系统当前日期距当前年初的天数
                yearToday = time.localtime(time.time()).tm_yday
                # 计算时间差，也就是输入的日期减掉系统当前日期
                timeDifference = inputYearDay - yearToday
                # 时间差为0证明是查询当前车票
                # 12306官方规定只能查询30天以内的车票
                if timeDifference >= 0 and timeDifference <= 28:
                    # 在所有车站文件中找到对应的参数，出发地英文缩写
                    from_station = stations[get_from]
                    to_station = stations[get_to]  # 目的地
                    # 发送查询请求，并获取返回的信息
                    data = query(get_date, from_station, to_station)
                    if len(data) != 0:  # 判断返回的数据是否为空
                        # 如果不是空的数据就将车票信息显示在表格中
                        self.displayTable(len(data), 16, data)
                    else:
                        self.messageDialog('警告', '没有返回的网络数据！')
                else:
                    self.messageDialog('警告', '超出查询日期的范围内,'
                                             '不可查询昨天的车票信息,以及29天以后的车票信息！')
            else:
                self.messageDialog('警告', '输入的站名不存在,或日期格式不正确！')
        else:
            self.messageDialog('警告', '请填写车站名称！')
    else:
        self.messageDialog('警告', '未下载车站查询文件！')
```

（7）在 retranslateUi()方法中，首先设置出发日的文本框中显示系统的当前日期，然后设置查询按钮的单击事件，最后分别设置高铁、动车、直达车、特快车以及快速车复选框的选中与取消事件。关键代码如下。

```
self.textEdit_3.setText(get_time())  # 出发日显示当天日期
self.pushButton.clicked.connect(self.on_click)  # 查询按钮指定单击事件的方法
self.checkBox_G.stateChanged.connect(self.change_G)  # 高铁选中与取消事件
self.checkBox_D.stateChanged.connect(self.change_D)  # 动车选中与取消事件
self.checkBox_Z.stateChanged.connect(self.change_Z)  # 直达车选中与取消事件
self.checkBox_T.stateChanged.connect(self.change_T)  # 特快车选中与取消事件
self.checkBox_K.stateChanged.connect(self.change_K)  # 快速车选中与取消事件
```

（8）在 window.py 文件下，单击鼠标右键，在快捷菜单中选择“Run ‘window’”运行主窗体，然后输入符合规范的出发地、目的地与出发日，单击“查询”按钮将显示查询信息，如图 11.55 所示。

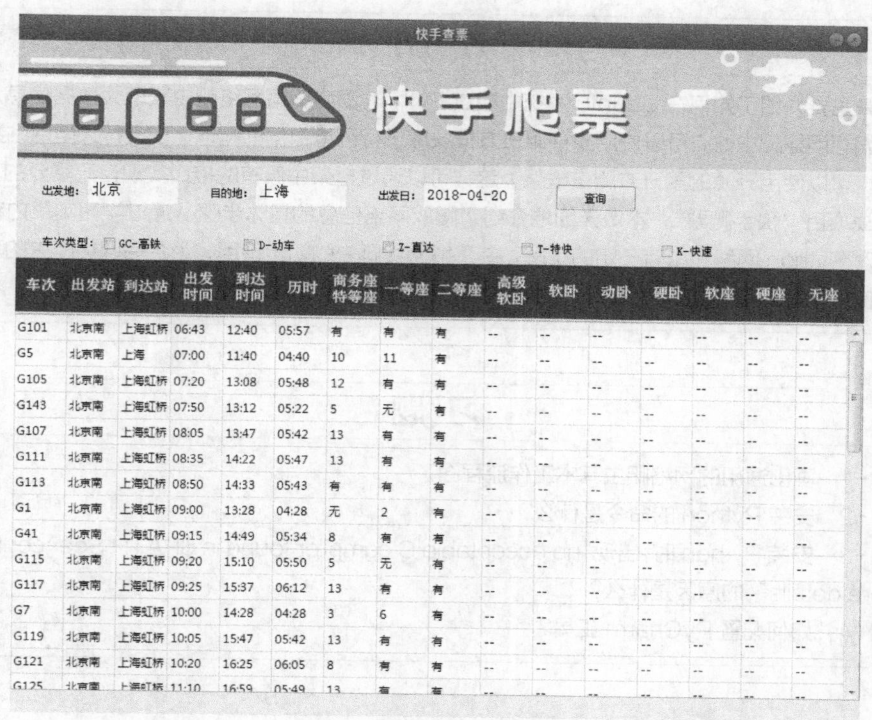

车次	出发站	到达站	出发时间	到达时间	历时	商务座特等座	一等座	二等座	高级软卧	软卧	动卧	硬卧	软座	硬座	无座
G101	北京南	上海虹桥	06:43	12:40	05:57	有	有	有	--	--	--	--	--	--	--
G5	北京南	上海	07:00	11:40	04:40	10	11	有	--	--	--	--	--	--	--
G105	北京南	上海虹桥	07:20	13:08	05:48	12	有	有	--	--	--	--	--	--	--
G143	北京南	上海虹桥	07:50	13:12	05:22	5	无	有	--	--	--	--	--	--	--
G107	北京南	上海虹桥	08:05	13:47	05:42	13	有	有	--	--	--	--	--	--	--
G111	北京南	上海虹桥	08:35	14:22	05:47	13	有	有	--	--	--	--	--	--	--
G113	北京南	上海虹桥	08:50	14:33	05:43	有	有	有	--	--	--	--	--	--	--
G1	北京南	上海虹桥	09:00	13:28	04:28	无	2	有	--	--	--	--	--	--	--
G41	北京南	上海虹桥	09:15	14:49	05:34	8	有	有	--	--	--	--	--	--	--
G115	北京南	上海虹桥	09:20	15:10	05:50	5	无	有	--	--	--	--	--	--	--
G117	北京南	上海虹桥	09:25	15:37	06:12	13	有	有	--	--	--	--	--	--	--
G7	北京南	上海虹桥	10:00	14:28	04:28	3	6	有	--	--	--	--	--	--	--
G119	北京南	上海虹桥	10:05	15:47	05:42	13	有	有	--	--	--	--	--	--	--
G121	北京南	上海虹桥	10:20	16:25	06:05	8	有	有	--	--	--	--	--	--	--
G125	北京南	上海虹桥	11:10	16:59	05:49	13	有	有	--	--	--	--	--	--	--

图 11.55　显示查询信息

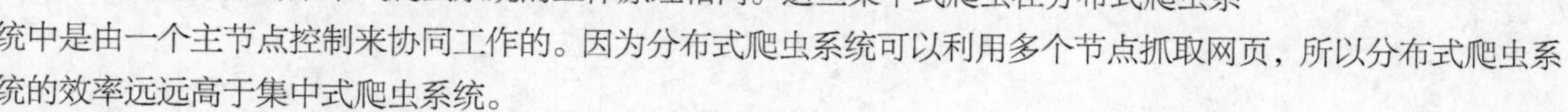

11.8　Hadoop 中的网络爬虫

Hadoop 中的网络爬虫

前面的内容讲解了如何实现网络爬虫，那么在 Hadoop 中要如何实现网络爬虫呢？实际上前面讲解的是集中式爬虫，而 Hadoop 中的爬虫为分布式爬虫。

分布式爬虫系统是运行于 Hadoop 集群之上的，集群中每一个节点都是一个集中式爬虫，其工作原理与集中式爬虫系统的工作原理相同。这些集中式爬虫在分布式爬虫系统中是由一个主节点控制来协同工作的。因为分布式爬虫系统可以利用多个节点抓取网页，所以分布式爬虫系统的效率远远高于集中式爬虫系统。

分布式爬虫系统的体系结构有很多种，工作方式和存储方式也很多。但是，典型的分布式爬虫系统都采取主从方式的体系结构，即有一个主节点控制所有从节点执行抓取任务，这个主节点负责分配 URL，保证集群中所有节点的负载均衡。另外，关于存储方式，通常情况下使用的分布式文件系统都是基于 Hadoop 的 HDFS 系统。

在实际的开发中，爬虫只是整个项目中的一部分。例如，一个完整的分布式信息获取和检索平台可大体上分为 5 个模块，而每一个模块都对应着 Hadoop 的一个或者多个 MapReduce 任务。这 5 个模块分别是分布式采集模块（即爬虫）、分布式分析模块、分布式索引模块、分布式检索模块和用户查询模块。

分布式采集模块负责抓取网页，由若干个 MapReduce 过程协作完成，抓取下来的网页经过初步的预处理被保存在分布式文件系统（HDFS）中，构成原始文本库。

小结

本章主要介绍了如何在 Ubuntu 系统中通过 Python 语言编写网络爬虫获取大数据信息。

在编写网络爬虫时，可以使用多种第三方模块库进行网络数据的爬取。在进行大型网站数据的获取时，可以使用开源的第三方爬虫框架，这样可以通过框架中原有的接口实现自己需要的功能。通过实战项目“快手爬票”，本章详细地介绍了爬取网络信息的具体步骤。通过学习本章内容，读者可以对 Python 网络爬虫有一定的了解，并了解网络爬虫的初步使用，为今后网络爬虫的项目开发打下良好的基础。

习题

11-1　画出通用的网络爬虫基本工作流程图。

11-2　安装 Python 的命令是什么?

11-3　安装 Python 时，出现“no acceptable C compiler found in $PATH See ‘config.log’ for more details”的原因是什么?

11-4　如何配置 PyCharm 工具?